污染红土的宏微观响应关系

黄 英 伯桐震 任礼强 等／著

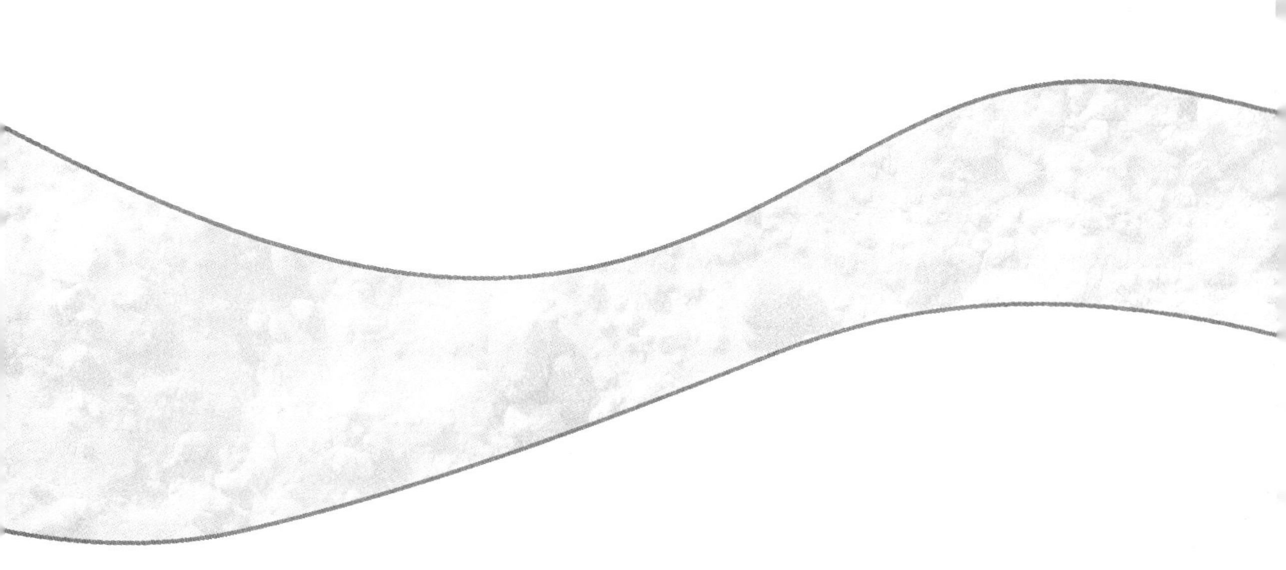

四川大学出版社

责任编辑:段悟吾
责任校对:蒋　玙
封面设计:墨创文化
责任印制:王　炜

图书在版编目(CIP)数据

污染红土的宏微观响应关系 / 黄英等著. —成都:四川大学出版社，2017.12
ISBN 978-7-5690-1547-8

Ⅰ.①污…　Ⅱ.①黄…　Ⅲ.①红土-土壤污染-污染防治-云南　Ⅳ.①X53

中国版本图书馆 CIP 数据核字（2018）第 005089 号

书名　污染红土的宏微观响应关系

著　　者　黄　英　伯桐震　任礼强　等
出　　版　四川大学出版社
地　　址　成都市一环路南一段 24 号（610065）
发　　行　四川大学出版社
书　　号　ISBN 978-7-5690-1547-8
印　　刷　郫县犀浦印刷厂
成品尺寸　185 mm×260 mm
印　　张　11.5
字　　数　277 千字
版　　次　2018 年 6 月第 1 版
印　　次　2018 年 6 月第 1 次印刷
定　　价　48.80 元

◆读者邮购本书，请与本社发行科联系。
电话：(028)85408408/(028)85401670/(028)85408023　邮政编码：610065
◆本社图书如有印装质量问题，请寄回出版社调换。
◆网址：http://www.scupress.net

前　言

随着城市化进程和社会经济的迅速发展，人类活动所产生的酸、碱、油、生活垃圾、粉煤灰、煤矸石等污染物越来越多，对周围环境造成的污染越来越严重。各种污染物渗入土体和水体中，使土体和水体受到污染，形成污染土和污染水，导致土性的劣化和水质的劣化。从工程角度说，污染物的存在威胁着土体结构的安全；从生态环境角度说，污染物的存在威胁着生态环境的可持续发展。所以，加强污染土和污染水的研究对于有效保障土体结构的安全运行以及维持生态环境的可持续发展意义重大。

本书以云南红土为研究对象，以盐酸、氢氧化钠、六偏磷酸钠、硫酸亚铁作为污染物，人工制备污染红土，通过宏观和微观试验手段，采用试验、理论以及图像处理技术相结合的研究方法，对比分析了云南污染红土的宏观工程特性及其对应的微结构特性。其研究成果对于有效防治红土的污染具有重要的指导价值。

本书是国家自然科学基金“污染红土的宏微观响应及污染物的迁移机制研究”项目（项目编号：51168022）的部分研究成果。本书的出版得到国家自然科学基金委员会和昆明理工大学的大力支持，在此表示衷心的感谢！

王盼、杨小宝、潘泰参与了本书的编写工作，在此表示衷心的感谢！

由于作者水平有限，书中不妥之处在所难免，敬请广大读者批评、指正。

作　者

2017 年 6 月

目　　录

第1章　土体污染问题

1.1　土体污染问题的存在

1.1.1　概述

随着城市化进程和社会经济的迅速发展，人类活动所产生的污染物越来越多，对周围环境造成的污染也越来越严重，各种污染物中的有毒、有害物质随着雨水渗入地下土体，引起土体的污染。一方面，污染物的腐蚀作用会引起土体结构的破坏；另一方面，污染物的扩散又会造成地上、地下生态环境的污染。土体的污染问题属于环境岩土工程问题，污染土是指由于污染物侵入土体后引起土体的宏微观特性发生改变的土体，而污染物则是指酸、碱、油、盐、生活垃圾以及废渣等可以影响土体结构的稳定性或污染地下水环境的一类有毒、有害的物质。从工程角度说，污染物的存在威胁着土体结构的安全；从生态环境角度说，污染物的存在威胁着生态环境的可持续发展。可以预见，随着人类社会发展进程的进一步深入，各种污染物引起的污染问题会进一步加剧，涉及的污染土体问题日渐突出，人们必将面临严重的土体结构安全稳定问题以及地下水环境的安全问题。因而，加强污染土体的研究，对于有效保障土体结构的安全运行以及维持生态环境的可持续发展意义重大。

云南广泛分布的红土大量应用于水库大坝、路基、地基、工民建、边坡、挡土墙等各种工程建设中，对云南地区经济的发展起着非常重要的作用。我国西部大开发的深入实施为云南经济建设的发展提供了良好机遇。但由于云南的经济发展相对落后，人们的环境保护意识相对薄弱，工业、农业以及生产生活产生的各种“三废”污染物没有严格按照环保要求处理，随意排放，造成污染物的扩散和渗漏，引起地基土体的污染问题，尤其是红土的污染问题，严重影响了云南红土地区的经济发展和生态环境的可持续发展。

1.1.2　污染物的来源及类型

1.1.2.1　污染物的来源

现代工业中的造纸厂、造糖厂、化工厂、水泥厂、冶炼厂、采矿厂、采煤厂，人类生活产生的各种垃圾，农业生产使用的各种肥料，等等，都不可避免地存在各种类型的污染物，这些污染物是引起大气、地下水以及土体污染的主要来源。

1.1.2.2　污染物的类型

根据污染物的来源，污染物可以分为工业污染物、生活污染物、农业污染物等类型。本书所指的工业污染物主要是指酸碱厂、造纸厂、冶炼厂、化工厂、水泥厂等产生的废水、废气、废渣，以及处理过程中使用的各种处理剂渗入土体中所造成的污染物；农业污染物主要是指农业上使用的化肥和农药随雨水渗入土体中所造成的污染物；生活污染物主要是指人们生活中产生的各种垃圾、洗涤剂、污水以及污水处理剂所造成的污染物。根据污染物的构成，污染物又可以分为有机物污染和无机物污染；根据污染物的属性，污染物还可以分为酸污染、碱污染、盐污染、油污染、重金属污染、农药污染、化肥污染等。

1.1.3　土体污染的危害及防治

1.1.3.1　土体污染的危害

污染物的扩散和渗漏造成土体的污染，而土体受到污染后必然导致其性能的劣化，产生相应的危害问题。如地基土体受到污染，可能导致其承载力降低、沉降变形不均匀、开裂、渗漏、失稳等危害；农业土壤受到污染，可能导致重金属超标、土体富营养化、酸碱度不平衡、土质劣化、农作物减产、食品不安全等危害。早在20世纪70年代就发现了工业厂房地基土体被污染会引起承载力下降、房屋基础损坏等问题，实际案例如湖南长沙浏阳市的铬污染、云南曲靖的铬渣污染、昆明阳宗海的砷污染等。此后，土体污染的危害逐渐显现出来，参与相关研究的人员越来越多。黄世铭[1]（1981）研究了酸碱介质对黏性土工程地质性质的影响；顾季威[2-4]（1981、1984、1988）分析了酸碱废液侵蚀地基土对工程质量的影响；邓承宗[5]（1985）分析了硫酸对地基的腐蚀问题。

1.1.3.2　土体污染的防治

土体污染的危害可以采取相应的措施来防治，如固化、击实、添加、淋溶等。

胡中雄等[6]（1994）检测和处理了硫酸根离子污染地基土问题；范青娟等[7]（1999）分析了浸碱膨胀对地基土体的影响与处理方法；饶为国[8]（1999）分析了污染土的机理、检测及整治；郑喜珅等[9]（2002）分析了土壤中重金属污染现状与防治方法；张明义等[10]（2003）通过击实试验，研究了不同配比的碱渣土的击实性能，发现钢渣的加入可以改善碱渣土的击实效果；可欣等[11]（2004）分析了重金属污染土壤修复技术中有关淋洗剂的研究进展；崔德杰等[12]（2004）分析了土壤重金属污染现状与修复技术研究进展。

许丽萍等[13]（2006）总结了国内外污染土的修复治理现状；矫旭东等[14]（2008）分析了土壤中钒污染的修复与治理技术；张帆等[15]（2009）分析了污染土的工程特性与修复方法；廖华丰[16]（2009）研究了重金属污染土壤修复淋洗剂的遴选；陈蕾[17]（2010）研究了水泥固化稳定重金属污染土的机理与工程特性；查甫生等[18]（2013）研究了水泥固化重金属污染土的干湿循环特性；易进翔[19]（2013）等在室内模拟现场对固化污泥进行碾压，研究了击实功、固化污泥含水率、材料添加量对其干密度、孔隙比的影响，发现随着击实功增大，固化水泥的干密度先增加后趋于稳定；郝爱玲[20]（2015）研究了固化重金属污染土的工程性质与作用机理；何小红[21]（2015）研究了长春地区柴油污染土的性质及水泥固化效果；郭晓方等[22]（2015）研究了乙二胺四乙酸在重金属污染土壤修复过程的降解及残留特性；王欢[23]（2016）通过正交试验方法，研究了硫酸亚铁修复铬污染土壤的最佳工艺方案。

1.2　土体污染问题的研究

1.2.1　概述

早在20世纪六七十年代，欧洲发达国家已经认识到土体污染对人类的生产生活带来的恶果，先后在荷兰乌特勒支、美国华盛顿举行环境岩土工程会议，试图解决土体污染对人类的生产生活带来的不良影响。国内从20世纪70年代开始，在工业厂房改造过程中发现地基土体被污染、土质变差会造成建筑物地基承载力下降、房屋基础损坏，进而开始污染土的勘察和研究工作。直到20世纪80年代，同济大学才从环境保护的角度开展了对污染土的物理力学性质、污染物在土壤中的迁移转化规律，以及固体废弃物的处理研究。此后，土体污染问题的研究逐渐引起重视，开展的研究越来越多，许多研究者分析总结了污染土的研究进展。

Kooper W F[24]（1986）介绍了关于土体的污染问题；李明清[25]（1986）介绍了污染土问题；傅世法等[26]（1989）分析了污染土的岩土工程问题；王超[27]（1996）、张红梅等[28]（2004）分析了土壤及地下水污染的研究现状；方晓阳[29]（2000）展望了21世纪的环境岩土工程问题；陈先华等[330]（2003）分析了污染土的研究现状及展望；苏燕等[31]（2004）分析了环境岩土工程的研究现状与展望；薛翊国等[32]（2005）介绍了污染土的特性、污染机理、危害、监测、评价等研究现状；朱春鹏等[33]（2007）分析总结了污染土的工程性质研究进展；刘志斌等[34]（2010）介绍了有机物污染土的工程性质研究进展；颜荣涛[35]（2014）分析了水化学环境变异下黏土的物理力学特性研究进展；张芹等[36]（2015）分析了污染土的研究现状及其治理；白龙飞等[37]（2015）分析总结了我国近年来污染土工程性质的研究进展。

目前，针对污染土体问题主要开展了宏微观特性研究，污染物的种类主要包括酸、碱、盐、重金属、油、农药、生活垃圾等。

1.2.2　污染土体的宏观特性

1.2.2.1　酸碱污染土体的宏观特性

目前，污染土体的宏观特性研究主要从物理力学特性方面着手，研究表明污染物的存在劣化了土体的工程性能。顾季威[2-4]（1981、1984、1988）通过室内浸泡模拟试验，研究了酸碱废液污染侵蚀对地基土工程性质、工程质量的影响，研究表明酸碱污染土的压缩系数增大，凝聚力、内摩擦角减小，抗剪强度降低；邓承宗[5]（1985）分析了硫酸对地基的腐蚀问题；吴恒等[38,39]（1999）对南宁市天然水化学场进行了模拟，以模拟溶液作为土体的浸渍液，研究变异后的水化学场对土体强度的影响；侍倩等[40]（2001）研究了酸、碱对黏土物理性质的影响；李相然[41]（2004）针对济南市典型地区的现场原状污染土，通过室内试验，研究了现场原状污染土的物理力学特性以及水—土化学作用，发现被污染了的地基土体的物理力学性质会发生显著变化。

欧孝夺等[42]（2005）通过室内三轴试验，研究了不同酸碱条件下广西南宁市河流相沉积黏性土的热力学稳定性，试验结果表明化学溶液的酸碱性越强，对土体强度的热影响越大。张贵信等[43]（2006）通过浸泡试验方法，并考虑自重应力、恒定荷载的影响，研究了不同 pH 水环境下土体的变形特性，试验结果表明水化学环境不同、应力路径不同，土的变形特性不同。张晓璐[44]（2007）开展了酸碱污染土的试验研究。朱春鹏等[45]（2008）研究了酸、碱污染土的工程特性。朱春鹏等[46]（2008）研究了酸碱污染土的压缩特性，研究表明：随污染浓度的增加，酸碱污染土的压缩系数、回弹指数增大，前期固结压力减小，且碱污染土压缩系数的变化大于酸污染土。刘汉龙等[47]（2008）研究了酸碱污染土的基本物理性质，研究表明：酸浓度增大会导致土样的有机质含量、土粒比重和液限减小，塑限增大；碱浓度增大会导致有机质含量减小，土粒比重、液塑限增大。

纪晶晶等[48]（2008）通过不排水直剪试验，研究了土壤酸碱度含量对土体抗剪强度的影响，试验结果表明酸污染降低了土体的抗剪强度。赵永强等[49]（2008）通过室内模拟试验，研究了硫酸污染水泥土的强度特性，试验结果表明：随养护龄期增长，无论硫酸质量比多少，硫酸污染水泥土试件的无侧限抗压强度增大。朱春鹏等[50]（2009）通过三轴固结不排水试验，研究了不同浓度酸碱污染土的应力应变特性以及孔隙水压力特性，研究表明：污染土应力－应变关系曲线的形态随污染物不同而发生改变，随酸浓度增大，酸污染土软化特性愈显著；随碱浓度增大，碱污染土的软化特性愈不明显，呈塑性破坏。孟庆芳[51]（2009）研究了污染粉质黏土的液塑限特性。Oscar Vazquez[52]（2009）研究了酸矿排水对黏土矿物铝释放的影响。张永霞[53]（2010）研究了污染土的电阻率特征。朱春鹏等[54]（2011）通过人工方法制备 4 种不同浓度的酸碱污染土样，通过三轴和直剪试验研究了酸碱污染土的强度特性，研究表明：随酸、碱浓度增大，酸、碱污染土的黏聚力逐渐增大，其中碱污染土增大尤为显著；酸污染土的内摩擦角总体减小；碱污染土的内摩擦角随碱浓度增大而逐渐减小；碱污染土的黏聚力随液性指数的增大逐渐增大；内摩擦角随液性指数的增大逐渐减小，酸污染土与此相反。

师林等[55]（2011）研究了酸碱度值对土体液塑限的影响。刘丽波[56]（2012）通过硫酸溶液浸泡试验，研究了酸溶液污染环境对粉质粘土物理性质的影响，研究表明：硫酸溶液浸泡后，土样的密度与浓度呈负相关；土样的塑限、液限、塑性指数与溶液浓度呈负相关；溶液浓度越高，土样的最优含水率越低，最大干密度越大。曹海荣[57]（2012）通过浸泡方法，研究了不同浓度硫酸溶液和不同侵蚀时间对酸性污染土物理力学性质的影响，研究表明：土的孔隙比、液塑限、塑性指数随酸浓度增大而增大；压缩系数随浸泡时间延长呈增大趋势。陈宇龙等[58]（2016）采用硫酸溶液浸泡方法，通过压缩、界限含水、三轴固结不排水试验，研究了不同酸性环境对污染土的力学性质和变形特性的影响，研究表明：硫酸溶液的浸泡，导致土样的压缩量增大；pH 值越低，硫酸溶液浓度越大，溶蚀破坏越剧烈，孔隙比越大，压缩系数越大；随着 pH 值降低，扩散双电层被稀释，土的可塑性变弱，液限和塑性指数都减小。

1.2.2.2　碱污染土体的宏观特性

碱污染劣化了土体的宏观物理力学特性。边际等[59]（1991）开展了碱厂废液入渗现场模拟试验及其在环境评价中的应用研究。李琦等[60]（1997）研究了造纸厂废碱液污染

土的环境岩土工程问题，研究表明：被废碱液浸泡后，黏土、粉质黏土和粉土的孔隙比增加，压缩性增大，强度降低，比重以及界限含水率增大，工程性质劣化。闰澍旺等[61]（2006）研究了碱渣土的化学成分、碱渣土回填场地的地基承载力和长期稳定性，研究表明：在最佳击实状态下，碱渣土的抗剪强度比一般素土高。李显忠[62]（2008）研究了天津碱厂碱渣土的工程利用问题，研究表明：碱渣土可以作为工程用土，从而解决碱渣无处堆放和引起的环境恶化问题，其社会效益、经济效益和环境效益显著。纪晶晶等[48]（2008）通过不排水直剪试验，研究了不同酸碱条件下土的强度，研究表明：碱污染土的强度受法向应力影响，法向应力小时抗剪强度稍稍提高；法向应力大时，抗剪强度降低。王栋[63]（2009）通过室内试验，研究了不同浓度的NaOH污染土和$NH_3 \cdot H_2O$污染土的物理和力学性质的变化，以及微结构图像的变化，探讨了碱性条件下的土体腐蚀机理。

Deneele D等[64]（2010）对碱溶液侵蚀后的土样进行了X射线衍射试验，发现土样的膨胀力降低和孔隙率增大。杨爱武等[65]（2010）开展了碱性环境对固化天津海积软土强度影响的试验研究，研究表明：碱性环境对水泥土强度的提高具有很大的促进作用，并能节省工程费用，值得推广。P Hari Prasad Reddy等[66]（2010）研究了碱溶液对不同矿物土壤膨胀行为的影响。相兴华等[67]和韩鹏举等[68]通过室内浸泡模拟试验，研究了NaOH和$NH_3 \cdot H_2O$碱溶液对碱污染粉土工程性质的影响，研究表明：随着溶液浓度提高，土样的密度、液限、塑限、塑性指数和压缩系数增大，孔隙比降低；NaOH对于土样的影响强于$NH_3 \cdot H_2O$对土样的影响。张晓晓[69]（2015）通过室内试验，研究了碱渣-粉煤灰拌合形成碱渣土的路用性能与微观结构特性，研究表明：路堤填垫中碱渣土的碱渣与粉煤灰的最佳配比为4:1，在碱渣土中加入胶凝材料，能明显提升碱渣土的力学性能；通过IPP软件，测量了碱渣土的微观孔隙，发现碱渣土孔隙的等效直径、面积、周长随着元明粉含量的增加而逐渐减小，孔隙的圆度呈现先增大后减小的趋势。宋宇等[70]（2015）研究了碱污染黏土的变形特性及微观结构演化规律，研究表明：NaOH溶液降低了黏土的抗剪强度，碱液浓度越大，抗剪强度指标下降越多；NaOH溶液会严重腐蚀黏土颗粒，溶蚀其中的胶结物质，造成黏土内部总孔隙度增加，结构松散，黏土表面的孔隙发育，碱液的腐蚀作用导致黏土体内部的小孔向大孔转化现象。

1.2.2.3　盐污染土体的宏观特性

喻以钒等[71]（2010）通过击实试验，研究了不同含量硫酸钠盐渍土的击实特性，得到了盐渍土的最大干密度和最优含水率与盐分之间的变化关系。何斌等[72]（2012）等在室内配制不同含量的Na_2SO_4和$MgCl_2$污染土，研究了Na_2SO_4和$MgCl_2$对土体物理指标和压缩特性的影响，研究表明：Na_2SO_4和$MgCl_2$污染土的塑性指数和液限之间存在明显的线性关系，且随Na_2SO_4和$MgCl_2$含量增加，污染土的压缩系数减小。刘丽波[55]（2012）通过氯化钠溶液浸泡试验，研究盐溶液腐蚀环境下土体的物理性质变化，研究表明：氯化钠溶液浸泡后，土样的密度与浓度成正相关，塑限、液限、塑性指数与溶液浓度成负相关；溶液浓度越高，土样的最优含水率越低，最大干密度越大。

韩鹏举[67]（2012）通过室内浸泡模拟试验，研究了NaCl和Na_2SO_4盐溶液对盐污染粉土工程性质的影响，研究表明：随着盐溶液浓度增加，土样的密度、比重增大，孔隙比、液限、塑限、塑性指数和压缩系数降低，且Na_2SO_4对于土样的影响强于NaCl。王勇

等[73]（2013）研究了生活钠铵盐污染对黏性土水理及力学性质的影响，研究表明：NaCl和Na_2CO_3的污染，黏性土的塑性和压缩性提高，渗透性和抗剪性降低；NH_4Cl的污染，黏性土的塑性和压缩性降低，渗透性和抗剪性提高；生活钠铵盐污染对黏土水理及力学性质的影响明显高于对粉质黏土的影响，生活污染物通过改造黏粒表面的“双电层”结构，影响黏性土的水理及力学性质。

1.2.2.4　重金属污染土体的宏观特性

张志红等[74]（2014）采用三联式柔性壁渗透仪开展污染土的渗透试验，研究了重金属Cu^{2+}污染土的渗透特性及微观结构特性，研究表明：当$CuCl_2$溶液浓度恒定时，渗透液无论采用纯净水还是$CuCl_2$溶液，土体的渗透系数均随围压的增大而减小；但在相同围压下，渗透液为$CuCl_2$溶液的渗透系数小于纯净水的渗透系数，并随围压的增大而增大；围压相同、渗透液浓度不同的情况下，土体的渗透系数随$CuCl_2$溶液浓度的增加先急剧减小，随后逐渐增大。微观结构分析结果表明，当$CuCl_2$溶液作为渗透液时，土体的渗透系数与纯净水的渗透系数存在差异的主要原因是由于重金属Cu^{2+}改变了黏土的内部结构，影响了黏土孔隙的大小，从而造成了宏观渗透性的差异。

夏磊[75]（2014）研究了重金属污染土的工程性质。王平等[76]（2014）研究了淋洗剂乙二胺四乙酸对重金属污染土工程特性的影响。储亚等[77]（2015）研究了锌污染土的物理与电学特性。宋泽卓[78]（2016）通过室内击实、剪切试验，研究了重金属污染土的工程性质及微观结构，研究表明：重金属浓度的增加会导致土的黏粒含量减小，工程性质变差，强度降低。

1.2.2.5　油污染土体的宏观特性

Mashalah Khamehchiyan 等[79]（2007）研究了原油污染对黏土和砂土的岩土性质的影响，研究表明：石油污染过的海滩砂质土和沉积物其最大干密度和最优含水率都会降低。郑天元等[80]（2010）通过击实试验，以原油、柴油和水为介质，研究了油污染土的击实特性，研究表明：石油污染土的干密度随含油率的增加而增加，但远小于无污染土的最大干密度；油水混合污染土和柴油污染土的击实曲线随含油率增加最终变成无峰值曲线。Ashraf K 等[81]（2011）研究了机油污染对过度固结黏土岩土性能的影响。郑天元等[82]（2013）通过室内试验，研究了柴油污染土的击实特性、无侧限抗压强度特性和渗透特性随含油率的变化，证实了柴油污染对土的工程性质的影响。周杏等[83]（2015）采用直剪、变水头渗透试验及压缩试验，研究了柴油污染对上海地区粉质黏土工程性质的影响，研究表明：随柴油含量增加，油污染土的黏聚力先增大后减小，内摩擦角、渗透系数和压缩系数先减小后增大。

1.2.2.6　其他污染土体的宏观特性

边汉亮等[84]（2014）通过室内试验，研究了有机氯农药污染土的强度特性、渗透特性，研究表明：有机氯农药的污染，会导致土体的强度随农药浓度增加而减小，随龄期的增长呈先增大后减小的趋势；渗透系数随农药浓度的增大而减小，随龄期的增长而增大。王勇等[85]（2014）研究了生活垃圾污染黏土的渗透特性，发现生活垃圾的污染会导致黏土的渗透性降低，随污染深度的增加，污染土的渗透系数会增大。何斌等[86]（2015）研究了洗衣粉污染土的压缩特性及电阻率特性。边汉亮[87]（2015）通过室内试

验，研究了农药氯氰菊酯对土体基本性质的影响，研究表明：农药污染土的黏粒组分随农药掺量的增加而增大，液限和塑限随污染物浓度的增加而增大，塑性指数随浓度的增加呈先增大后稳定的趋势；不同龄期试样的pH值随污染物浓度的增加而减小，同一龄期污染土的电阻率随农药掺量的增加而减小。杨倩[88]（2016）研究了垃圾渗滤液对压实黏土工程特性的影响，研究表明：渗滤液侵蚀对黏土的各项工程性质有较大的影响，随渗滤液浓度的增大及浸泡时间的延长，浸泡黏土的渗透性、比重和剪切强度均减小，而含水率增大。

1.2.3　污染土体的微观特性

污染土体的宏观工程特性发生劣化，其实质是与其相对应的微观结构发生了损伤。关于污染土体的微结构特性，吴恒等[89]（2000）研究了水土作用对土体细观结构的影响，研究表明：地下水环境的变异，引起土体的可溶蚀相发生变化，从而改变了土体的细观结构。张信贵等[90]（2004）开展了城市区域水土作用与土细观结构变异的试验研究。姚彩霞[91]（2005）通过室内扫描电镜、CT等试验，并考虑酸碱、阴阳离子溶液等因素的影响，研究了城市区域水化学环境下土体细观结构的变异性。张晓璐[44]（2007）研究了酸、碱污染土的微结构特性。王栋[63]（2009）通过扫描电镜试验，并考虑碱浓度的影响，研究了NaOH和$NH_3 \cdot H_2O$碱污染土的微结构特性和碱性条件对土体的腐蚀机理。

Deneele D等[64]（2010）对碱溶液侵蚀后的土样进行了X射线衍射试验，发现其土样的膨胀力降低和孔隙率增大。陈宝等[92]（2013）借助扫描电镜和透射电镜试验，研究了NaOH碱性孔隙水侵蚀对膨润土微观性能的影响，研究表明：高碱性溶液的侵蚀造成了膨润土水化产生的羽翼状胶体的溶解和膨润土结构的不可逆性破坏，且破坏程度与碱溶液的浓度成正相关关系；高碱性溶液侵蚀膨润土试样表面溶蚀痕迹明显。张志红等[74]（2014）研究了重金属Cu^{2+}污染土的微观结构，研究表明：重金属Cu^{2+}改变了黏土的内部结构和孔隙大小，从而影响其宏观渗透性。边汉亮等[84]（2014）通过微观试验，研究了有机氯农药污染土的微观特性，研究表明：有机氯农药污染后，随农药浓度的增大，土体的絮状结构增多，可以对应解释其宏观力学特性的变化。廖朱玮[93]（2014）研究了镉溶液污染黏土微观结构的演化规律。

王勇等[94]（2014）利用扫描电镜观测和图像处理技术，研究了Na_2CO_3污染重塑黏土的微观结构特性，研究表明：Na_2CO_3的污染侵蚀，破坏了重塑黏土的絮状结构，导致颗粒与孔隙重新分布，孔隙率显著降低；图像处理提取的污染重塑黏土的表观孔隙率随Na_2CO_3侵蚀程度的提高而显著降低，表观孔径呈现以大孔和中孔为主逐渐演化为以小孔和微孔为主的分布特征；Na_2CO_3通过与黏土颗粒的离子交换和吸附、与非碱金属阳离子和游离氧化物的化学反应以及与腐植酸的中和作用，实现对黏土微观结构的多元化改造。王勇等[85]（2014）研究了生活垃圾污染黏土的微观结构，研究表明：黏土被生活垃圾污染后，随着污染深度的增加，污染黏土总孔隙面积、表观孔隙比和平均孔径逐渐增大，黏土孔隙逐渐由以小孔和中孔为主演化为以大孔和超大孔为主。

宋宇等[70]（2015）研究了碱污染黏土的微观结构演化规律，研究表明：NaOH溶液会严重腐蚀黏土颗粒，溶蚀其中的胶结物质，造成黏土内部总孔隙度的增加，使土体整体呈松散结构；团聚体结构越疏松，其间孔隙越分散，黏土表面的孔隙极度发育，结构松散度极高；碱液的腐蚀作用引起黏土体内部的小孔向大孔转化。张晓晓[69]（2015）通过室内试验，研究了碱渣土的微结构特性，并通过 IPP 软件测量了碱渣土的微观孔隙，研究表明：碱渣土孔隙的等效直径、面积、周长随着元明粉含量的增加逐渐减小，孔隙的圆度呈现先增大后减小的趋势。宋泽卓[78]（2016）通过室内扫描电镜试验，研究了重金属污染土的微观结构，发现重金属浓度的增加会导致污染土的颗粒团聚，出现大孔隙。

1.2.4 污染土体的作用机理

污染土体的宏微观特性发生劣化，实质在于污染物与土体颗粒之间的相互作用，其作用机理就是污染物的溶蚀作用以及新生成物质的结晶溶解作用，其综合作用的结果最终改变了污染土体的宏微观特性。

吴恒、张信贵[95]（1999）分析了水土作用系统中离子的交换吸附等作用，研究了强酸、强碱环境下地下水中的 H^+ 和 OH^- 与土体某些矿物成分发生化学反应，改变其成分、破坏其连结、引起强度降低的化学机理。蒋引珊等[96]（1999）研究了黏土矿物酸溶解反应特征。路世豹等[97]（2002）通过室内对比试验，研究了地基在长期受酸性物质侵蚀过程中的污染变化机理，提出了酸侵入—酸溶解土中的矿物—酸带着矿物质迁移—矿物重结晶—体积膨胀的污染过程，其中石膏形成过程中体积膨胀是变形的主要原因。刘志彬等[98]（2008）研究了遭受典型工业污染物（如酸、碱、重金属和石油）侵入后，工业污染土工程行为的物理化学作用，研究表明：工业污染物导致天然土体的工程性质发生劣化，但各类污染物质与土体间的物理化学作用机制不同。王栋[63]（2009）研究了不同浓度的 NaOH 和 $NH_3 \cdot H_2O$ 对土体的污染腐蚀机理。杨华舒等[99,100]（2012）研究了碱污染土的物理力学性质以及饱和氢氧化钙浸泡红土的腐蚀机理，研究表明：碱与红土中的硅、铝胶结物质发生了溶蚀反应，生成易溶于水的物质，在水溶条件下被水溶的坝体会形成细小的通道，导致库区产生渗漏。

伯桐震[101]（2012）研究了 HCl 溶液与红土颗粒的相互作用，其作用机理可以从腐蚀阶段、成盐阶段和溶解阶段来解释。陈宝等[92]（2013）借助扫描电镜和透射电镜试验，研究了 NaOH 碱性孔隙水侵蚀对膨润土性能影响的微观机理，研究表明：碱性孔隙水的入渗侵蚀会逐渐溶解膨润土中的蒙脱石，破坏膨润土的结构，增大膨润土的孔隙率，降低膨润土的膨胀性，提高膨润土的长期渗透性，最终造成膨润土的封闭和缓冲性能降低。任礼强等[102]（2014）研究了 NaOH 碱溶液与红土颗粒之间的相互作用，其作用机理可以分为前期水解、初期侵蚀、中期胶结、后期溶解 4 个过程来解释。边汉亮等[84]（2014）研究了有机氯农药污染土的微观机理。周杏等[83]（2015）研究了柴油污染对上海地区粉质黏土工程性质的影响，发现其实质在于柴油的存在使得土粒发生絮凝，土颗粒粒径明显增大，大孔隙数目增多，并出现粉质黏土砂化现象。杨倩[88]（2016）研究了垃圾渗滤液影响压实黏土的微观机理，研究表明：渗滤液对黏土的侵蚀主要来自其化学成分的吸附、黏结及水化学作用。杨小宝等[103]（2016）研究了六偏磷酸钠溶液与红土颗粒之间的相互作用，其作用机理可以分为水解作用、吸附络合作用、还原氧化作用、成盐作用、溶解作用 5 个过程来解释。

1.3 红土污染问题的研究

1.3.1 一般污染红土研究

关于一般红土污染的问题，赵以忠[104]（1988）通过侵蚀模拟试验，研究了某厂强酸性废水对红黏土地基的侵蚀性，研究表明：酸污染导致地基红黏土中游离氧化物的胶结作用降低，孔隙比增大。孙重初[105]（1989）模拟红黏土在酸液侵入条件下的溶蚀作用，研究了酸液对红黏土物理力学性质的影响，研究表明：酸液浸泡会导致红黏土的比重减小、塑性指数降低、抗剪强度和压缩模量降低。王洋等[106]（2007）通过浸泡试验，研究了不同pH值的$Fe(NO_3)_3$和$Al(NO_3)_3$溶液对红土强度的影响，研究表明：酸性溶液可以增强含铁离子物质的胶结作用，提高红土的强度；而碱性溶液与酸性溶液相反，会降低红土的强度。

马琳等[107]（2009）通过室内试验，研究了人为调节pH值对红土颗粒组成、界限含水和三轴不排水抗剪强度的影响，发现红土的pH值越低，游离氧化铁与土的胶结能力越强，pH值越高，游离氧化铁与土的胶结能力越弱。顾展飞[108]（2012）开展了水化学作用对桂林红黏土性质影响的试验研究。顾展飞等[109]（2014）研究了酸碱及可溶盐溶液对桂林红黏土压缩性的影响，研究表明：HCl和NaOH溶液浸泡会导致红黏土的压缩系数增大，在$Fe(NO_3)_3$和$Al(NO_3)_3$溶液中浸泡后，红黏土的压缩系数随着溶液浓度的增大而降低。刘之葵等[110]（2014）研究了不同pH值条件下干湿循环作用对桂林红黏土力学性质的影响，研究表明：pH值相同，红黏土的黏聚力随干湿循环次数的增加而降低，内摩擦角随循环次数的增加而先增大后降低；干湿循环次数一定，无论随pH值的增大或减小，红黏土的黏聚力均减小，溶液酸性或碱性增大时内摩擦角均有不同程度的增大。

赵雄[111]（2015）通过室内试验和计算机图像处理系统，选用不同的化学溶液浸泡红黏土，研究了化学溶蚀作用下红黏土微细结构的变化规律，研究表明：红黏土在酸、碱溶液中会发生不同程度的化学溶蚀反应，其质量损失率随浸泡时间的延长而增加，并趋于稳定；随着溶蚀反应的进行，颗粒面积比例逐渐减小，颗粒定向度逐渐增大至稳定值，孔隙定向度小幅降低直至稳定；酸性溶液对红黏土的溶蚀作用最强。王志驹[112]（2015）通过三轴试验，研究了碱性环境下桂林红黏土的剪切特性。邱晓娟[113]（2015）开展了酸碱环境下改良的桂林红黏土的工程性质与微观结构研究，其方法是将改良土体浸泡到不同酸碱度的溶液中，研究不同掺量、浸泡时间和溶液酸碱度对改良红黏土力学性质和微观结构的影响。刘之葵等[114]（2016）研究了不同酸碱度对改良红黏土力学性质及微观结构的影响，研究表明：宏观上，酸性环境下改良土的黏聚力随浸泡时间的延长而减小；微观上，土粒的搭接形式、搭接程度以及颗粒间的胶结程度决定了土体的物理力学性质。

1.3.2 云南污染红土研究

关于云南红土的污染问题，国内学者已分别开展了酸污染红土、碱污染红土、硫酸亚铁侵蚀红土、磷污染红土、铜污染红土、酸碱污染红土等问题的研究。Y Huang 等[115]（2012）通过迁移试验，研究了水环境下红土中铁离子的迁移特性。伯桐震等[116]（2012）通过宏微观试验，并考虑酸浓度、养护时间的影响，研究了酸污染红土的宏观物理力学特性及其微结构特性。刘鹏等[117]（2012）开展了云南红土铁离子迁移的试验研究。杨华舒等[99]（2012）研究了碱性材料对红土结构的侵蚀及危害。杨华舒等[100]（2012）研究了碱性材料与红土坝料的互损劣化特性。李晋豫[118]（2012）研究了碱性物质对红土大坝的破坏机理。Y Huang 等[119]（2013）研究了酸污染击实红土的微结构特性。王盼等[120,121]（2013）考虑酸浓度、养护时间的影响，研究了硫酸亚铁侵蚀红土的受力特性及微结构特性。任礼强[122]（2014）考虑碱浓度、养护时间的影响，研究了碱污染红土的宏微观特性及碱土作用特征。

杨华舒等[123]（2014）研究了碱侵蚀红土的工程指标与受损物质的关系。王毅[124]（2014）研究了酸碱侵蚀下红土的工程特性与受损化学成分的关系。樊宇航等[125-127]（2014，2016）考虑干密度、含水率、浸泡时间的影响，研究了浸泡条件下酸污染红土的力学特性及微结构特性。杨小宝等[128-130]（2015，2016）考虑磷浓度、时间、土柱深度的影响，研究了污染条件和迁移条件下磷污染红土的物理力学特性及微结构特性。潘泰等[131,132]（2015，2016）考虑 pH 值、养护时间的影响，研究了不同 pH 值下酸碱污染红土的力学特性及微结构特性。范华[133]（2015）研究了碱侵蚀过程中红土的化学成分与工程性质的关系。李高等[134,135]（2016）考虑迁入、迁出时间的影响，研究了浸泡条件下碱污染红土的力学特性及微结构特性。李瑶等[136,137]（2016）考虑硫酸铜浓度、干密度、土柱深度、迁移时间的影响，研究了迁移条件下硫酸铜污染红土的抗剪强度特性及微结构特性。

这些研究都表明，环境变化会导致污染红土的宏微观特性发生相应变化，且总体向劣化的方向发展，最终必然危及红土土体结构的安全。

第 2 章　酸污染红土的宏微观响应

2.1　试验方案

2.1.1　试验材料

2.1.1.1　试验土样

试验土样为取自昆明世博生态城的红土，其基本特性见表 2－1。由表 2－1 可见，该红土的颗粒组成以粉粒为主，按塑性指数分类为低液限粉质红黏土。

表 2－1　红土的物理性质指标

风干含水率 $\omega_0/\%$	最优含水率 $\omega_{op}/\%$	比重 G_s	粒组含量		界限含水率		
			粉粒 $P_f/\%$ (0.005～0.075 mm)	黏粒 $P_n/\%$ (＜0.005mm)	塑限 $\omega_p/\%$	液限 $\omega_L/\%$	塑性指数 I_p
2.0	26.4	2.73	63.8	36.2	28.5	45.5	17.0

2.1.1.2　污染物的选取

因大部分的红土污染多为酸污染，其中以盐酸（HCl）污染为主，故本试验选取含量为 36.46% 的 HCl 作为污染源，其中含少量灼烧残渣、硫酸盐、亚硫酸盐、锡等，百分比含量为 0.02%～0.05%。

2.1.2　宏观特性试验方案

本试验以昆明红土为研究对象，选取盐酸作为污染物，配制盐酸溶液，制备酸污染红土试样，开展酸污染红土的物理力学试验，研究酸污染红土的宏观特性。在试验过程中，考虑酸浓度、试样养护时间、洗盐、分散剂的影响。酸浓度 a 设定为 0%、1.0%、3.0%、5.0%、7.0%、8.0%，对应盐酸溶液的 pH 值分别为 1.16、0.86、0.53、0.37、0.21；试样养护时间 t 设定为 0 d、1 d、4 d、7 d、14 d、30 d。其中，酸浓度 0% 代表未受酸污染的素红土，0 d 代表试样未养护。

对于颗粒组成、比重、界限含水率等物理特性试验，其步骤如下：将制备好的不同浓度的盐酸溶液均匀喷洒在素红土样中进行浸润，并置于 20℃ 的恒温水箱中进行养护；达到浸润养护时间后，充分搅拌均匀，开展物理性质试验，测试分析酸污染对红土宏观物理特性的影响。

对于击实、剪切、压缩等力学特性试验，先开展击实试验，即根据控制的含水率，将配制好的不同浓度的盐酸溶液分层洒在素红土样上，浸润 1 d，然后充分拌合均匀，进行击实试验，获得酸污染红土的最大干密度和最优含水率等最佳击实指标；再以不同浓度、不同养护时间下酸污染红土的最佳击实指标作为控制参数，采用击样法制备剪切、压缩等力学特性试验的酸污染红土试样，按照养护时间在保湿缸中20℃的温度下进行养护，达到养护时间后开展力学性质试验，测试分析酸污染对红土宏观力学特性的影响。

2.1.3　微结构特性试验方案

与酸污染红土的宏观特性相对应，考虑酸浓度、试样养护时间的影响，分别切取击实试验、剪切试验、压缩试验前后酸污染红土试样，经自然风干，制备不同酸浓度、不同养护时间下酸污染红土的微结构试样。通过扫描电子显微镜开展微结构试验，观测不同浓度、不同养护时间、不同放大倍数下酸污染红土的微结构图像，并结合 MATLAB 软件进行图像数字化处理，提取酸污染红土的微结构图像特征参数，研究酸污染红土的微结构图像特征和微结构参数特征。

2.2　酸污染红土的宏观特性

2.2.1　颗粒组成特性

2.2.1.1　颗粒沉积特性

（1）加分散剂、不洗盐条件的影响。

图2－1给出了加入分散剂、不洗盐的条件下，不同酸液浓度下酸污染红土颗粒的沉积变化。

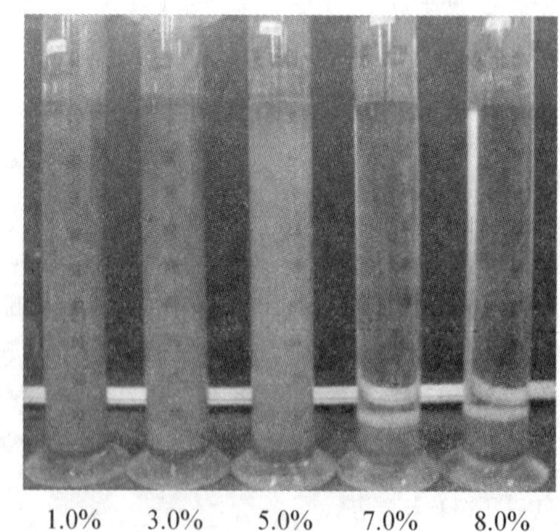

图2－1　浸泡条件下酸污染红土颗粒的沉积变化

图2－1表明：

加入分散剂、不洗盐的条件下，当酸浓度由1.0%增大至8.0%时，酸液浸泡红土的悬液颜色由深红到透明，土颗粒下沉速度明显加快；浸泡3 h后，酸浓度分别为1.0%、3.0%、5.0%时，悬液的浑浊度仍然很高，只是在悬液上部稍见土水分界线；而酸浓度

分别为 7.0%、8.0% 时，颗粒沉积位置较低，明显可见清晰的土颗粒沉积分界线，悬液基本澄清。上述现象说明：酸浓度越大，酸液侵蚀红土颗粒后生成物的絮凝作用越强，颗粒越粗，沉积越快。

图 2－2 给出了酸液浸泡后红土颗粒的沉积体积 V，以及时间加权平均沉积体积 V_t 随不同酸浓度 a 的变化，图 2－3 给出了酸液浸泡后红土颗粒的沉积体积 V，以及浓度加权平均沉积体积 V_a 随不同浸泡时间 t 的变化。时间加权平均沉积体积是指相同酸浓度下，对不同浸泡时间酸污染红土颗粒的沉积体积进行时间加权平均，用以衡量不同浸泡时间对酸污染红土颗粒沉积体积的影响；浓度加权平均沉积体积是指相同浸泡时间下，对不同酸浓度酸污染红土颗粒的沉积体积进行浓度加权平均，用以衡量不同酸浓度对酸污染红土颗粒沉积体积的影响。

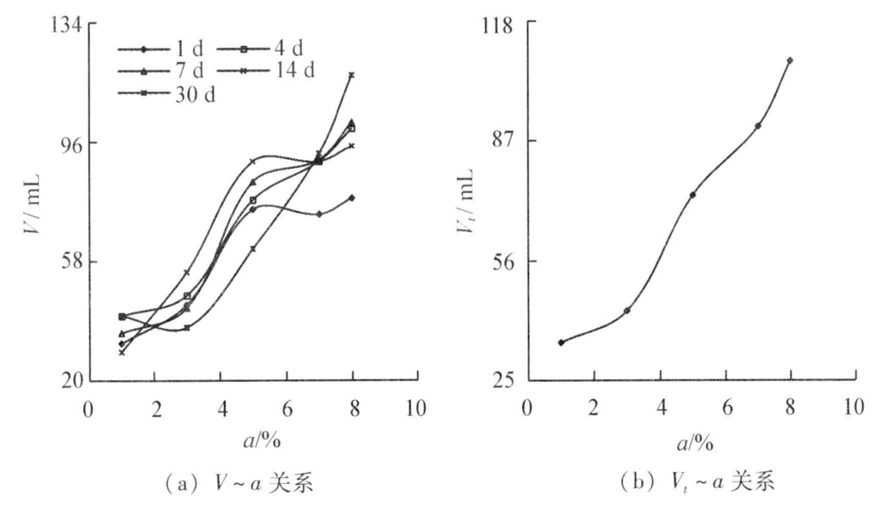

图 2－2　酸污染红土的颗粒沉积体积与时间加权平均沉积体积随酸浓度的变化

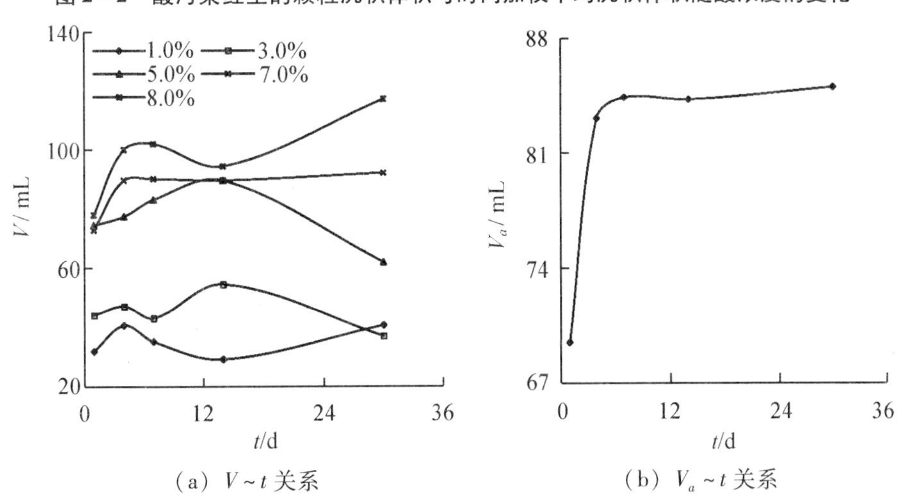

图 2－3　酸污染红土的颗粒沉积体积与浓度加权平均沉积体积随浸泡时间的变化

图 2－2 和图 2－3 表明：

加入分散剂、不洗盐的条件下，随着酸浓度的增大，悬液的颜色由深红到透明，土颗粒下沉速度明显加快，3 h 后低浓度组悬液仍浑浊而高浓度组悬液基本澄清，颗粒沉积

分界线清晰。总体上，相同浸泡时间，加分散剂、不洗盐的条件下，随着酸浓度的增大，悬液中酸污染红土的颗粒沉积体积增大；对应不同浸泡时间下，酸液浸泡红土的颗粒沉积体积的时间加权平均值相应增大。这说明盐酸浓度越高，酸性越强，对红土颗粒的凝聚性越强，越有利于悬浮状态下红土颗粒的沉积。相同酸浓度，加分散剂、不洗盐的条件下，随着浸泡时间的延长，悬液中酸污染红土的颗粒沉积体积短时间内稍有增大，长时间变化不大。对应不同酸浓度下，酸液浸泡红土的颗粒沉积体积的浓度加权平均值在浸泡时间 7 d 以前明显上升，相比 1 d 浸泡时间，浸泡时间为 7 d 时上升了 21.5%；7 d 以后，随着浸泡时间的进一步延长，酸液浸泡红土的颗粒沉积体积增长缓慢。这说明短时间的酸液浸泡，有利于增强悬液中红土颗粒的凝聚性，悬浮状态下红土颗粒沉积较快；长时间的酸液浸泡，对于悬浮状态下红土颗粒的沉积影响较小。当浓度由 1.0% 增大 8.0% 时，酸液浸泡红土的颗粒沉积体积增大了 210.2%；而当浸泡时间由 1 d 延长至 30 d时，酸液浸泡红土的颗粒沉积体积仅增大了 22.4%。这表明酸浓度的影响显著大于浸泡时间的影响。

（2）分散剂的影响。

图 2－4 给出了酸液浸泡 7 d、不洗盐的条件下，加入分散剂对悬液中红土颗粒沉积体积 V 的影响。

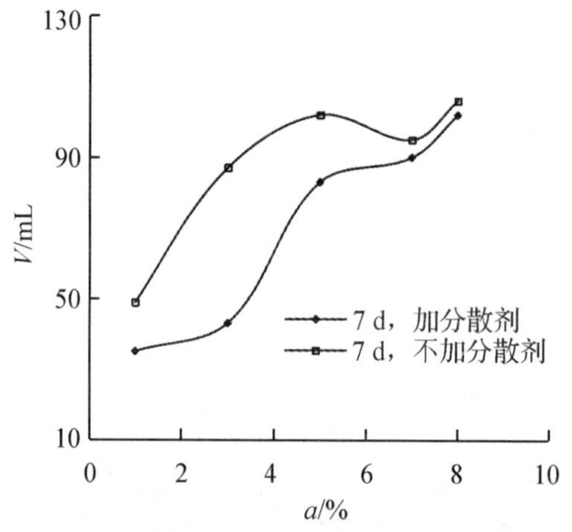

图 2－4　分散剂对酸污染红土颗粒沉积体积的影响

图 2－4 表明：

相同浸泡时间（7 d）、不洗盐的条件下，随着酸浓度的增大，无论是否加入分散剂，酸液浸泡红土悬液中的颗粒沉积体积总体上呈增大趋势。当酸浓度由 1.0% 增大到 8.0% 时，不加分散剂时颗粒沉积体积增大了 117.2%，加入分散剂时颗粒沉积体积增大了 191.4%。这说明加入分散剂的影响大于不加入分散剂的影响。相同酸浓度下，加入分散剂时红土悬液中的颗粒沉积体积小于不加分散剂时红土颗粒的沉积体积。相比不加分散剂，当酸浓度由 1.0%、3.0%、5.0%、7.0% 增大到 8.0%，加分散剂后红土悬液的颗粒沉积体积分别减小了 28.3%、50.6%、18.6%、5.3%、3.8%。说明酸浓度较小时，分散剂的影响较大；酸浓度较大时，分散剂的影响减弱；分散剂的加入，破坏了红土颗粒之间的连接，促使红土颗粒分散，漂浮在悬液中，下沉缓慢。

2.2.1.2 颗粒组成特性

(1) 加分散剂、不洗盐条件的影响。

图2-5给出了加分散剂、不洗盐的条件下，不同浸泡时间酸污染红土颗粒组成中的粉粒含量 P_f 和黏粒含量 P_n 随不同酸浓度 a 的变化，图2-6给出了加分散剂、不洗盐的条件下，不同浸泡时间酸污染红土颗粒组成中粉粒含量的时间加权平均值 P_{ft} 和黏粒含量的时间加权平均值 P_{nt} 随不同酸浓度 a 的变化。粉粒含量的时间加权平均值是指相同酸浓度下，对不同浸泡时间酸污染红土的粉粒含量进行时间加权平均，用以衡量不同浸泡时间对酸污染红土粉粒含量的影响；黏粒含量的时间加权平均值是指相同酸浓度下，对不同浸泡时间酸污染红土的黏粒含量进行时间加权平均，用以衡量不同浸泡时间对酸污染红土黏粒含量的影响。

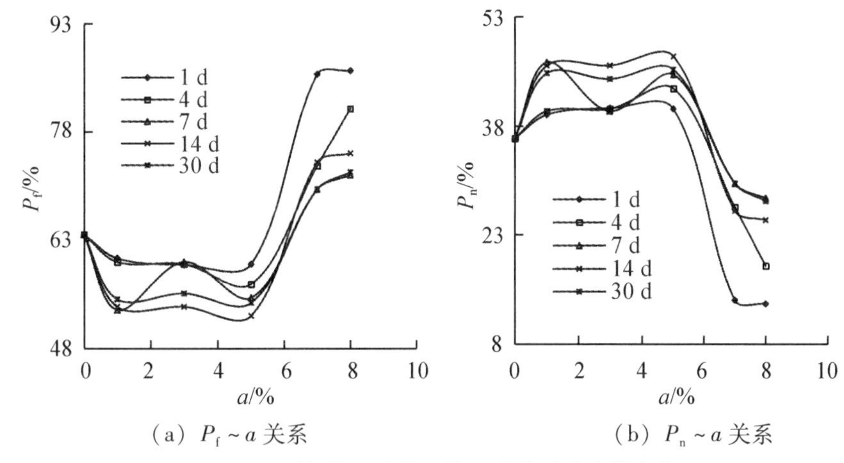

(a) $P_f \sim a$ 关系 (b) $P_n \sim a$ 关系

图2-5 酸污染红土的颗粒组成随酸浓度的变化

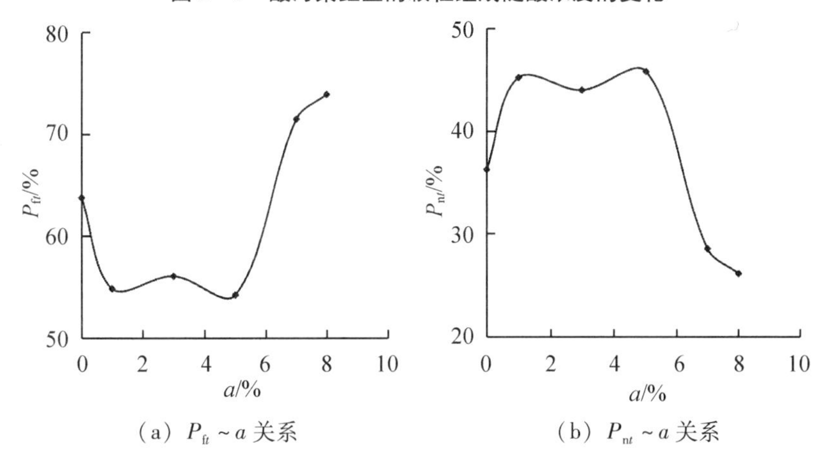

(a) $P_{ft} \sim a$ 关系 (b) $P_{nt} \sim a$ 关系

图2-6 酸污染红土颗粒组成的加权平均值随酸浓度的变化

图2-5、图2-6表明：

总体上，相同浸泡时间，加分散剂、不洗盐的条件下，随着酸浓度的增大，酸污染红土的粉粒含量增大，黏粒含量减小。酸浓度较小时，酸污染红土的粉粒含量低于素红土的粉粒含量，高于素红土的黏粒含量；酸浓度较高时，酸污染红土的粉粒含量显著增大，高于素红土的粉粒含量，显著低于素红土的黏粒含量。从粉粒含量时间加权平均值

看，浓度为0%～5.0%时，相比素红土浓度0%，酸污染红土的粉粒含量减小了15.0%；浓度为5.0%～8.0%时，相比浓度5.0%的，酸污染红土的粉粒含量增大了36.3%，相比浓度为0%时，粉粒含量增大了15.9%。黏粒含量的变化与粉粒含量相反。这说明加入分散剂、不洗盐的条件下，酸液浓度越大，生成的盐越多，对红土颗粒的凝聚性越强，形成的粉粒越多，黏粒越少。这与酸液浸泡红土悬液中颗粒沉积体积的变化一致。

图2－7给出了不同酸浓度下酸污染红土的粉粒含量P_f、黏粒含量P_n随浸泡时间t的变化。

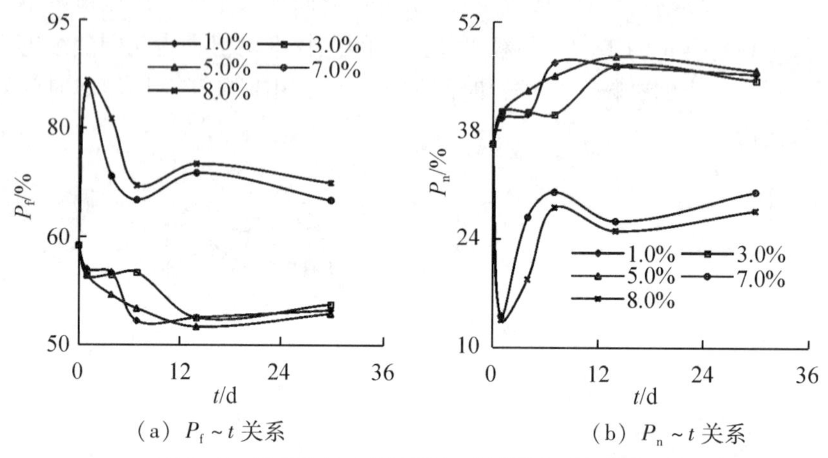

（a）$P_f \sim t$关系　　（b）$P_n \sim t$关系

图2－7　酸污染红土的颗粒组成随浸泡时间的变化

图2－7表明：

总体上，相同酸浓度，加分散剂、不洗盐的条件下，随着浸泡时间的延长，酸污染红土的粉粒含量呈波动降低，对应黏粒含量呈波动增大。浓度较低（1.0%、3.0%、5.0%）时，随着浸泡时间的延长，酸污染红土的粉粒含量低于素红土的粉粒含量，黏粒含量高于素红土的黏粒含量。浸泡时间为0～14 d时，粉粒含量降低较快，对应的黏粒含量增大明显，相比素红土，浓度5.0%时，粉粒含量减小了17.7%，黏粒含量增大了17.5%；浸泡时间为0～30 d时，粉粒含量稍有回升，对应的黏粒含量相应减小，相比14 d的粉粒含量增大了3.4%，但仍低于素红土14.8%。浓度较高（7.0%、8.0%）时，随着浸泡时间的延长，酸污染红土的粉粒含量明显大于素红土的粉粒含量，黏粒含量明显小于素红土的黏粒含量。浸泡时间为0～1 d时，粉粒含量出现峰值，相比素红土增大了35.7%；浸泡时间为1～7 d时，粉粒含量减小，相比1 d减小了16.8%；浸泡时间为7～14 d时，粉粒含量稍有增大，相比7 d时，增大了4.2%；浸泡时间为14～30 d时，粉粒含量缓慢减小，相比14 d时减小了3.5%，相比素红土则增大了13.6%。而黏粒含量的变化刚好相反。

上述试验现象说明浸泡过程中酸浓度的高低对红土的粉粒和黏粒变化影响显著。低浓度下，浸泡破坏了红土颗粒间的连接，导致粉粒含量减小。高浓度下，短时间浸泡生成的盐类增强了红土颗粒的凝聚性，导致粉粒明显增多；随后，盐类溶解减弱了红土颗粒的凝聚性，导致粉粒减小；时间较长，盐类的生成和溶解不断交替进行，溶解作用占优势，导致红土的粉粒缓慢减小。

（2）分散剂的影响。

图2－8给出了不洗盐、浸泡时间为7 d的条件下，加入分散剂前后酸污染红土的颗

粒组成 P_f、P_n随酸浓度 a 的变化。

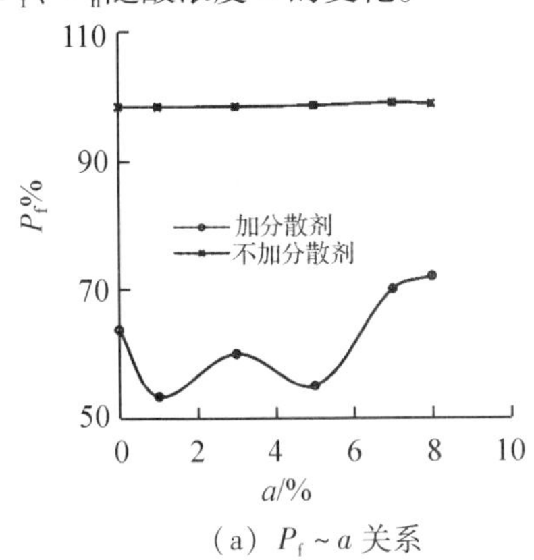

（a）$P_f \sim a$ 关系

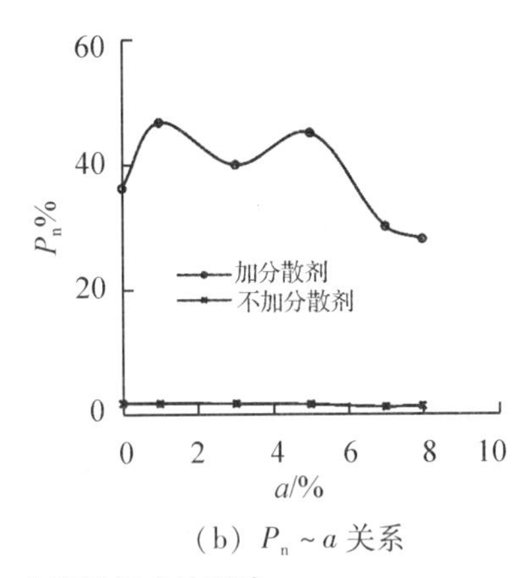

（b）$P_n \sim a$ 关系

图 2－8　分散剂对酸污染红土颗粒组成的影响

图 2－8 表明：

不洗盐的条件下，相同酸浓度，加分散剂时红土的粉粒含量明显低于不加分散剂时红土的粉粒含量，而黏粒含量的变化则相反。随酸浓度的增大，不加分散剂时，红土的粉粒含量基本不变，为 98.3%～98.8%。而加分散剂时，总体上，红土的粉粒含量呈增大趋势，酸浓度较低时，粉粒含量小于素红土的粉粒含量，酸浓度 1.0% 时粉粒含量减小了 16.4%；酸浓度较高时，粉粒含量增大到高于素红土的粉粒含量，酸浓度为 8.0% 时粉粒含量增大了 12.9%。这说明不加分散剂的条件下，红土的颗粒较粗；而分散剂的加入，破坏了较粗的红土颗粒，增加了红土中的细小颗粒。而且浓度增大引起粉粒增多，表明生成的盐类增多，有必要进行洗盐处理。

（3）洗盐的影响。

图 2－9 给出了加分散剂、酸浓度为 7.0%、浸泡时间为 1 d 和 7 d 的条件下，是否洗盐对酸污染红土颗粒级配的影响，图中 P 表示小于某粒经的颗粒累计含量，d 表示红土颗粒的粒径。

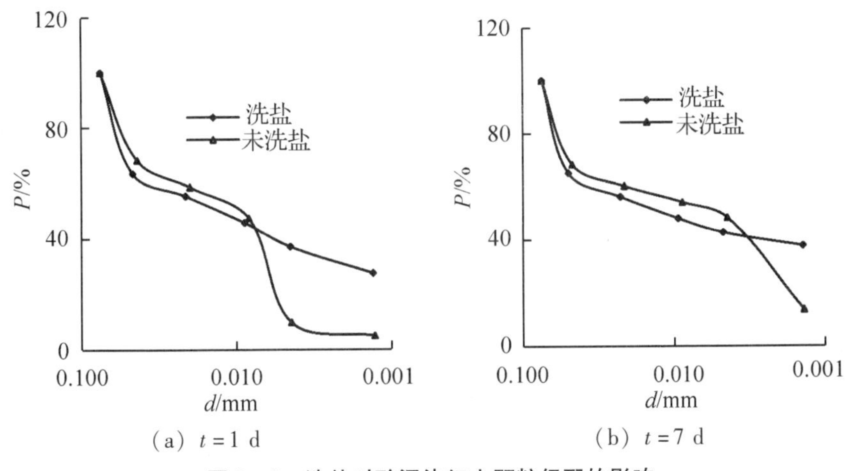

（a）$t=1$ d　　（b）$t=7$ d

图 2－9　洗盐对酸污染红土颗粒级配的影响

图 2－9 表明：

相同酸浓度、不同浸泡时间、加分散剂的条件下，未洗盐时红土的粉粒含量大于洗盐后的粉粒含量；未洗盐时红土的黏粒含量小于洗盐后的黏粒含量。浸泡时间为 1 d 时，粉粒和黏粒的分界粒径为 0.0083 mm；浸泡时间为 7 d 时，粉粒和黏粒的分界粒径为 0.0045 mm。这说明酸污染红土生成的盐类颗粒较粗，即使在加分散剂的条件下也不能分散，导致未洗盐时红土的粉粒增多，黏粒减少；而洗盐后，较粗的盐类颗粒溶解，导致洗盐后红土的粉粒减少，黏粒增多。

2.2.2 比重特性

2.2.2.1 酸浓度的影响

图 2－10 给出了酸污染红土的颗粒比重 G_s、时间加权平均比重 G_{st} 随酸浓度 a 的变化。时间加权平均比重是指相同酸浓度下，对不同浸泡时间酸污染红土颗粒的比重进行时间加权平均，用以衡量不同浸泡时间对酸污染红土颗粒比重的影响。

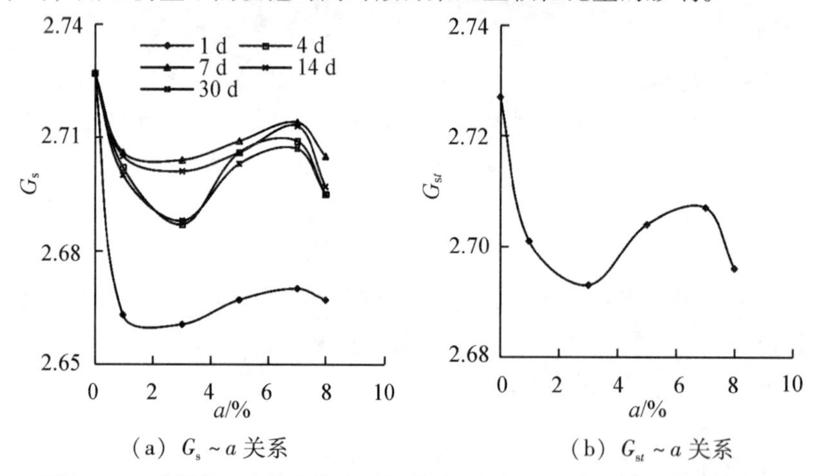

(a) $G_s \sim a$ 关系　　(b) $G_{st} \sim a$ 关系

图 2－10　酸污染红土的颗粒比重及其时间加权平均比重随酸浓度的变化

图 2－10 表明：

总体上，不同浸泡时间下，酸污染红土的颗粒比重小于素红土的颗粒比重；不同浸泡时间下，酸污染红土颗粒的时间加权平均比重显著低于素红土颗粒的时间加权平均比重。相比素红土，相同浸泡时间下，随酸浓度的增大，酸污染红土的颗粒比重呈波动减小。酸浓度为 3.0% 时出现波谷，比重减小最多；酸浓度为 7.0% 时出现波峰，比重增至最大；浸泡时间为 1 d 时，比重降低最多，其他浸泡时间比重降低较少。这说明酸浓度较低时比重降低显著，酸浓度较高时比重有所恢复，但仍低于素红土的比重。酸浓度为 0% ~3.0% 时，比重减小，相比素红土，浸泡时间 1 d 时比重减小了 2.4%；浸泡时间为 30 d 时，比重减小了 1.4%。酸浓度为 3.0% ~7.0% 时，比重增大，相比酸浓度 3.0%，浸泡时间为 1 d 时，比重增大了 0.4%；浸泡时间为 30 d 时，比重增大了 0.6%。酸浓度超过 7.0% 后，随酸浓度的进一步增大，酸污染红土的比重逐渐减小，酸浓度达 8.0% 时，相比酸浓度 7.0%，浸泡时间 1 d，比重减小了 0.1%；浸泡时间 30 d，比重减小了 0.3%。

相比素红土，随酸浓度的增大，不同浸泡时间下酸污染红土颗粒的时间加权平均比重呈波动减小，在酸浓度为 3.0% 时出现波谷，酸浓度为 7.0% 时出现波峰。酸浓度为

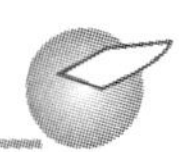

0%～3.0%时，比重减小，相比素红土0%，比重减小了1.3%；酸浓度为3.0%～7.0%时，比重增大，相比浓度3.0%，比重增大了0.5%；酸浓度超过7.0%，随酸浓度的进一步增大，酸污染红土的比重逐渐减小，酸浓度达8.0%时，相比酸浓度7.0%，比重减小了0.4%。这说明酸污染降低了红土颗粒的比重，浓度较低时比重降低得很快，浓度较高时比重较之前有所增大，随着酸浓度的再增高比重又减小，但仍高于最小值。酸液浸泡会破坏红土颗粒之间的胶结物质，使之游离于水溶液中，导致红土颗粒质量减小，比重降低。由于酸浓度不同，对红土颗粒的侵蚀作用、絮凝作用程度则不同，因而导致颗粒比重呈现波动性变化。

2.2.2.2 浸泡时间的影响

图2－11分别给出了酸污染红土的颗粒比重 G_s、浓度加权平均比重 G_{sa}随浸泡时间 t 的变化。浓度加权平均比重是指，相同浸泡时间下，对不同浓度酸污染红土颗粒的比重进行浓度加权平均，用以衡量不同酸浓度对酸污染红土颗粒比重的影响。

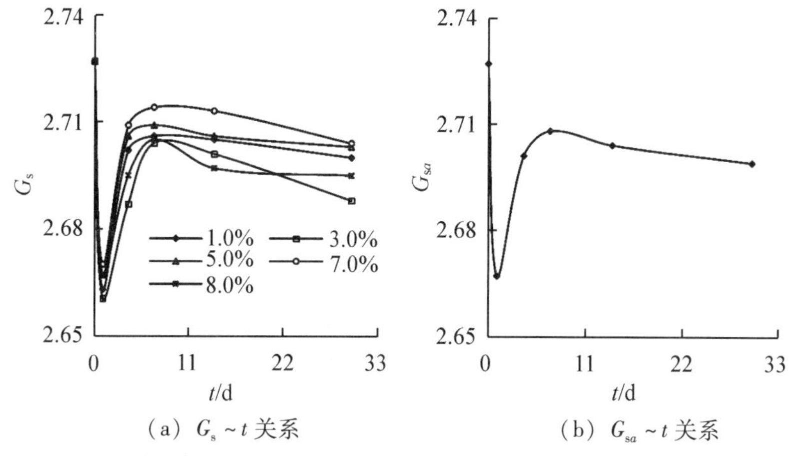

（a）$G_s \sim t$ 关系　　（b）$G_{sa} \sim t$ 关系

图2－11　酸污染红土的颗粒比重及其浓度加权平均比重随浸泡时间的变化

图2－11表明：

总体上，不同酸浓度下，酸污染红土浸泡后的颗粒比重小于素红土的颗粒比重；不同酸浓度下，酸污染红土浸泡后颗粒的浓度加权平均比重显著低于素红土颗粒的浓度加权平均比重。

相比素红土，相同酸浓度下，随浸泡时间的延长，酸污染红土浸泡后的颗粒比重呈波动减小。浸泡时间为1 d时出现波谷，比重减小很快；浸泡时间为7 d时出现波峰，比重增大。这说明浸泡时间较短时比重降低显著，浸泡时间较长时比重有所恢复，但仍低于素红土的比重。浸泡时间为0～1 d时，比重减小，相比素红土，酸浓度为1.0%时比重减小了2.4%，酸浓度为8.0%时比重减小了2.2%；浸泡时间为1～7 d时，比重增大，相比1 d，酸浓度为1.0%时比重增大了2.6%，酸浓度为8.0%时比重增大了1.4%；浸泡时间超过7 d，随浸泡时间进一步延长，酸污染红土浸泡后的比重逐渐减小，浸泡时间达30 d时，相比7 d，酸浓度为1.0%时比重减小了0.2%，酸浓度为8.0%时比重减小了0.4%。

相比素红土，相同酸浓度下，随浸泡时间延长，不同酸浓度下酸污染红土浸泡后的颗粒浓度加权平均比重呈波动减小。浸泡时间为1 d时出现波谷，浓度加权平均比重减小很快；浸泡时间为7 d时出现波峰，浓度加权平均比重增大。这说明浸泡时间较短时，浓度加权平均比重降低显著，浸泡时间较长时，浓度加权平均比重有所恢复，但仍低于素红土的比重。浸泡时间为0～1 d时，浓度加权平均比重减小，相比素红土，浓度加权平均比重减小了2.2%；浸泡时间为1～7 d时，浓度加权平均比重增大，相比1 d，浓度加权平均比重增大了2.5%；浸泡时间超过7 d，随浸泡时间的进一步延长，酸污染红土浸泡后的浓度加权平均比重逐渐减小，浸泡时间达30 d时，相比7 d，浓度加权平均比重减小了0.3%。

上述试验结果说明，试样的浸泡降低了酸污染红土颗粒的比重，浸泡时间较短时比重降低很快，随着浸泡时间的延长，比重明显增大，当浸泡时间更长时，比重又缓慢减小，但仍高于最小值。酸液浸泡会破坏红土颗粒之间的胶结物质，导致红土颗粒质量减小，比重降低。由于浸泡时间不同，对红土颗粒的侵蚀作用、絮凝作用程度不同，因而使红土颗粒的比重呈现波动性变化。

2.2.3　界限含水特性

2.2.3.1　液限和塑限的变化

（1）酸浓度的影响。

图2－12给出了酸污染红土的液限 ω_L、塑限 ω_p 随酸浓度 a 的变化，图2－13给出了酸污染红土液限、塑限的时间加权平均值 ω_{Lt}、ω_{pt} 随酸浓度 a 的变化。这里的时间加权平均值是指对相同浓度、不同浸润时间下酸污染红土的液限、塑限值进行时间加权平均，用以衡量不同浸润时间对酸污染红土液限、塑限的影响。

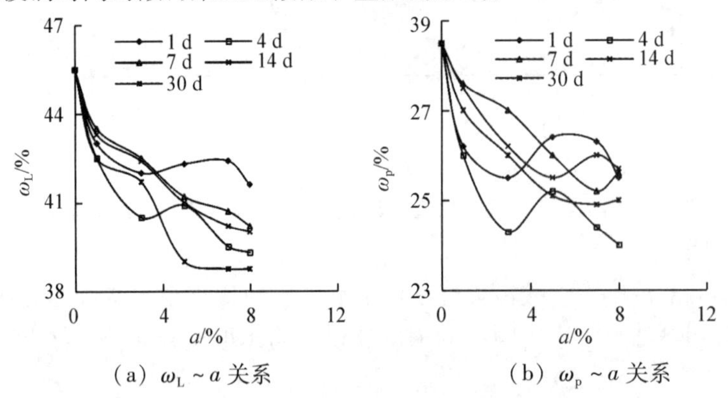

（a）$\omega_L \sim a$ 关系　　（b）$\omega_p \sim a$ 关系

图2－12　酸污染红土的液限和塑限随酸浓度的变化

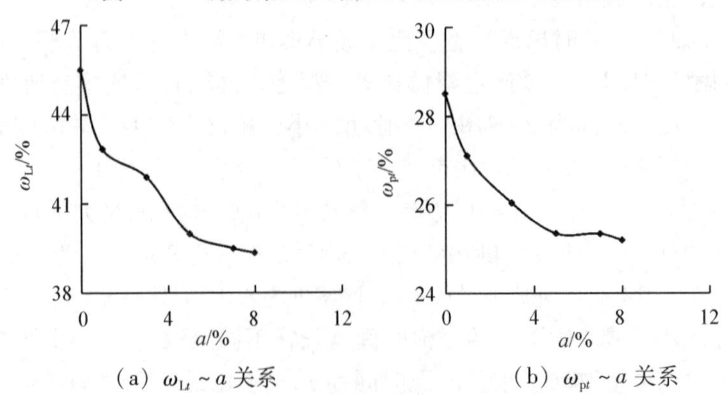

（a）$\omega_{Lt} \sim a$ 关系　　（b）$\omega_{pt} \sim a$ 关系

图2－13　酸污染红土的液限和塑限的时间加权平均值随酸浓度的变化

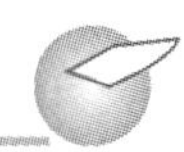

图 2－12、2－13 表明：

总体上，不同浸润时间下，酸污染红土的液限、塑限均低于素红土的液限和塑限；不同浸润时间下，酸污染红土的时间加权平均液限和塑限显著低于素红土的时间加权平均液限和塑限。相同浸润时间下，随酸浓度的增大，酸污染红土的液限和塑限均呈减小趋势。

当酸浓度由 0% 增大到 8.0% 时，相比素红土，浸润时间为 7 d 时，液限减小了 11.7%，塑限减小了 10.2%；浸润时间为 30 d 时，液限减小了 14.8%，塑限减小了 12.3%。相比素红土，随酸浓度增大，不同浸润时间下酸污染红土的时间加权平均液限和塑限值明显减小。当酸浓度由 1.0%、3.0%、5.0%、7.0% 增大到 8.0% 时，酸污染红土液限的时间加权平均值分别减小了 5.9%、7.9%、12.2%、13.2%、13.6%，塑限的时间加权平均值分别减小了 4.9%、8.6%、11.1%、11.2%、11.6%。酸浓度对红土液限的加权平均值为 12.2%，对塑限的加权平均值为 11.0%，这表明酸浓度对红土液限的影响大于对塑限的影响。

上述试验结果说明，酸污染显著降低了红土的液限和塑限两个界限含水率指标。酸浓度越大，酸污染红土的液限和塑限降低得越多，酸污染红土与水作用的能力越弱。这与酸污染红土后粉粒增多一致。

（2）浸润时间的影响。

图 2－14 给出了酸污染红土的液限 ω_L、塑限 ω_p 随浸润时间 t 的变化。图 2－15 给出了酸污染红土的液限、塑限的浓度加权平均值 ω_{La}、ω_{pa} 随浸润时间 t 的变化。液限和塑限的浓度加权平均值是指对相同浸润时间、不同酸浓度下酸污染红土的液限、塑限值进行浓度加权平均，用以衡量不同酸浓度对酸污染红土液限和塑限的影响。

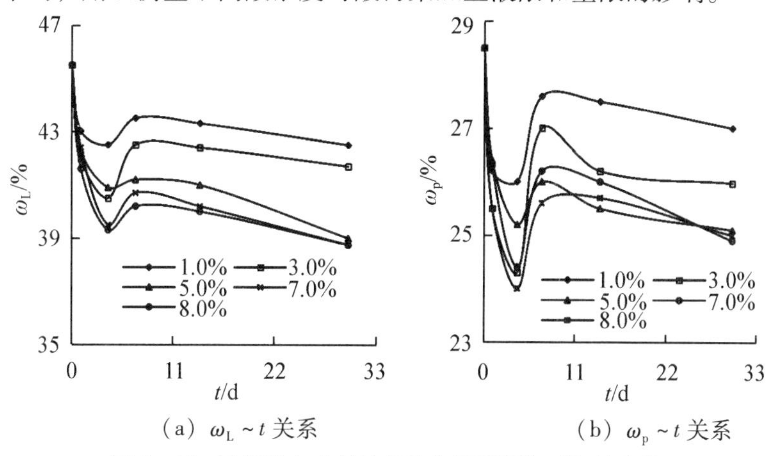

（a）$\omega_L \sim t$ 关系　　（b）$\omega_p \sim t$ 关系

图 2－14　酸污染红土的液限和塑限随浸润时间的变化

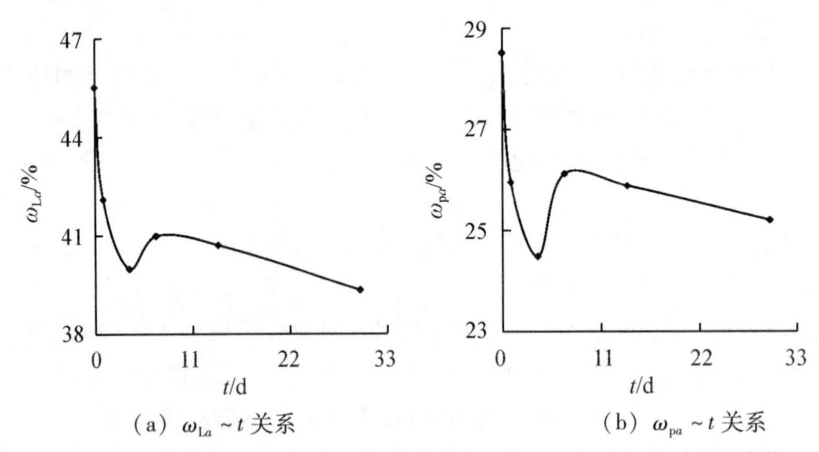

(a) $\omega_{La}\sim t$ 关系　　(b) $\omega_{pa}\sim t$ 关系

图 2-15　酸污染红土的液限和塑限的浓度加权平均值随浸润时间的变化

图 2-14、图 2-15 表明：

不同酸浓度下，酸污染红土浸润后的液限和塑限均低于素红土的液限和塑限；不同酸浓度下，酸污染红土的浓度加权平均液限和塑限显著低于素红土的浓度加权平均液限和塑限。总体上，相同酸浓度下，随浸润时间的延长，酸污染红土的液限和塑限呈波动减小。

浸润时间为 0~4 d 时，酸污染红土的液限和塑限均随时间增加而减小，相比素红土，酸浓度为 1.0% 时液限减小了 6.6%，塑限减小了 8.8%；酸浓度为 8.0% 时，液限减小了 13.6%，塑限减小了 15.8%。浸润时间为 4~7 d 时，液限和塑限均随时间增加而增大，相比 4 d，酸浓度为 1.0% 时，液限增大了 2.4%，塑限增大了 5.3%；酸浓度为 8.0% 时，液限增大了 2.3%，塑限增大了 6.7%。超过 7 d，随浸润时间的进一步延长，酸污染红土的液限、塑限逐渐减小，达 30 d 时，相比 7 d 的，酸浓度 1.0% 时液限减小了 2.3%，塑限减小了 2.2%；酸浓度 8.0% 时液限减小了 3.6%，塑限减小了 2.3%。相比素红土，随浸润时间的延长，不同酸浓度下酸污染红土的浓度加权平均液限和塑限均呈波动减小。浸润时间为 0~4 d 时，浓度加权平均液限和塑限随时间增加而逐渐减小，相比素红土，液限减小了 12.1%，塑限减小了 14.1%；浸润时间为 4~7 d 时，浓度加权平均液限、塑限随时间增加而逐步增大，相比 4 d 的，液限增大了 2.5%，塑限增大了 6.2%；超过 7 d，随浸润时间进一步延长，酸污染红土的浓度加权平均液限和塑限随时间增加逐渐减小，达 30 d 时，相比 7 d 的，液限减小了 4.0%，塑限减小了 3.5%。

上述试验结果说明，试样的浸润养护显著降低了酸污染红土的液限、塑限两个界限含水率指标。浸润养护时间越长，酸污染红土的液限、塑限降低得越多，酸污染红土浸润养护后与水作用的能力越弱。

2.2.3.2　塑性指数的变化

（1）酸浓度的影响。

图 2-16 给出了不同浸润时间下酸污染红土的塑性指数 I_p 及其时间加权平均塑性指数 I_{pt} 随酸浓度 a 的变化。时间加权平均塑性指数是指对相同酸浓度、不同浸润时间下酸污染红土的塑性指数进行时间加权平均，用以衡量不同浸润时间对酸污染红土塑性指数的影响。

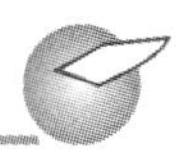

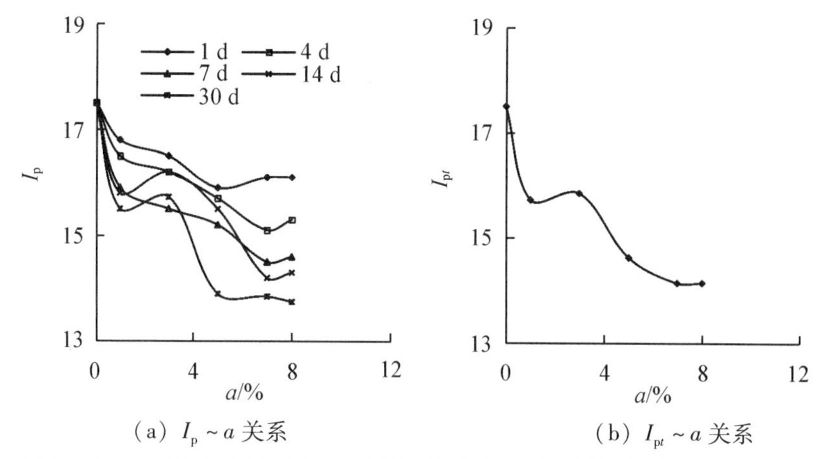

图 2－16　酸污染红土的塑性指数及其时间加权平均塑性指数随酸浓度的变化

图 2－16 表明：

总体上，不同浸润时间下，酸污染红土的塑性指数低于素红土的塑性指数；不同浸润时间下，酸污染红土的时间加权平均塑性指数显著低于素红土的时间加权平均塑性指数。

相同浸润时间下，随酸浓度的增大，酸污染红土的塑性指数呈波动减小。当酸浓度由 0% 增大到 8.0% 时，相比素红土，浸润时间为 7 d 时，塑性指数减小了 17.1%；浸润时间为 30 d 时，塑性指数减小了 20.9%。相比素红土，随酸浓度的增大，不同浸润时间下酸污染红土的时间加权平均塑性指数明显减小。当酸浓度由 1.0%、3.0%、5.0%、7.0% 增大到 8.0% 时，酸污染红土的时间加权平均塑性指数分别减小了 10.2%、9.4%、17.5%、19.1%、19.1%。这一结果说明酸污染显著降低了红土的塑性指数，酸浓度越大，酸污染红土的塑性指数降低得越多，其可塑能力越弱，可塑性越差。

（2）浸润时间的影响。

图 2－17 给出了不同酸浓度下酸污染红土的塑性指数 I_p 及浓度加权平均塑性指数 I_{pa} 随浸润时间 t 的变化。浓度加权平均塑性指数是指对相同浸润时间、不同酸浓度下酸污染红土的塑性指数进行浓度加权平均，用以衡量不同酸浓度对酸污染红土塑性指数的影响。

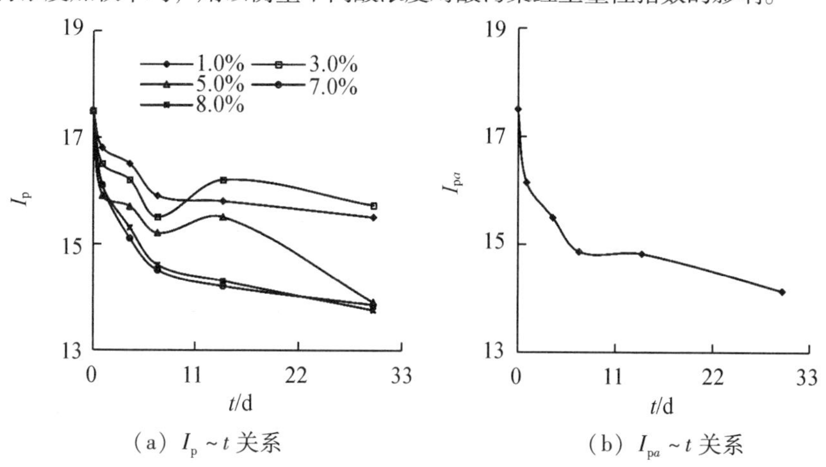

图 2－17　酸污染红土的塑性指数及其浓度加权平均塑性指数随浸润时间的变化

图2-17表明：

总体上，不同酸浓度下，酸污染红土浸润后的塑性指数低于素红土的塑性指数；不同酸浓度下，酸污染红土的浓度加权平均塑性指数显著低于素红土的浓度加权平均塑性指数。

相同酸浓度下，随浸润时间的延长，酸污染红土浸润后的塑性指数呈减小趋势。当浸润时间由0 d延长到30 d时，相比素红土，酸浓度为1.0%时，塑性指数减小了11.4%，酸浓度为8.0%时，塑性指数减小了21.4%。相比素红土，随浸润时间的延长，不同酸浓度下酸污染红土的浓度加权平均塑性指数明显减小。当浸润时间由1 d、4 d、7 d、14 d延长到30 d时，酸污染红土的浓度加权平均塑性指数分别减小了7.8%、11.5%、15.1%、15.3%、19.3%。这一试验结果说明，试样的浸润养护会显著降低酸污染红土的塑性指数，浸润时间越长，酸污染红土浸润后的塑性指数降低得越多，其可塑能力越弱，可塑性越差。

酸浓度对红土塑性指数的影响范围在9.4%～19.1%，加权平均值为17.2%；浸润时间对红土塑性指数的影响范围在7.8%～19.3%，加权平均值为17.0%。这说明酸浓度的影响稍大于浸润时间的影响。

2.2.4 击实特性

2.2.4.1 酸污染红土的最佳浸润时间

图2-18给出了酸浓度 a 为3.0%，浸润时间 t 分别为1 h、2 h、4 h时，酸污染红土最佳击实指标（最大干密度 ρ_{dmax} 和最优含水率 ω_{op}）的变化。

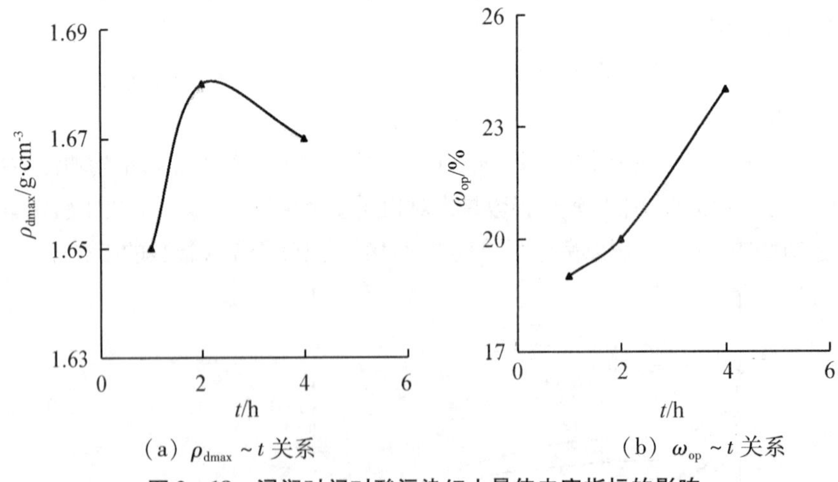

（a）$\rho_{dmax}\sim t$ 关系　　（b）$\omega_{op}\sim t$ 关系

图2-18　浸润时间对酸污染红土最佳击实指标的影响

图2-18表明：

总体上，随浸润时间的延长，酸污染红土的最佳击实指标增大。当浸润时间由1 h延长至4 h时，最大干密度由1.65 g·cm^{-3}增大到1.67 g·cm^{-3}，相比1 h的，最大干密度增大了1.2%；最优含水率由19.0%增大到24.0%，相比1 h的，最优含水率增大了26.3%。这一结果表明，浸润时间对酸污染红土最优含水率的影响大于对最大干密度的影响。

随浸润时间的延长，酸污染红土的最大干密度曲线呈凸形。浸润时间在 1 ~2 h 之间，最大干密度逐渐增大，约 2 h 时出现峰值，相比 1 h 的，增大了 1.8%；浸润时间在 2 ~4 h 之间，最大干密度逐渐减小，时间达 4 h 时，相比 2 h 的，减小了 0.6%。随浸润时间的延长，酸污染红土的最优含水率逐渐增大。当浸润时间由 1 h 分别延长至 2 h、4 h 时，最优含水率分别增大了 5.3%、26.3%。

以上试验结果说明，酸污染红土的击实特性存在最佳浸润时间，击实浸润时间不同，酸污染红土的最佳击实指标不同。以不同浸润时间下最大干密度的最大值作为控制条件，确定本试验条件下酸污染红土的最佳击实浸润时间约为 2 h。这时，酸污染红土的最大干密度达极大值 1.68 $g \cdot cm^{-3}$，对应的最优含水率为 20.0%。在最佳击实浸润时间进行填筑，有利于提高酸污染红土的击实效果。

2.2.4.2 酸污染红土的击实特性

图 2 -19 给出了最佳击实浸润时间 2 h 的条件下，酸污染红土的最大干密度 ρ_{dmax} 和最优含水率 ω_{op} 两个最佳击实指标随不同酸浓度 a 的变化。

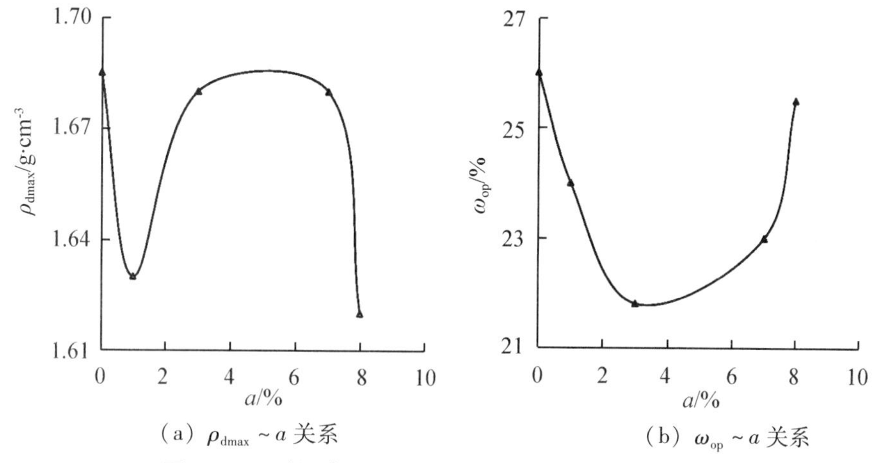

(a) $\rho_{dmax} \sim a$ 关系　　(b) $\omega_{op} \sim a$ 关系

图 2 -19　酸污染红土的最佳击实指标随酸浓度的变化

表 2 -2 给出了不同浓度范围内酸污染对红土最佳击实指标的浓度影响系数，以某一浓度范围内酸污染红土最佳击实指标的变化与该浓度起始值对应酸污染红土的最佳击实指标之比来衡量，包括最大干密度浓度影响系数 $R_{\rho_{dmax}-a}$ 和最优含水率浓度影响系数 $R_{\omega_{op}-a}$ 两个。

表 2 -2　酸污染红土最佳击实指标的浓度影响系数

酸浓度 $a/\%$	最大干密度浓度影响系数 $R_{\rho_{dmax}-a}/\%$	最优含水率浓度影响系数 $R_{\omega_{op}-a}/\%$
0 ~1.0	-3.3	-7.7
1.0 ~3.0	3.1	-9.2
3.0 ~7.0	0.0	5.5
7.0 ~8.0	-3.6	10.9

图 2 -19、表 2 -2 表明：

总体上，不同酸浓度下，酸污染降低了红土的最佳击实指标，引起红土的最大干密

度和最优含水率减小。当酸浓度从0%增大到8.0%时，最大干密度由1.69 g·cm^{-3}减小到1.62 g·cm^{-3}，相比素红土减小了4.1%；最优含水率由26.0%减小到25.5%，相比素红土减小了1.9%。

随酸浓度的增大，酸污染红土的最大干密度呈波动减小。酸浓度在0%~1.0%之间，最大干密度减小，浓度约1.0%时出现谷值，相比素红土减小了3.3%；酸浓度在1.0%~7.0%之间，最大干密度增大，并在酸浓度3.0%~7.0%之间出现峰值，该值相比1.0%的，增大了3.1%；酸浓度大于7.0%时，最大干密度迅速减小，酸浓度增大到8.0%时，相比7.0%的，减小了3.6%。随酸浓度的增大，酸污染红土的最优含水率呈波动减小。酸浓度在0%~3.0%之间，最优含水率减小，并在酸浓度约3.0%处出现谷值，该值相比素红土减小了16.2%；酸浓度在3.0%~8.0%之间，最优含水率增大，酸浓度达8.0%时，相比3.0%的，增大了17.0%。

上述试验结果说明，酸污染的存在，一方面减弱了红土的击实特性；但另一方面随酸浓度的变化存在相对的合理酸浓度。本试验条件下的合理酸浓度约为3.0%，这时酸污染红土的最大干密度达到极大值1.68 g·cm^{-3}，最优含水率达到极小值21.8%。在合理酸浓度下进行填筑，有利于提高酸污染红土的击实效果。

2.2.5 抗剪强度特性

2.2.5.1 酸污染红土的抗剪强度

(1) 酸浓度的影响。

图2-20给出了不同养护时间t、垂直压力p分别为200 kPa、400 kPa条件下，酸污染红土的抗剪强度τ_f随酸浓度a的变化。

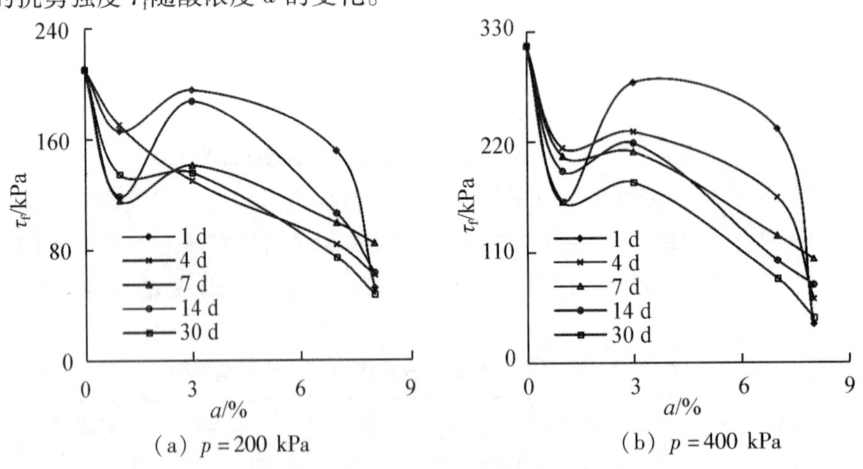

图2-20 酸污染红土的抗剪强度随酸浓度的变化

图2-21 (a) 给出了不同养护时间t下，酸污染红土的垂直压力加权平均抗剪强度τ_{fj}随酸浓度a的变化；图2-21 (b) 给出了不同养护时间t下，酸污染红土的时间加权平均抗剪强度τ_{ft}随酸浓度a的变化。这里的垂直压力加权平均抗剪强度τ_{fj}是指对不同垂直压力下，酸污染红土的抗剪强度进行压力加权平均，用以衡量不同垂直压力对酸污染红土抗剪强度的影响；时间加权平均抗剪强度τ_{ft}是指相同浓度、对不同养护时间下，酸污染红土的抗剪强度进行时间加权平均，用以衡量不同养护时间对酸污染红土抗剪强度的影响。

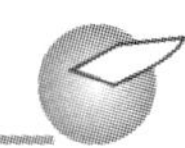

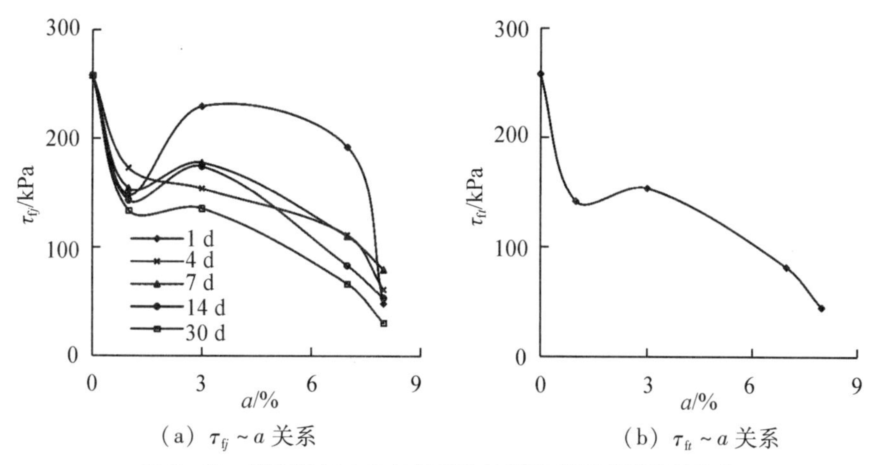

（a）$\tau_{fj} \sim a$ 关系　　（b）$\tau_{ft} \sim a$ 关系

图 2－21　酸污染红土的加权平均抗剪强度随酸浓度的变化

图 2－20、图 2－21 表明：

相比素红土，不同垂直压力、不同养护时间下，酸污染红土的抗剪强度低于素红土的抗剪强度；不同养护时间下，酸污染红土的垂直压力加权平均抗剪强度小于素红土的垂直压力加权平均抗剪强度；相同浓度、不同养护时间下，酸污染红土的时间加权平均抗剪强度小于素红土的时间加权平均抗剪强度。这说明酸污染减小了红土的抗剪强度。

总体上，相比素红土，相同养护时间下，随酸浓度的增大，酸污染红土的抗剪强度呈波动减小；酸浓度在 1.0% 处出现波谷，在 3.0% 处出现波峰；随酸浓度进一步增大，抗剪强度再次减小。如养护时间为 30 d，酸浓度 1.0% 时的波谷处，抗剪强度减小了 48.1%，酸浓度 3.0% 时的波峰处仍减小了 47.4%，酸浓度 8.0% 时进一步减小了 88.1%。其他养护时间也呈类似变化。就时间加权平均值比较，相同养护时间下，随酸浓度的增大，酸污染红土的时间加权平均抗剪强度呈波动减小。酸浓度小于 1.0%，时间加权平均抗剪强度减小，酸浓度约 1.0% 处出现谷值，相比素红土，时间加权平均抗剪强度减小了 45.0%；酸浓度大于 1.0%，时间加权平均抗剪强度增大，在酸浓度 3.0% 左右出现峰值，相比谷值增大了 8.5%，相比素红土仍减小了 40.4%；酸浓度大于 3.0%，随酸浓度的进一步增大，酸污染红土的时间加权平均抗剪强度迅速减小，当酸浓度增大到 8.0% 时，相比素红土，时间加权平均抗剪强度减小了 82.5%。当酸浓度由 0%、1.0%、3.0%、7.0% 增大到 8.0% 时，相比素红土，不同养护时间下酸污染红土的时间加权平均抗剪强度分别减小了 45.0%、40.4%、68.3%、82.5%，这说明酸浓度越大，时间加权平均抗剪强度减小程度越大。

由上可得，酸污染减小了红土的抗剪强度。酸浓度较低时，酸的侵蚀作用占主导，引起抗剪强度降低；随着酸浓度的增大，颗粒间的胶结作用强于侵蚀作用，抗剪强度有所回升；酸浓度较高时，酸的侵蚀作用和盐的溶解作用强于颗粒间的胶结作用，最终导致抗剪强度的降低。由于侵蚀、胶结、溶解 3 种作用的交替循环，因而抗剪强度呈现出波动性变化。

（2）养护时间的影响。

图 2－22 给出了不同酸浓度 a、垂直压力 p 分别为 200 kPa、400 kPa 的条件下，酸污染红土的抗剪强度 τ_f 随养护时间 t 的变化。

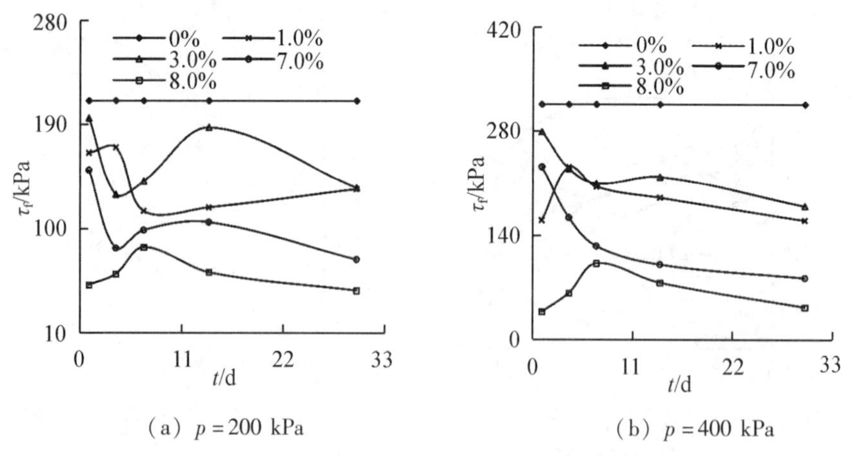

（a）$p=200$ kPa　　（b）$p=400$ kPa

图 2－22　酸污染红土的抗剪强度随养护时间的变化

图 2－23（a）给出了不同酸浓度下，酸污染红土的垂直压力加权平均抗剪强度 τ_{fj} 随养护时间 t 的变化，图 2－23（b）给出了不同酸浓度下，酸污染红土的浓度加权平均抗剪强度 τ_{fa} 随养护时间 t 的变化。浓度加权平均抗剪强度是指相同养护时间、对不同酸浓度下的酸污染红土的抗剪强度进行浓度加权平均，用以衡量不同酸浓度对酸污染红土抗剪强度的影响。

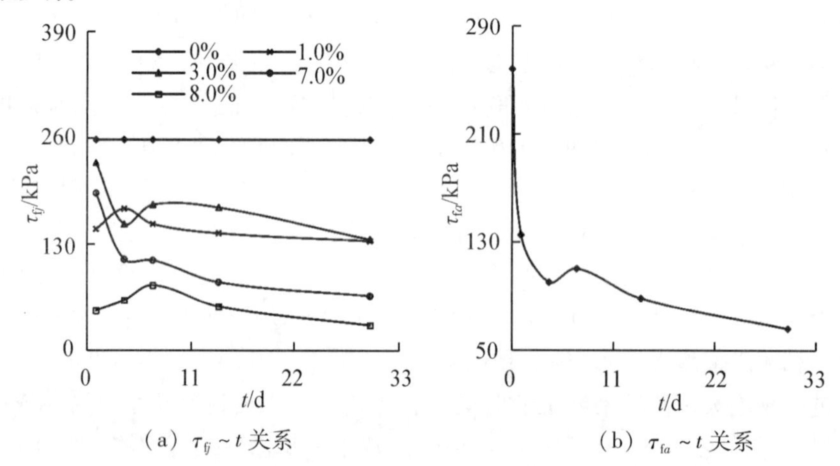

（a）$\tau_{fj}\sim t$ 关系　　（b）$\tau_{fa}\sim t$ 关系

图 2－23　酸污染红土的加权平均抗剪强度随养护时间的变化

图 2－22、图 2－23 表明：

不同垂直压力、不同酸浓度下，酸污染红土的抗剪强度小于素红土的抗剪强度；不同酸浓度下，养护后酸污染红土的垂直压力加权平均抗剪强度小于素红土的加权平均抗剪强度。这说明试样的养护减小了酸污染红土的抗剪强度。

总体上，相同酸浓度下，随养护时间的延长，不同垂直压力下酸污染红土的抗剪强度及加权平均抗剪强度波动减小。养护时间较短，酸浓度偏低（1.0%）和酸浓度偏高（8.0%）时，酸污染红土的抗剪强度及加权平均抗剪强度随养护时间的延长而逐渐增大，养护时间为 4～7 d 时，抗剪强度及加权平均抗剪强度存在极大值；后随养护时间的进一步延长，抗剪强度及加权平均抗剪强度逐渐减小。

酸浓度在 3.0%～7.0% 时，酸污染红土的抗剪强度及加权平均抗剪强度随养护时间

的延长而减小。养护时间为1~7 d时，酸污染红土的垂直压力加权平均抗剪强度增大，浓度为1.0%、养护时间为4 d时达到极大值，相比1 d的，增大了16.8%；浓度为8.0%、养护时间为7 d时达到极大值，相比1 d的，增大了64.5%。超过这一时间，随养护时间进一步延长至30 d，酸污染红土的垂直压力加权平均抗剪强度逐渐减小。1.0%浓度下相比4 d的，减小了22.7%，8.0%浓度下相比7 d的，减小了61.4%。

酸浓度3.0%~7.0%，养护时间1~4 d，酸污染红土的垂直压力加权平均抗剪强度减小明显，与素红土相比，浓度3.0%时减小了32.8%，浓度7.0%时减小了42.1%；随时间延长至30 d，垂直压力加权平均抗剪强度进一步减小，但幅度减缓，相比4 d的，浓度1.0%的，减小了12.0%，浓度7.0%的，减小了40.0%。相比未养护的素红土，当养护时间由1 d、4 d、7 d、14 d延长到30 d时，不同浓度下酸污染红土的浓度加权平均抗剪强度分别减小了47.6%、61.1%、57.2%、65.8%、74.4%，在4 d时出现波谷，在7 d时出现波峰。

上述试验结果说明，试样的养护减小了酸污染红土的抗剪强度。养护时间较短时，酸的侵蚀作用占优势，酸污染红土的抗剪强度明显降低，存在极小值；随养护时间的延长，胶结作用占优势，抗剪强度稍有恢复，但远小于初始值；养护时间较长时，盐的溶解作用伴随着新的侵蚀作用，最终引起抗剪强度减小。由于侵蚀、胶结、溶解3种作用的交替循环，抗剪强度呈现出波动性的变化。

就酸浓度和养护时间对酸污染红土加权抗剪强度的影响程度进行比较，酸浓度对红土加权抗剪强度的时间加权影响范围在 -82.5% ~ -40.4%之间，养护时间对酸污染红土加权抗剪强度的浓度加权影响范围在 -74.4% ~ -47.6%之间。由此可见，酸浓度的影响大于养护时间的影响。

2.2.5.2 酸污染红土的抗剪强度指标

（1）酸浓度的影响。

图2-24给出了不同养护时间下酸污染红土的黏聚力 c 和内摩擦角 φ 两个抗剪强度指标与酸浓度 a 之间的变化关系。

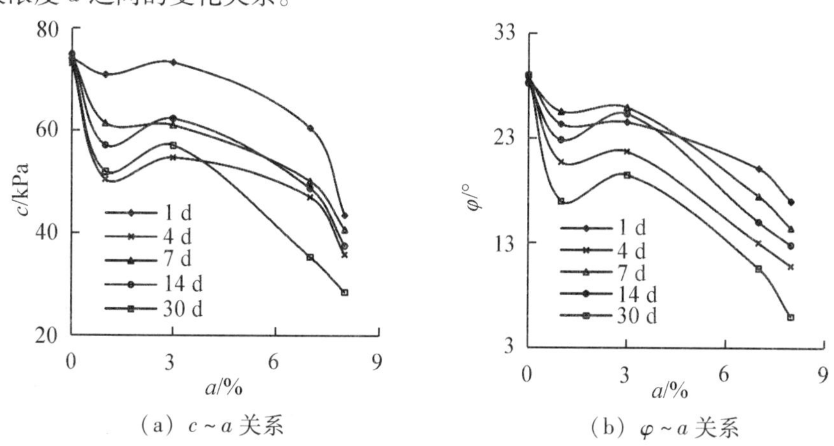

（a）$c \sim a$ 关系　　（b）$\varphi \sim a$ 关系

图2-24 酸污染红土的抗剪强度指标随酸浓度的变化

图2-25给出了不同养护时间下，酸污染红土黏聚力和内摩擦角两个抗剪强度指标的时间加权平均值 c_t、φ_t 与酸浓度 a 之间的关系。这里的时间加权平均值是指相同浓度

下，对不同养护时间的酸污染红土的抗剪强度指标进行时间加权平均，用以衡量不同养护时间对酸污染红土抗剪强度指标的影响。

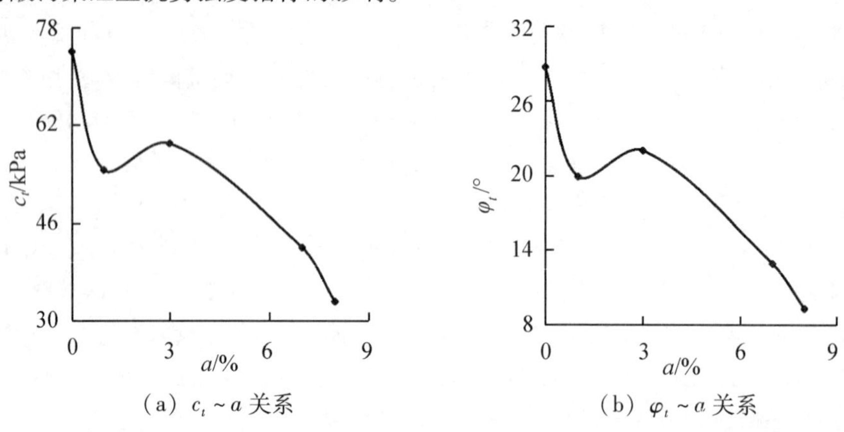

（a）$c_t \sim a$ 关系　　（b）$\varphi_t \sim a$ 关系

图 2－25　酸污染红土的时间加权平均抗剪强度指标随酸浓度的变化

图 2－24、图 2－25 表明：

总体上，相同养护时间下，酸污染降低了红土的抗剪强度指标，引起其黏聚力和内摩擦角的减小，且低于素红土；对应不同养护时间下的时间加权平均抗剪强度指标也低于素红土。随酸浓度增大，酸污染红土的抗剪强度指标及对应的时间加权平均强度指标呈波动降低，且约在浓度 1.0% 处达到谷值，浓度 3.0% 处达到峰值；随酸浓度的进一步增大，抗剪强度指标逐渐减小。这说明酸污染破坏了红土颗粒之间的连接能力，减弱了红土的结构稳定性，引起酸污染红土颗粒之间的黏聚力和内摩擦能力降低。

不同养护时间下，酸浓度为 0% ～1.0% 时，酸污染红土的黏聚力和内摩擦角减小。相比素红土，养护 1 d 时间，其黏聚力减小了 4.4%，内摩擦角减小了 15.6%；养护 30 d 时间，其黏聚力减小了 29.4%，内摩擦角减小了 41.4%。酸浓度为 1.0% ～3.0% 时，酸污染红土的黏聚力和内摩擦角较之前有所增大。相比酸浓度 1.0% 的，养护时间为 1 d 时黏聚力增大了 3.5%，内摩擦角增大了 0.8%；养护时间为 30 d 时，黏聚力增大了 9.8%，内摩擦角增大了 14.7%。酸浓度在 3.0% ～8.0%，酸污染红土的黏聚力和内摩擦角再次减小。相比酸浓度 3.0% 的，养护时间为 1 d 时，黏聚力减小了 40.6%，内摩擦角减小了 30.6%；养护时间为 30 d 时，黏聚力减小了 50.0%，内摩擦角减小了 69.2%。以上试验结果说明，盐酸的侵蚀破坏了红土颗粒之间的连接力和摩擦力，从而引起酸污染红土的黏聚力和内摩擦角减小。

就时间加权平均值进行比较，酸浓度为 0% ～1.0% 时，不同养护时间下酸污染红土黏聚力和内摩擦角的时间加权平均值减小。相比素红土，黏聚力的时间加权平均值减小了 26.1%，内摩擦角的时间加权平均值减小了 30.7%。酸浓度为 1.0% ～3.0% 时，不同养护时间下酸污染红土黏聚力和内摩擦角的时间加权平均值增大。相比酸浓度 1.0% 时，黏聚力的时间加权平均值增大了 7.9%，内摩擦角的时间加权平均值增大了 10.5%；但相比素红土（0%），黏聚力还是减小了 1.1%，内摩擦角还是减小了 14.9%。酸浓度为 3.0% ～8.0% 时，不同养护时间下酸污染红土黏聚力和内摩擦角的时间加权平均值减小。相比浓度 3.0% 时，黏聚力的时间加权平均值减小了 43.9%，内摩擦角的时间加权平均

值减小了57.8%；相比素红土，酸浓度达8.0%时，酸污染红土的黏聚力减小了55.3%，内摩擦角减小了67.7%。这说明酸浓度对红土内摩擦角的影响大于对黏聚力的影响。

（2）养护时间的影响。

图2－26给出了不同酸浓度下酸污染红土的黏聚力c、内摩擦角φ两个抗剪强度指标与试样养护时间t之间的关系。

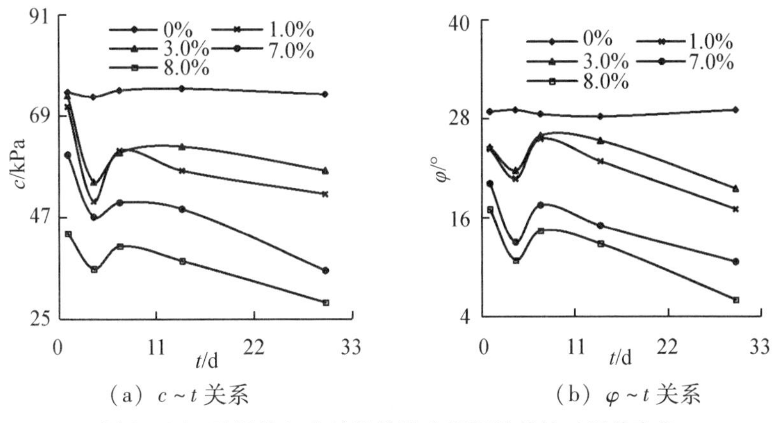

（a）$c \sim t$关系　　（b）$\varphi \sim t$关系

图2－26　酸污染红土的抗剪强度指标随养护时间的变化

图2－27给出了不同酸浓度下，酸污染红土黏聚力、内摩擦角两个抗剪强度指标的浓度加权平均值c_a、φ_a与试样养护时间t之间的变化关系。浓度加权平均值是指相同养护时间、对不同浓度下的酸污染红土的抗剪强度指标进行浓度加权平均，用以衡量不同酸浓度对酸污染红土抗剪强度指标的影响。图中$t=0$代表素红土养护前的相应指标。

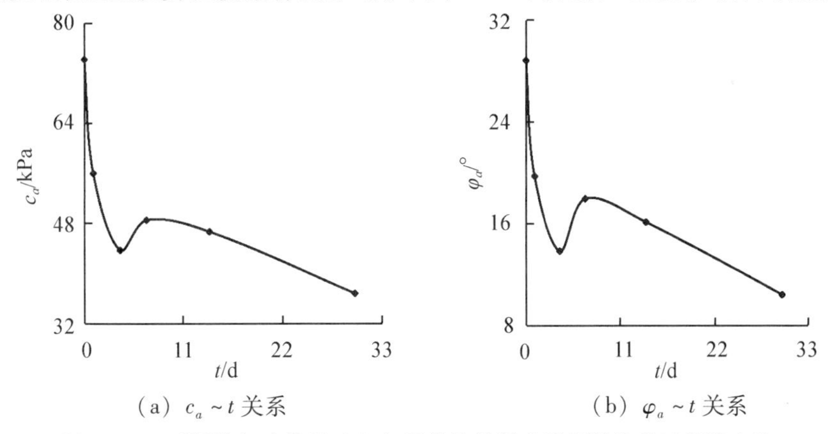

（a）$c_a \sim t$关系　　（b）$\varphi_a \sim t$关系

图2－27　酸污染红土的浓度加权平均抗剪强度指标随养护时间的变化

图2－26、图2－27表明：

总体上，相同酸浓度下，试样的养护降低了酸污染红土的抗剪强度指标，引起其黏聚力和内摩擦角的减小，且低于未经养护的素红土；对应不同酸浓度下的浓度加权平均抗剪强度指标也低于未经养护的素红土。随养护时间的延长，酸污染红土的抗剪强度指标及对应的浓度加权平均抗剪强度指标呈波动降低，约在4 d时间达到谷值，7 d时间达到峰值；随养护时间的进一步延长，抗剪强度指标减小。这说明试样的养护进一步破坏了酸污染红土颗粒之间的连接力，减弱了红土的结构稳定性，从而引起酸污染红土颗粒之间的黏聚力和内摩擦能力降低。

不同酸浓度下，养护时间为0～4 d时，酸污染红土的黏聚力和内摩擦角减小。相比素红土，浓度1.0%时，黏聚力减小了30.9%，内摩擦角减小了28.1%；浓度8.0%时，黏聚力减小了51.1%，内摩擦角减小了62.8%。养护时间为4～7 d时，酸污染红土的黏聚力和内摩擦角较之前有所增大。相比4 d的，浓度1.0%时，黏聚力增大了21.6%，内摩擦角增大了23.2%；浓度8.0%时，黏聚力增大了13.7%，内摩擦角增大了33.3%。养护时间为7～30 d时，酸污染红土的黏聚力和内摩擦角又出现减小。相比7 d的，浓度1.0%时，黏聚力减小了15.4%，内摩擦角减小了33.3%；浓度8.0%时，黏聚力减小了29.8%，内摩擦角减小了58.3%。这一结果说明酸污染红土经过养护，进一步破坏了红土颗粒之间的连接力和摩擦力，从而引起酸污染红土的黏聚力和内摩擦角减小。

以浓度加权平均值进行比较，养护时间为0～4 d时，不同酸浓度下酸污染红土的黏聚力和内摩擦角的浓度加权平均值减小。相比素红土，黏聚力的浓度加权平均值减小了40.2%，内摩擦角的浓度加权平均值减小了52.2%。养护时间为4～7 d时，不同酸浓度下酸污染红土的黏聚力和内摩擦角的浓度加权平均值较前有所增大。相比4 d的，黏聚力的浓度加权平均值增大了10.9%，内摩擦角的浓度加权平均值增大了29.5%；但相比素红土，黏聚力的浓度加权平均值还是减小了33.7%，内摩擦角的浓度加权平均值还是减小了38.1%。养护时间为7～30 d时，不同酸浓度下酸污染红土的黏聚力和内摩擦角的浓度加权平均值减小。相比7 d的，黏聚力的浓度加权平均值减小了24.1%，内摩擦角的浓度加权平均值减小了42.0%。相比素红土，养护时间达30 d时，酸污染红土黏聚力的浓度加权平均值减小了50.3%，内摩擦角的浓度加权平均值减小了63.8%。这一结果说明，养护时间对红土内摩擦角的影响大于对黏聚力的影响。

2.2.6 压缩特性

2.2.6.1 酸浓度对压缩系数的影响

图2－28（a）给出了垂直压力p在100～200 kPa之间时，酸污染红土的压缩系数a_v随酸浓度a的变化，图2－28（b）给出了不同养护时间下对应酸污染红土压缩系数的时间加权平均值a_{vt}随酸浓度a的变化。压缩系数的时间加权平均值是指相同浓度、对不同养护时间下的酸污染红土的压缩系数进行时间加权平均，用以衡量不同养护时间对酸污染红土压缩系数的影响。

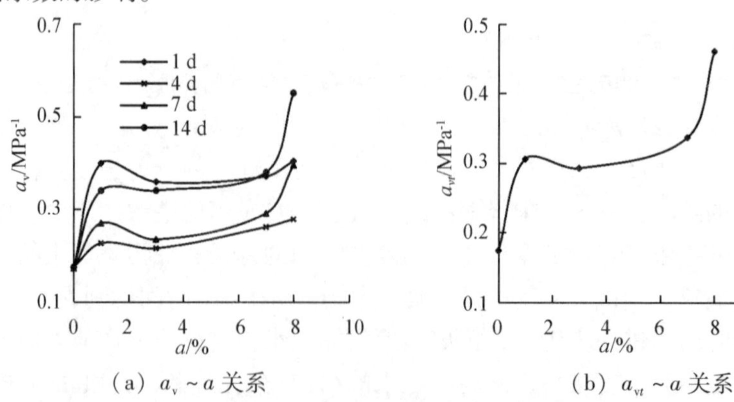

（a）$a_v \sim a$关系　　（b）$a_{vt} \sim a$关系

图2－28　酸污染红土的压缩系数及其时间加权平均值随酸浓度的变化

图 2 –28 表明：

总体上，相同养护时间下，酸污染红土的压缩系数大于素红土的压缩系数；随着酸浓度的增大，酸污染红土的压缩系数呈增大趋势，但在低浓度下存在极大值。其时间加权平均值也存在类似变化。

相比素红土，不同养护时间下，酸浓度 1.0% 时酸污染红土的压缩系数出现极大值，养护时间 7 d 时压缩系数增大了 56.4%，养护时间 14 d 时压缩系数增大了 94.3%。酸浓度超过 1.0% 达 3.0%，压缩系数较前有所减小，相比浓度 1.0% 的，养护时间 7 d 时减小了 13.0%，养护时间 14 d 时几乎没有变化；相比素红土，养护时间 7 d 还是增大了 36.1%，养护时间 14 d 还是增大了 94.3%。酸浓度增大到 8.0%，压缩系数增大，相比素红土，养护时间 7 d 时压缩系数增大了 129.7%，养护时间 14 d 时压缩系数增大了 214.3%。

就时间加权平均值进行比较，不同养护时间下，酸浓度为 1.0% 时，酸污染红土的压缩系数的时间加权平均值存在极大值，相比素红土增大了 75.9%；酸浓度超过 1.0% 达到 3.0% 时，压缩系数的时间加权平均值较之前有所减小，相比酸浓度 1.0% 时减小了 4.3%；酸浓度超过 3.0% 达到 8.0% 时，压缩系数的时间加权平均值再次增大，相比酸浓度 3.0% 时增大了 57.3%，相比素红土增大了 164.9%。

上述试验结果说明，酸污染破坏了红土颗粒之间的连接，使其微结构松散，稳定性降低，从而引起酸污染红土的压缩系数显著增大，压缩性显著增强。就养护时间 0 d、1 d、4 d、7 d、14 d 的加权平均值进行比较，压缩系数由素红土的 0.174 MPa^{-1} 增大到酸浓度 8.0% 时的 0.461 MPa^{-1}，其压缩性由中偏低转化为中偏高。这是因为，酸浓度较低时，酸的腐蚀作用占优势，引起压缩系数增大；随着酸浓度的增大，成盐作用强于腐蚀作用，压缩系数稍有减小；酸浓度较高时，酸的腐蚀作用强于盐的溶解作用，使压缩系数进一步增大。

2.2.6.2　养护时间对压缩系数的影响

图 2 –29（a）给出了垂直压力 p 在 100 ~200 kPa 之间酸污染红土的压缩系数 a_v 随养护时间 t 的变化，图 2 –29（b）给出了不同酸浓度下酸污染红土压缩系数的浓度加权平均值 a_{va} 随养护时间 t 的变化。压缩系数的浓度加权平均值是指相同养护时间、对不同酸浓度下的酸污染红土的压缩系数进行浓度加权平均，用以衡量不同酸浓度对酸污染红土压缩系数的影响。

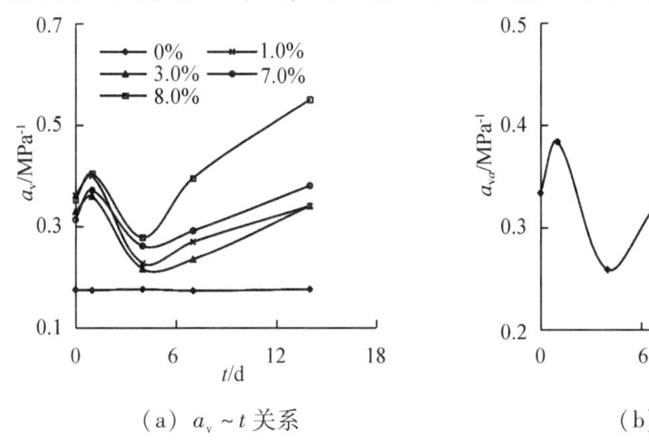

（a）$a_v \sim t$ 关系　　（b）$a_{va} \sim t$ 关系

图 2 –29　酸污染红土的压缩系数及其浓度加权平均值随养护时间的变化

图 2－29 表明：

总体上，相同酸浓度下，养护后酸污染红土的压缩系数增大；随养护时间的延长，酸污染红土的压缩系数存在极大值和极小值。其浓度加权平均值也存在类似变化。

不同酸浓度下，养护时间 1 d 时，酸污染红土的压缩系数出现极大值，相比不养护的情况，酸浓度 3.0% 时，其值增大了 9.1%，酸浓度 8.0% 时，其值增大了 14.8%。养护时间超过 1 d 达 4 d 时，酸污染红土的压缩系数出现极小值，相比 1 d 的，酸浓度 3.0% 时，其值减小了 40.1%，酸浓度 8.0% 时，其值减小了 31.2%；相比不养护的情况，酸浓度 3.0% 时，其值减小了 34.7%，酸浓度 8.0% 时，其值减小了 21.0%。养护时间延长到 14 d 时，酸污染红土的压缩系数增大，相比不养护的情况，酸浓度 3.0% 时，其值增大了 3.3%，酸浓度 8.0% 时，其值增大了 56.3%。

就浓度加权平均值进行比较，不同酸浓度下，养护时间为 1 d 时酸污染红土的压缩系数存在极大值，相比不养护情况，其值增大了 15.0%；养护时间超过 1 d 达到 4 d 时，压缩系数减小，相比 1 d 的，其值减小了 32.6%；养护时间超过 4 d 达到 14 d 时，压缩系数增大，相比 4 d 的，其值增大了 71.0%，相比不养护的，其值增大了 32.6%。

上述试验结果说明，试样的养护时间破坏了酸污染红土颗粒之间的连接，使颗粒的微结构松散，结构稳定性降低，从而引起酸污染红土的压缩系数显著增大，压缩性显著增强。就酸浓度 0%、1.0%、3.0%、7.0%、8.0% 的加权平均值进行比较，压缩系数由不养护的 0.334 MPa^{-1} 增大到养护时间为 14 d 时的 0.443 MPa^{-1}，其压缩性增大。这是因为，养护时间较短时，酸的腐蚀作用占优势，引起压缩系数增大；随着养护时间的延长，成盐作用强于腐蚀作用，引起压缩系数减小；养护时间较长时，盐的溶解作用伴随着新的腐蚀作用，最终导致压缩系数增大。

就酸浓度和养护时间的影响程度进行比较，总体上，当酸浓度由 0% 增大到 8.0% 时，相比素红土，酸污染红土压缩系数的时间加权平均值增大了 164.9%；当养护时间由 0 d 延长到 14 d 时，相比不养护的情况，酸污染红土压缩系数的浓度加权平均值增大了 32.6%。这说明在本试验条件下，酸浓度对红土压缩系数的影响显著大于养护时间的影响。

2.3 酸污染红土的微结构特性

2.3.1 酸浓度的影响

2.3.1.1 微结构图像特性

图 2－30 给出了 200×、500× 的放大倍数下击实素红土的微结构图像，图 2－31、图 2－32、图 2－33 分别给出了试样养护时间为 14 d，放大倍数分别为 200×、500×、1000× 的条件下，酸污染击实红土的微结构图像随酸浓度 1.0%、3.0%、7.0%、8.0% 的变化。

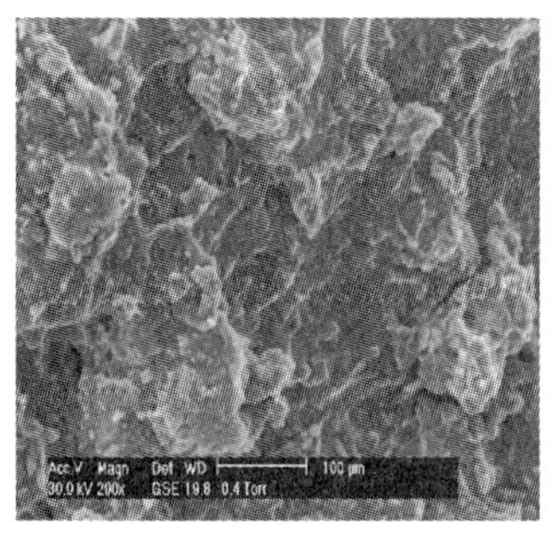

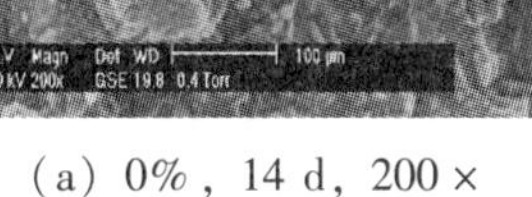

(a) 0%, 14 d, 200 ×

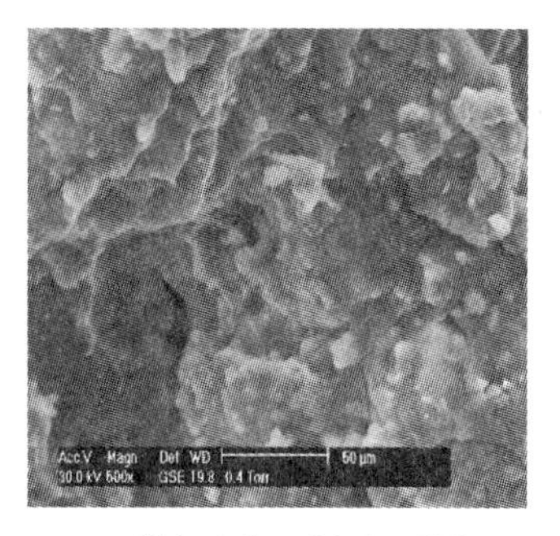

(b) 0%, 14 d, 500 ×

图 2-30　击实素红土的微结构图像

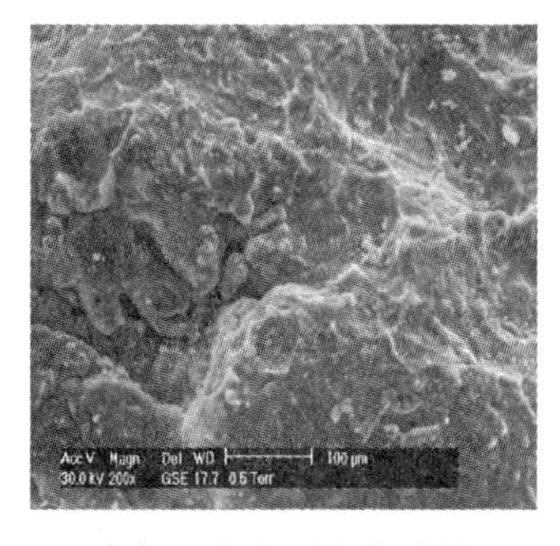

(a) 1.0%, 14 d, 200 ×

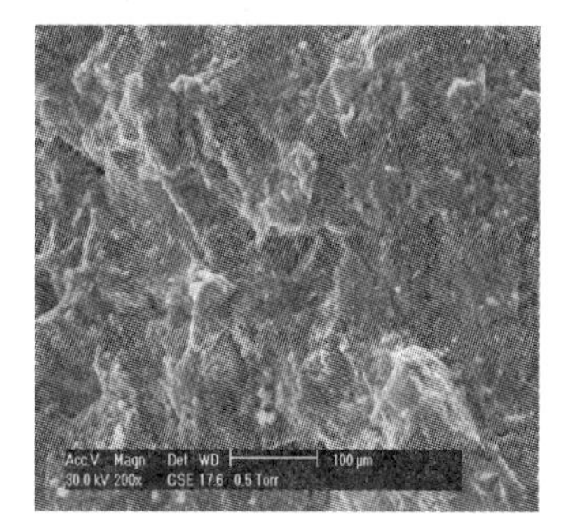

(b) 3.0%, 14 d, 200 ×

(c) 7.0%, 14 d, 200 ×

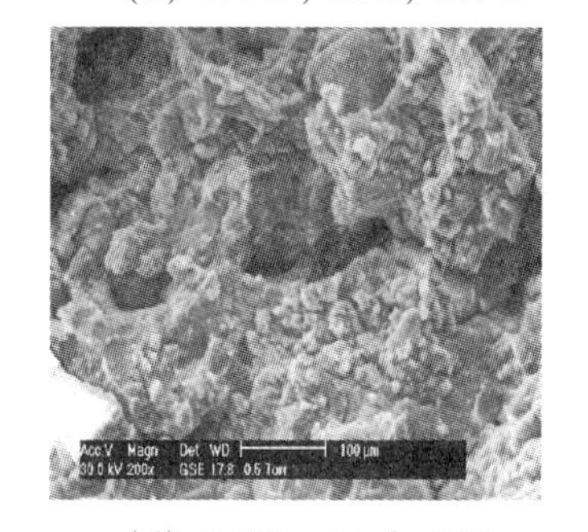

(d) 8.0%, 14 d, 200 ×

图 2-31　不同酸浓度下酸污染击实红土的微结构图像（200 ×）

图 2-30（a）、图 2-31 表明：

在 200 × 的放大倍数下，图 2-30（a）的击实素红土的微结构密实性较好，明显可见颗粒边缘被胶结物质包裹着；而图 2-31 的酸污染击实红土的微结构整体密实性较差，酸浓度在 1.0%、3.0% 时可见颗粒边缘包裹着少量的胶结物质，而酸浓度在 7.0% 时，颗粒边缘包裹的胶结物质很少，浓度达 8.0% 时基本见不到颗粒边缘的胶结物质，颗粒松散，且明显存在溶蚀空洞。上述现象说明，酸污染破坏了包裹红土颗粒的胶结物质；当养护时间一定时，酸浓度越大，对包裹红土颗粒胶结物质的破坏程度越大，酸污染红土的微结构越疏松。

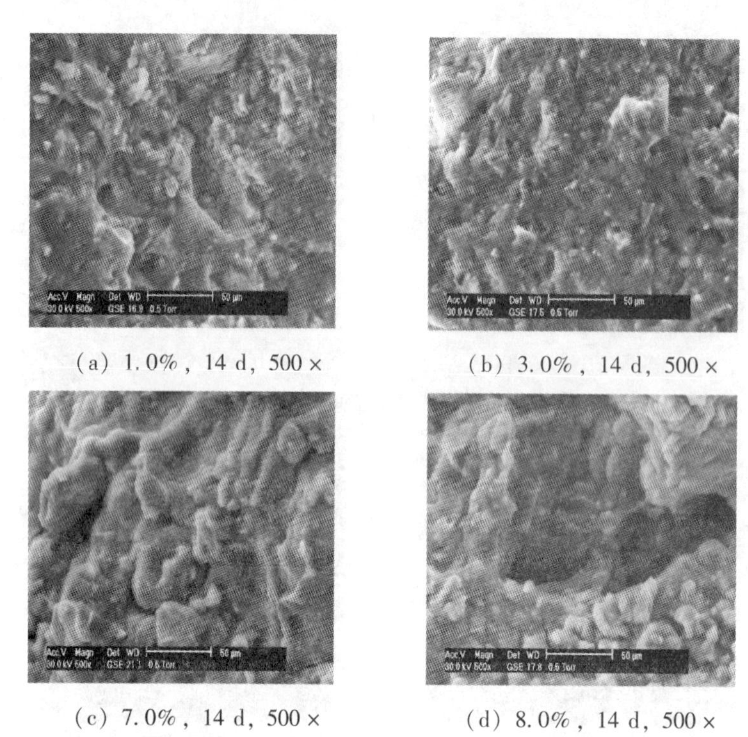

(a) 1.0%, 14 d, 500×　(b) 3.0%, 14 d, 500×

(c) 7.0%, 14 d, 500×　(d) 8.0%, 14 d, 500×

图 2-32　不同酸浓度下酸污染击实红土的微结构图像（500×）

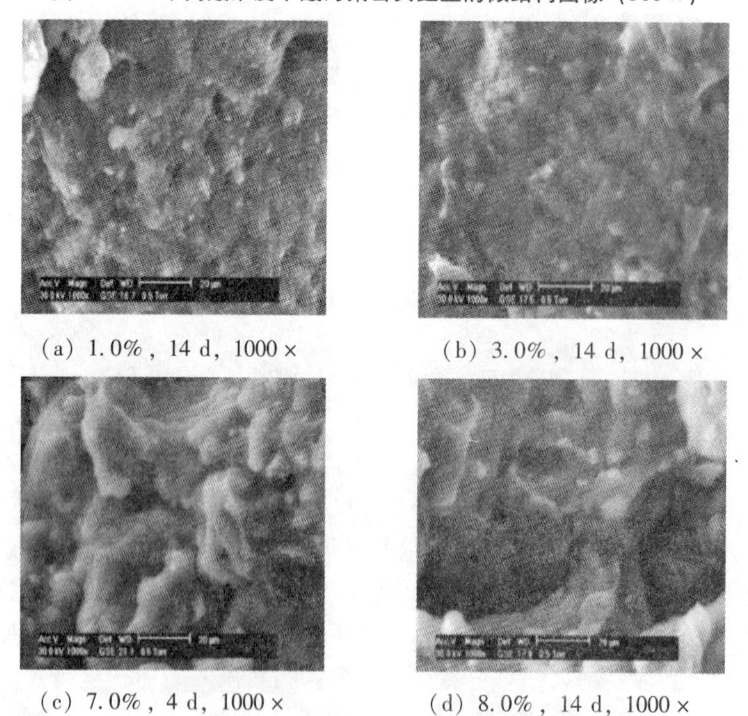

(a) 1.0%, 14 d, 1000×　(b) 3.0%, 14 d, 1000×

(c) 7.0%, 4 d, 1000×　(d) 8.0%, 14 d, 1000×

图 2-33　不同酸浓度下酸污染击实红土的微结构图像（1000×）

图 2-30（b）、图 2-32、图 2-33 表明：

在 500×、1000×的放大倍数下，图 2-30（b）的击实素红土的微结构密实性较好，明显可见胶结物质包裹着颗粒；而图 2-32、图 2-33 的酸污染击实红土的微结构整体密

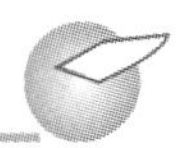

实性较差，颗粒边缘模糊，包裹红土颗粒的胶结物质被破坏，轮廓不清晰，层次不分明，存在大量的溶蚀小孔。酸浓度为 1.0%、3.0% 时，颗粒相对紧密；酸浓度为 7.0% 时，明显可见酸对包裹红土颗粒胶结物质的侵蚀产生的胶膜的存在，且包裹着红土颗粒；酸浓度达 8.0% 时，可见酸侵蚀红土颗粒产生的胶膜溶蚀后留下的孔洞，胶膜对红土颗粒的包裹程度减弱，微结构非常松散，颗粒之间几乎没有连接，存在大量的侵蚀孔洞。

以上现象说明，酸污染侵蚀红土颗粒产生了胶膜。随着酸浓度的增大，酸侵蚀包裹红土颗粒的胶结物质逐渐产生胶膜，但只属于暂态过程；随着酸浓度的进一步增大，胶膜反而会被酸溶蚀，产生溶蚀孔洞，破坏微结构。盐酸的加入侵蚀了红土颗粒及其颗粒间的胶结物质，导致酸污染红土的微结构呈现出密实性降低、连接被破坏、颗粒松散、胶膜包裹、溶蚀孔洞、结构松散、孔隙增大等特征。酸浓度越大，酸污染红土的微结构密实性越低，颗粒边缘越模糊，颗粒溶蚀越严重，溶蚀孔洞越大，颗粒越分散。

2.3.1.2　微结构参数特性

酸污染红土的微结构图像特征可以定量用孔隙率 n、颗粒数 s、颗粒周长 L、定向度 H、分维数 D 以及圆形度 Y 6 个参数来描述。图 2－34 给出了养护时间为 14 d，放大倍数分别为 100×、200×、500×、1000× 的条件下，酸污染击实红土的微结构特征参数分别随酸浓度 1.0%、3.0%、7.0%、8.0% 的变化。

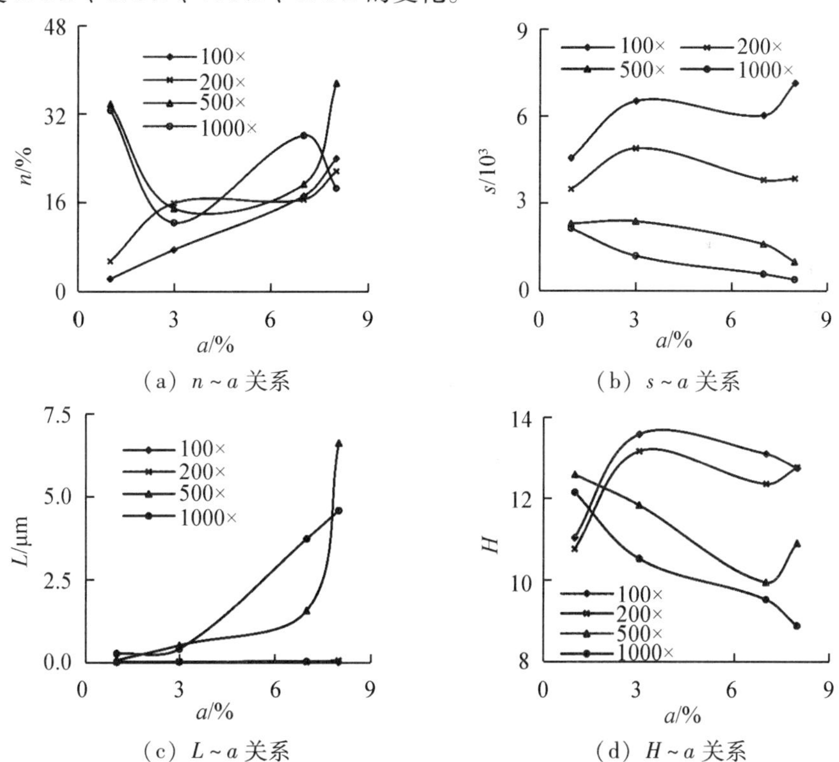

（a）$n \sim a$ 关系　（b）$s \sim a$ 关系

（c）$L \sim a$ 关系　（d）$H \sim a$ 关系

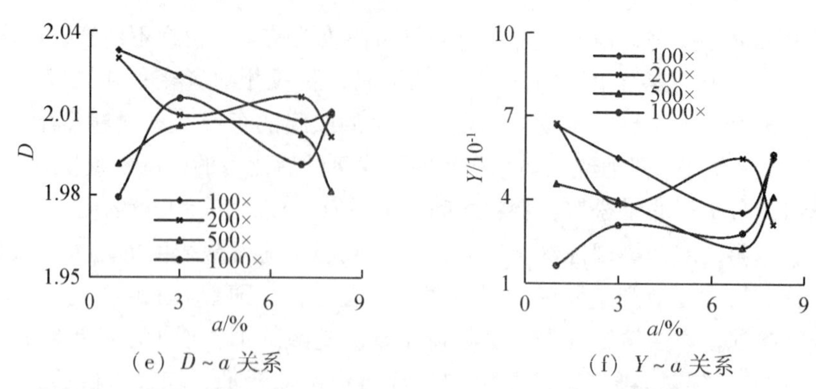

(e) $D \sim a$ 关系　　(f) $Y \sim a$ 关系

图 2－34　不同酸浓度下酸污染击实红土的微结构参数（养护时间＝14 d）

图 2－34 表明：

总体上，随着酸浓度的增大，酸污染红土的孔隙率、颗粒周长呈增大趋势；圆形度、分维数呈减小趋势；颗粒数、定向度的变化与放大倍数有关，放大倍数较小时，颗粒数、定向度存在极大值，放大倍数较大时，颗粒数、定向度逐渐减小。说明酸浓度较小时，酸对红土颗粒及其颗粒间胶结物质的溶蚀作用较弱，溶蚀的胶膜较少，颗粒的形状、大小以及颗粒间的孔隙变化不明显；酸浓度较大时，酸对红土颗粒及其颗粒间胶结物质的溶蚀作用增强，溶蚀的胶膜增多，导致颗粒减小、结构松散、孔隙增大、不规则性增强、密布程度低。

2.3.2　养护时间的影响

2.3.2.1　微结构图像特性

图 2－35、图 2－36、图 2－37 分别给出了素红土（0%），酸浓度为 7.0%，放大倍数 200×、500×、1000×的条件下，酸污染红土的微结构图像随试样养护时间 1 d、14 d、30 d 的变化。

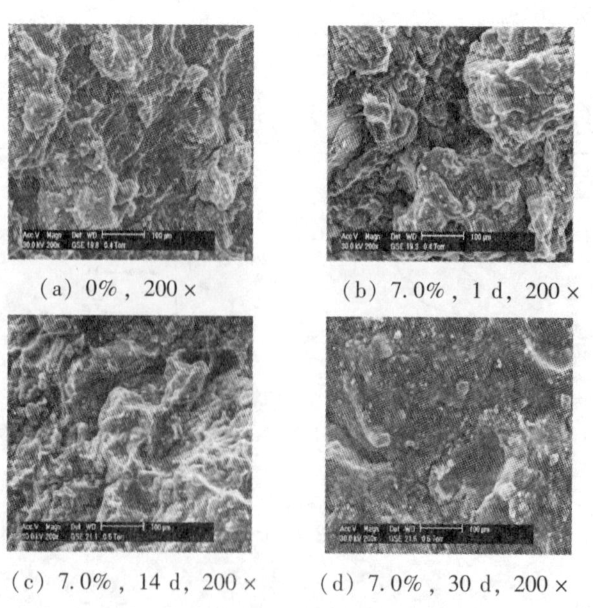

(a) 0%，200×　　(b) 7.0%，1 d，200×

(c) 7.0%，14 d，200×　　(d) 7.0%，30 d，200×

图 2－35　不同养护时间下酸污染红土的微结构图像（200×）

图2－35表明：

在200×的放大倍数下，相比素红土，酸污染红土的微结构较松散，密实性较低，呈板结状态。当酸浓度7.0%、养护时间为1 d时，明显可见酸污染红土的微结构图像中包裹红土颗粒的胶结物质受到侵蚀，层次较分明，呈团粒结构，微结构较松散，密实性不高；随养护时间的延长，微结构图像中包裹红土颗粒的胶结物质减少但不明显，团粒化程度降低；当养护时间达30 d时，基本不见胶结物质的包裹，颗粒质感差、松散，密实性低。说明随试样养护时间的延长，酸进一步侵蚀了包裹红土颗粒的胶结物质，破坏了酸污染红土的微结构，导致酸污染红土的微结构呈松散状；养护时间越长，侵蚀程度越强，对酸污染红土微结构的破坏越大。

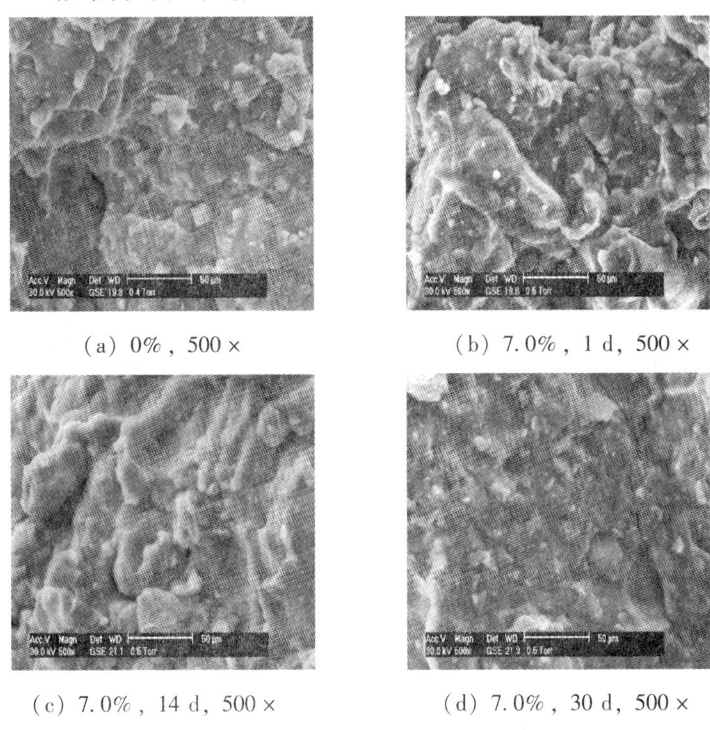

（a）0%，500×　　（b）7.0%，1 d，500×

（c）7.0%，14 d，500×　　（d）7.0%，30 d，500×

图2－36　不同养护时间下酸污染红土的微结构图像（500×）

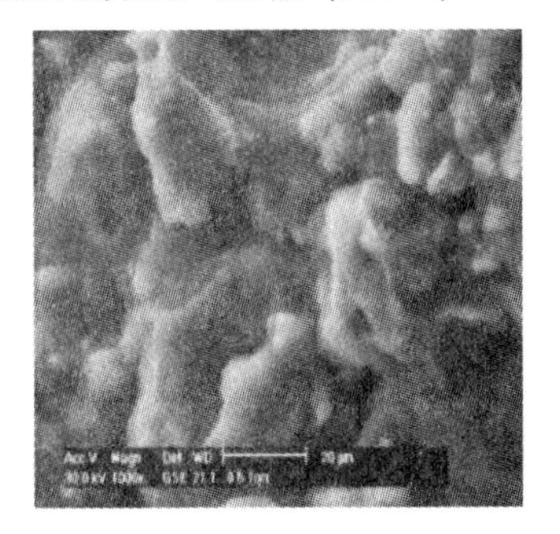

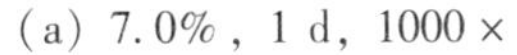

（a）7.0%，1 d，1000×　　（b）7.0%，14 d，1000×

图2－37　不同养护时间下酸污染红土的微结构图像（1000×）

图2－36、图2－37表明：

在500×的放大倍数下，相比素红土，酸污染红土的微结构呈板结状，可见胶膜包裹

红土颗粒。当酸浓度为7.0%、养护时间为1 d时，酸污染红土微结构的密实性较好，红土颗粒受到酸侵蚀后出现胶膜的包裹，图中可见少量的红土颗粒；养护时间为14 d时，明显可见大量的胶膜包裹红土颗粒，微结构密实性较好；养护时间达30 d时，包裹红土颗粒的胶膜明显减少，露出红土颗粒，且存在溶蚀小孔洞。这说明试样养护过程中，酸侵蚀包裹红土颗粒的胶结物质引起了胶膜的变化。养护时间较短时，酸侵蚀红土颗粒产生的胶膜较少；随养护时间的延长，胶膜增多；养护时间较长时，胶膜反而受到新生成的盐酸的溶蚀，产生溶蚀孔洞，破坏了红土的微结构。图2－37给出的微结构图像也表明，酸浓度为7.0%、1000×的放大倍数下，养护时间为14 d时产生的胶膜比养护时间为1 d时多，养护时间1 d时可见少量红土颗粒的存在。这说明试样的养护侵蚀了红土颗粒及其颗粒间的胶结物质，导致酸污染红土的微结构呈现出密实性降低、胶膜包裹、颗粒少、溶蚀孔洞、结构松散等特征；养护时间越长，酸污染红土的微结构密实性越低，胶膜溶蚀越严重，溶蚀孔洞越大。

2.3.2.2　微结构参数特性

图2－38给出了酸浓度为7.0%，放大倍数分别为100×、200×、500×、1000×的条件下，酸污染红土的微结构特征参数随养护时间1 d、7 d、14 d、30 d的变化。

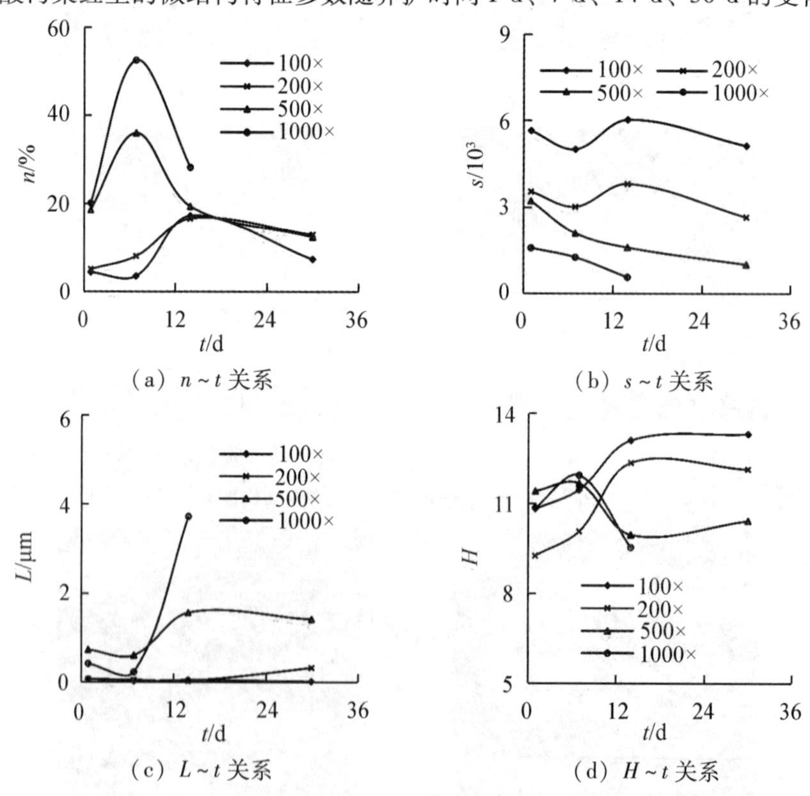

(a) $n \sim t$ 关系　　(b) $s \sim t$ 关系

(c) $L \sim t$ 关系　　(d) $H \sim t$ 关系

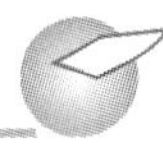

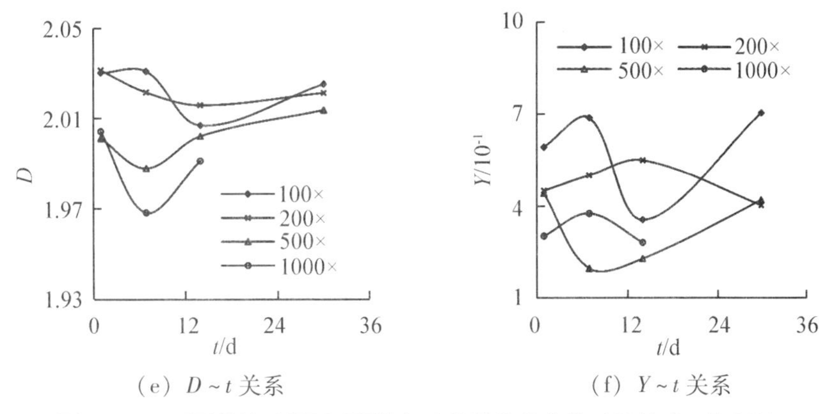

(e) $D \sim t$ 关系　　(f) $Y \sim t$ 关系

图 2-38　不同养护时间下酸污染红土的微结构参数（酸浓度 =7.0%）

图 2-38 表明：

酸浓度一定，随养护时间的延长，酸污染红土的孔隙率增大，且存在极大值；颗粒数呈减小趋势，颗粒周长呈增大趋势；定向度、分维数的变化与放大倍数有关，放大倍数较小时，定向度逐渐增大，分维数有所减小，放大倍数较大时，定向度存在极大值，分维数存在极小值；圆形度变化趋势不明显。这一结果说明在养护过程中，养护时间较短时，由于酸对红土颗粒及其颗粒间胶结物质的溶蚀作用较强，导致孔隙增大、颗粒减小；养护时间较长时，随着溶蚀胶膜向周围颗粒扩散侵蚀，胶膜包裹颗粒，导致颗粒边缘模糊、轮廓不清、排列凌乱、团粒化程度降低、孔隙减小。

2.3.3　放大倍数的影响

2.3.3.1　微结构图像特性

图 2-39 给出了酸浓度为 7.0%、养护时间为 14 d 的条件下，酸污染红土的微结构图像随放大倍数的变化。

(a) 7.0%，14 d，100×　　(b) 7.0%，14 d，200×

(c) 7.0%，14 d，500×　　(d) 7.0%，14 d，1000×

图 2-39　不同放大倍数下酸污染红土的微结构图像

图 2－39 表明：

在酸浓度 7.0%、养护时间为 14 d 的条件下，放大倍数 100×，酸污染红土的微结构整体性较好；放大倍数 200×，微结构较松散；放大倍数 500×，胶结物质包裹明显；放大倍数 1000×，包裹胶膜增厚，覆盖明显。

2.3.3.2　微结构参数特性

（1）酸浓度 7.0%。

图 2－40 给出了酸浓度为 7.0%，养护时间分别为 1 d、7 d、14 d、30 d 的条件下，酸污染红土的微结构特征参数随放大倍数 100×、200×、500×、1000×、2000× 的变化。

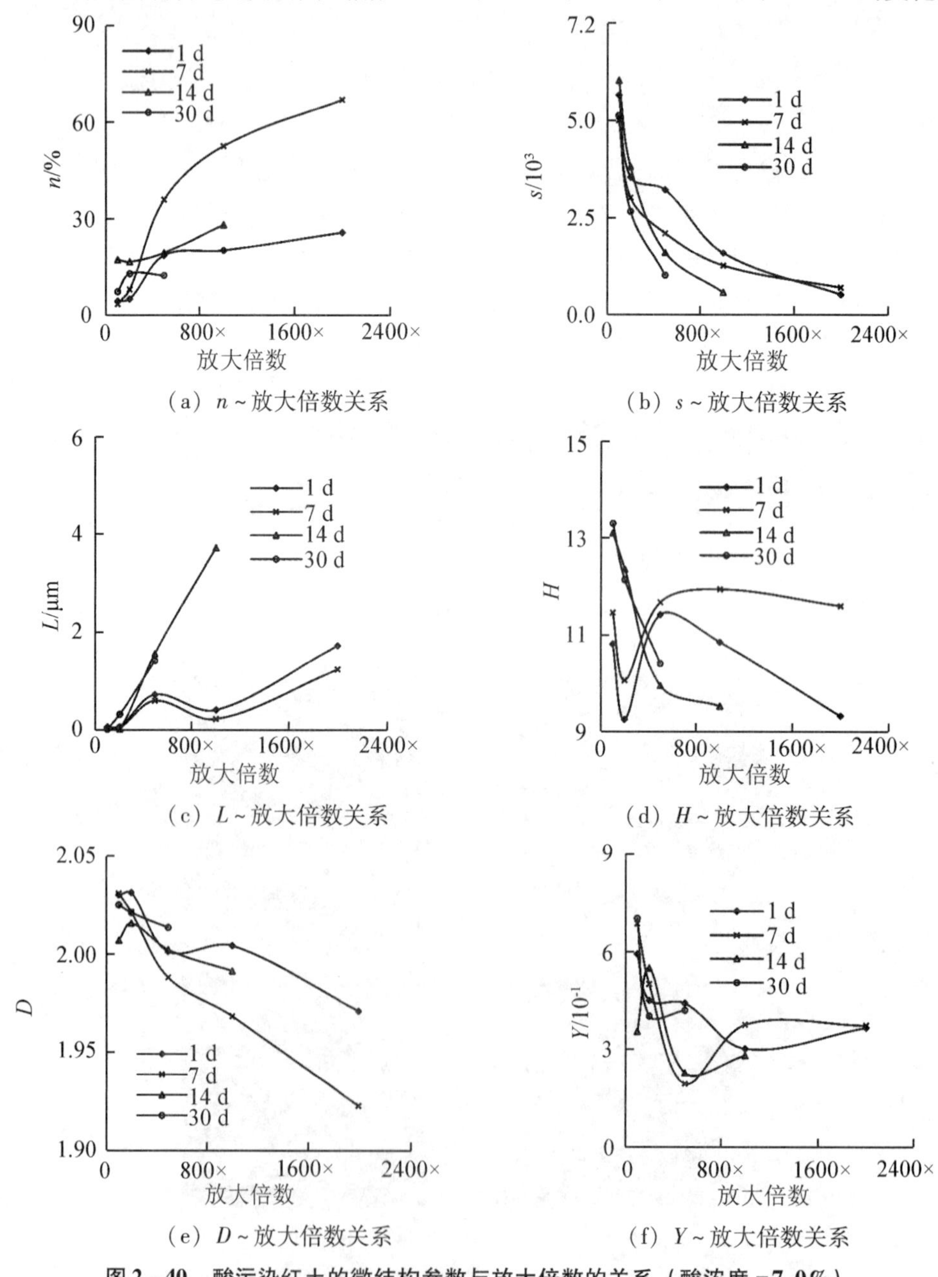

（a）n～放大倍数关系　（b）s～放大倍数关系

（c）L～放大倍数关系　（d）H～放大倍数关系

（e）D～放大倍数关系　（f）Y～放大倍数关系

图 2－40　酸污染红土的微结构参数与放大倍数的关系（酸浓度＝7.0%）

图2-40表明：

相同浓度、不同养护时间下，随着放大倍数的增大，总体上，酸污染红土的孔隙率、颗粒周长呈增大趋势，颗粒数、定向度、分维数呈减小趋势，圆形度存在极小值。这一结果说明，放大倍数不同，观测到酸污染红土的微结构状态也不同。放大倍数较低时，观测到的是酸污染红土的团粒以及团粒之间的孔隙；放大倍数较高时，观测到的是酸污染红土团粒内部的颗粒以及颗粒之间的孔隙。体现出酸污染红土的团粒间孔隙小于团粒内孔隙，团粒间的团粒数大于团粒内的颗粒数，团粒间的团粒周长小于团粒内的颗粒周长。

（2）养护时间14 d。

图2-41给出了养护时间为14 d，酸浓度分别为1.0%、3.0%、7.0%、8.0%的条件下，酸污染红土的微结构特征参数随放大倍数100×、200×、500×、1000×、2000×的变化。

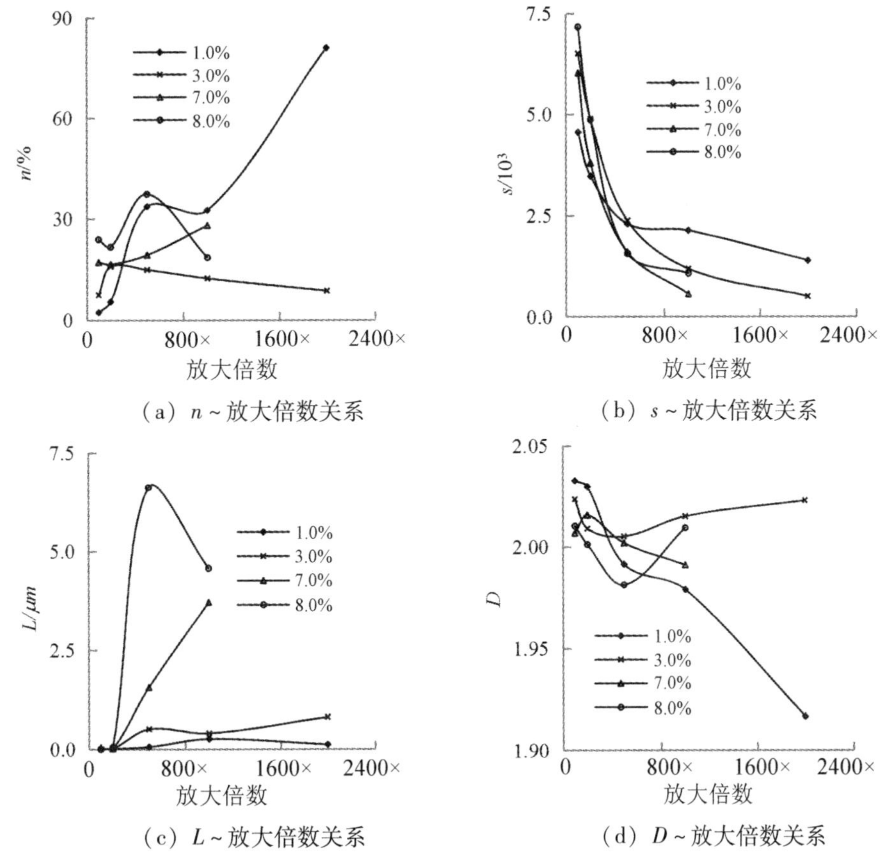

（a）n～放大倍数关系　（b）s～放大倍数关系

（c）L～放大倍数关系　（d）D～放大倍数关系

图2-41　酸污染红土的微结构参数与放大倍数的关系（养护时间=14 d）

图2-41表明：

相同养护时间、不同酸浓度条件下，随放大倍数的增大，总体上，酸污染红土的孔隙率、颗粒周长呈增大趋势，颗粒数、分维数呈减小趋势。这反映出较低的放大倍数下，观察到的是较大范围内酸污染红土的微结构，该结构具有密实性较强、孔隙较小、颗粒较多、颗粒密布程度较高等特征；而较高的放大倍数下，观察到的是酸污染红土较小的局部区域内部的微结构，该结构松散，且具有孔隙较多、颗粒较粗较少、排列较不规则、密布程度较低等特征。

2.4 酸与红土间的相互作用

盐酸的污染会改变红土的宏微观特性，引起酸污染红土的物理力学性质及其微观结构的变化，其实质在于盐酸与红土之间的相互作用。

2.4.1 作用机理

酸污染红土的作用机理，可以分为水解作用、侵蚀作用、胶结作用、溶解作用、循环作用5种。

2.4.1.1 水解作用

水解作用是指盐酸与水作用溶于水的过程。盐酸易溶解于水，配制盐酸溶液时，盐酸加入水中离解成氢离子 H^+ 和氯离子 Cl^-，当盐酸溶液喷洒到红土中，H^+ 和 Cl^- 随水分子侵入红土，对红土颗粒产生侵蚀作用。

水解作用涉及的主要化学反应式为：

$$HCl \rightleftharpoons H^+ + Cl^- \tag{2-1}$$

未加盐酸时，红土中的主要氧化物在水溶液中具有下列水解平衡：

$$Fe_2O_3 + 3H_2O \rightleftharpoons 2Fe(OH)_3 \rightleftharpoons 2Fe^{3+} + 6OH^- \tag{2-2}$$

$$Al_2O_3 + 3H_2O \rightleftharpoons 2Al(OH)_3 \rightleftharpoons 2Al^{3+} + 6OH^- \tag{2-3}$$

2.4.1.2 侵蚀作用

由于 Fe_2O_3、FeO、Al_2O_3 对红土颗粒起着胶结作用，所以侵蚀作用这一过程会破坏红土颗粒间的连接能力。由于溶液中 H^+ 浓度高，消耗了 OH^-，促使水解平衡向右移动，加速了红土中氧化物的水解过程，从而导致红土中的氧化物不断离解，对红土颗粒及其颗粒间的连结产生侵蚀作用。盐酸浓度越大，这种侵蚀作用越强。其化学反应式如下：

$$Fe_2O_3 + 6HCl \longrightarrow 2FeCl_3 + 3H_2O \tag{2-4}$$

$$Al_2O_3 + 6HCl \longrightarrow 2AlCl_3 + 3H_2O \tag{2-5}$$

$$FeO + 2HCl \longrightarrow FeCl_2 + H_2O \tag{2-6}$$

由于氧化铁是碱性氧化物，盐酸是酸性溶液，两者反应为中和反应，生成氯化铁盐 $FeCl_3$ 和水 H_2O。氯化铁盐 $FeCl_3$ 易吸湿，生成的水会加剧环境的潮湿，在水溶液中其溶解缓慢，然而因水中有微量的盐酸，所以溶解较快。氧化铝和盐酸反应，生成氯化铝盐 $AlCl_3$，氯化铝盐 $AlCl_3$ 易溶于水。而氧化亚铁和盐酸反应，生成氯化亚铁 $FeCl_2$，氯化亚铁易溶于水，水解后又生成盐酸和氢氧化铁，新生成的盐酸继续侵蚀氧化铁、氧化亚铁、氧化铝，生成新的氯化铁盐、氯化铝盐。

由于生成的氯化铁盐、氯化铝盐极易溶于水，加上氧化亚铁的影响，不断消耗红土中的 Fe_2O_3、FeO、Al_2O_3，从而导致红土颗粒及颗粒间的连接不断被破坏，使其微结构变得松散，造成对红土的侵蚀。

2.4.1.3　胶结作用

胶结作用是指侵蚀作用生成的盐类及胶结物质对红土颗粒进行附着、包裹胶结的过程。一方面，侵蚀作用过程中生成的氯化铁盐、氯化铝盐结晶附着在红土颗粒表面；另一方面，氯化铁盐、氯化铝盐发生水解，生成 $Fe(OH)_3$、$Al(OH)_3$胶体，包裹胶结红土颗粒。

化学反应式如下：

$$2FeCl_3 + 6H_2O \longrightarrow 2Fe(OH)_3 \downarrow + 6HCl \tag{2-7}$$

$$2AlCl_3 + 6H_2O \longrightarrow 2Al(OH)_3 \downarrow + 6HCl \tag{2-8}$$

氯化铁盐、氯化铝盐是强酸弱碱盐，在水中完全水解，生成氢氧化铁、氢氧化铝和盐酸，而氢氧化铁、氢氧化铝具有胶体性质，对红土颗粒具有胶结作用；盐酸又具有侵蚀作用，继续与氧化铁、氧化铝、氧化亚铁发生反应，生成氯化铁盐、氯化铝盐，再水解生成氢氧化铁、氢氧化铝胶体和盐酸，胶结作用与侵蚀作用不断循环，最终引起红土微结构的破坏。

氯化铁盐、氯化铝盐附着在红土颗粒上，增大了土体的密实程度；氢氧化铁、氢氧化铝胶体将红土颗粒连接起来，增强了红土颗粒之间的连接力。

2.4.1.4　溶解作用

溶解作用是指盐类及胶结物质溶解生成新盐酸的过程。这一溶解作用实际上就是侵蚀作用的深入。首先，Fe_2O_3、FeO、Al_2O_3不断被盐酸侵蚀，产生氯化铁盐、氯化铝盐和水；其次，氯化铁盐、氯化铝盐不断水解，生成氢氧化铁、氢氧化铝胶体和盐酸；再次，盐酸又对氢氧化铁、氢氧化铝胶体进行溶解，生成氯化铁盐、氯化铝盐、水，同时，盐酸又会对红土中的 Fe_2O_3、FeO、Al_2O_3产生新的侵蚀。

盐类的溶解反应见式（2-7）和式（2-8），胶结物质的溶解反应如下：

$$2Fe(OH)_3 + 6HCl \longrightarrow 2FeCl_3 + 6H_2O \tag{2-9}$$

$$2Al(OH)_3 + 6HCl \longrightarrow 2AlCl_3 + 6H_2O \tag{2-10}$$

2.4.1.5　循环作用

循环作用是指新生成的盐酸继续侵蚀红土颗粒的过程。这一过程不断循环，侵蚀作用、溶解作用越来越强，胶结作用越来越弱，加剧了红土的侵蚀过程。

2.4.2　作用过程

盐酸侵蚀红土的作用过程分为前期、初期、中期、后期、终期5个阶段。前期，盐酸发生水解作用；初期，盐酸侵蚀红土颗粒，破坏红土颗粒及其颗粒之间的连接；中期，盐类及胶结物质对红土颗粒产生胶结作用，增强了红土颗粒之间的密实性；后期，盐类及胶结物质发生溶解作用，破坏了红土的微结构；终期，反应进入新的侵蚀—胶结—溶解的循环过程，最终引起酸污染红土的微结构进一步劣化。

2.4.2.1　前期——水解作用过程

配制盐酸溶液时，将不同质量分数的盐酸加入水溶液中，搅拌均匀，制备成不同浓度的酸溶液。盐酸溶于水，发生水解作用，离解成 H^+、Cl^-。

2.4.2.2　初期——侵蚀作用过程

制样过程中，根据控制的含水率，先将不同浓度的盐酸溶液均匀喷洒在松散的素红土上进行浸润，盐酸溶液与红土颗粒接触充分，有利于盐酸与红土中起胶结作用的氧化铁、氧化亚铁、氧化铝反应，生成氯化铁盐、氯化铝盐，从而破坏了红土颗粒及颗粒间的连接，造成红土的侵蚀。

2.4.2.3　中期——胶结作用过程

首先，前期水解产生的氢氧化铁对红土颗粒起着胶结作用；其次，侵蚀作用生成的氯化铁盐、氯化铝盐附着于红土颗粒，增强了红土的密实性；第三，侵蚀作用生成的水加剧了环境的潮湿，促使氯化铁盐、氯化铝盐进一步水解产生的氢氧化铁、氢氧化铝也对红土颗粒起着胶结作用。

2.4.2.4　后期——溶解作用过程

氯化铁盐、氯化铝盐水解产生的盐酸又对胶结红土颗粒的氢氧化铁、氢氧化铝产生溶解，进一步破坏了红土颗粒及其颗粒间的连接。

2.4.2.5　终期——循环作用过程

水解作用、溶解作用产生的盐酸又继续侵蚀红土颗粒及其颗粒间的连接，中间过程既有胶结作用，又有溶解作用，这一过程的不断循环，最终表现为侵蚀作用、溶解作用强于胶结作用，导致红土的结构松散、密实性减弱，承受外荷载的能力降低。

2.5　酸污染红土的宏微观响应关系

2.5.1　随酸浓度的变化

2.5.1.1　物理特性的变化

(1) 对比重-颗粒组成特性的影响。

试验结果表明：相比素红土，酸污染红土的粉粒减小，黏粒增大，比重减小；随酸浓度的增大，粉粒增大，黏粒减小，比重波动减小。浸泡条件下，酸液与红土颗粒之间的相互作用可以从侵蚀作用和絮凝作用两个方面来解释。在测试颗粒组成、比重过程中，先把酸液加入素红土中进行浸泡，减小溶液的 pH 值。颗粒分析试验中，1000 mL 溶液浸泡 30 g 红土；而比重试验中，100 mL 溶液浸泡 15 g 红土。因而相同酸浓度下，颗粒分析试验中的悬液浓度低于比重试验中悬液的浓度。相比素红土，由于处于酸液浸泡环境，酸的侵蚀作用充分，破坏了红土颗粒表面游离氧化物及其颗粒间的连接物质，粗大颗粒分散成细小颗粒，生成物迁移到溶液中，导致粉粒减少，黏粒增加。尤其是包裹颗粒表面的氧化铁的破坏和游离，减小了红土颗粒的质量，因而比重减小。

酸浓度较低时，酸对红土颗粒的侵蚀作用相对较弱，对红土颗粒的破坏不严重，生成物少。对于颗粒分析试验和比重试验而言，悬液中生成物的浓度低，絮凝效果不明显，这时，侵蚀作用强于絮凝作用，因而表现出粉粒减少、黏粒增加、比重减小的变化趋势。随酸浓度的增大，酸对红土颗粒的侵蚀作用增强，一方面，由于侵蚀作用，对红土颗粒的破坏程度增大，细小颗粒增多，迁移到溶液中的生成物增多；另一方面，由于絮凝作

用，盐类的附着以及胶结物质 $Al(OH)_3$、$Fe(OH)_3$的絮凝、包裹，导致颗粒粗大。对于颗粒分析试验而言，悬液生成物的浓度低，絮凝作用不明显，因而粉粒、黏粒变化不大；而对于比重试验而言，悬液生成物的浓度高，絮凝作用强，增大了红土颗粒的质量，因而比重增大。酸浓度进一步增大，酸的侵蚀作用更强，对红土颗粒的破坏程度更大，生成物更多。颗粒分析试验中，悬液浓度增大，利于絮凝作用的发挥，颗粒粗大，因而粉粒增多，黏粒减少；而比重试验中，悬液浓度过高，反而不利于生成物的絮凝，红土颗粒的质量小，因而比重减小。

（2）对界限含水特性的影响。

试验结果表明：相比素红土，酸污染红土的液限、塑限、塑性指数减小；随酸浓度的增大，液限、塑限、塑性指数呈波动减小趋势。测试界限含水特性时，酸液加入松散的素红土中浸润一定时间，盐酸的侵蚀作用会破坏红土颗粒及其颗粒间的连接，尤其是侵蚀破坏包裹红土颗粒表面的游离氧化铁、铝，使红土变得松散，颗粒粗糙，加上盐类的结晶，红土颗粒与水作用的能力降低，可塑性变差，呈现出液限、塑限和塑性指数减小的趋势。酸浓度越高，侵蚀作用越强，红土土体越松散，盐类越多，结晶体越多，颗粒与水作用的能力进一步减弱，土的可塑性越差，液限、塑限和塑性指数越小。由于侵蚀作用、结晶作用的循环进行，结晶作用占短暂优势，所以酸污染红土的比重、颗粒组成、界限含水呈现波动性变化。

2.5.1.2　力学特性的变化

（1）对击实特性的影响。

试验结果表明：相比素红土，酸污染红土的最大干密度、最优含水率减小；随酸浓度的增大，酸污染红土的最大干密度呈凸形减小的变化趋势，最优含水率呈凹形减小的变化趋势。击实制样过程中，相比素红土，先将酸液加入松散的素红土中，按最佳浸润时间进行浸润 2 h，酸土接触充分，便于侵蚀作用的进行。击实过程中，由于侵蚀作用破坏了红土颗粒表面，使颗粒变得粗糙，亲水性减弱，可塑性变差，不容易击实紧密，同时使微结构松散、密实性降低，因而酸污染红土的最大干密度和最优含水率减小。

酸浓度较低时，以侵蚀作用为主，生成物少，盐类结晶程度低，亲水性弱，因而击实性差，导致最大干密度和最优含水率减小。随酸浓度的增大，一方面，侵蚀作用增强，对红土颗粒的破坏程度增大，颗粒变得越松散；另一方面，生成物增多，按最佳浸润时间进行浸润，有利于盐类的结晶。击实过程中，松散的红土颗粒有利于击实紧密，而击实功对盐类结晶颗粒的破坏减弱了红土颗粒的含水能力，因而最大干密度增大，最优含水率减小。随酸浓度的进一步增大，侵蚀作用更强，红土颗粒的可塑性更差，更不容易击实紧密，微结构越发松散，密实性降低，因而酸污染红土的最大干密度减小；而生成物更多，盐类结晶程度高，胶结物质增多，亲水性增强，因而酸污染红土的最优含水率增大。

（2）对强度－压缩特性的影响。

试验结果表明：随酸浓度的增大，酸污染红土的抗剪强度、黏聚力、内摩擦角呈波动性减小的趋势，压缩系数呈波动性增大的趋势。酸液加入松散的素红土并按最佳浸润时间浸润 2 h，使之接触充分，便于侵蚀作用进行。而击样后，颗粒间相对紧密，酸液的侵蚀作用更容易发挥，并破坏红土颗粒及其颗粒间的连接；虽然生成物存在胶结作用，但属于暂态过程，很快就被溶解作用代替，综合体现出侵蚀作用、溶解作用强于胶结作用，导致红土微结构松散，颗粒间孔隙增大，外力作用使颗粒易于错动，结构稳定性降低，承受外荷载的能力减弱，因而抗剪强度及黏聚力、内摩擦角减小，压缩模量减小，压缩性增大。随酸浓度的增大，侵蚀作用更加强烈：一方面，破坏性增强；另一方面，生成的胶结物质增多，胶结作用增强；同时，溶解作用也增强。体现出暂态过程的胶结作用弱于侵蚀作用和溶解作用，从而导致红土的微结构进一步松散，颗粒间孔隙继续增大，颗粒更易于错动，结构稳定性更低，承受外荷载的能力进一步减弱，以致于抗剪强度及黏聚力、内摩擦角进一步减小，压缩模量继续减小，压缩性进一步增大。由于侵蚀作用、胶结作用、溶解作用的循环进行，且主要以侵蚀、溶解作用为主，胶结作用占短暂优势，所以酸污染红土的强度－压缩特性呈现波动性变化。

2.5.2 随养护时间的变化

2.5.2.1　物理特性的变化

（1）对比重－颗粒组成特性的影响。

试验结果表明：随浸泡时间的延长，酸污染红土呈现出粉粒减少、黏粒增多、比重增大、存在极大值等现象。浸泡时间较短时，侵蚀作用占主导地位，破坏红土颗粒，导致粗颗粒减少，因而粉粒减少，黏粒增多；而生成物游离到溶液中，导致比重减小。随浸泡时间的延长，胶结作用占优势，由于盐类溶解生成胶结物质的絮凝作用，导致粗颗粒增多，红土颗粒的质量增大，因而黏粒增大，比重增大。随浸泡时间的进一步延长，溶解作用占优势，即生成的盐类及胶结物质溶解，反应进入新的侵蚀循环过程，致使粗颗粒减小为细小颗粒，因而粉粒进一步减小，黏粒增大；而溶解物和新的侵蚀生成物不断迁移到溶液中，引起红土颗粒的质量进一步减小，因而比重降低。

（2）对界限含水特性的影响。

试验结果表明：随浸润时间的延长，酸污染红土的液限、塑限、塑性指数呈波动性减小趋势。随浸润时间的延长，酸液与红土之间的侵蚀作用、胶结作用、溶解作用更完整，初期侵蚀作用生成的盐类破坏了红土颗粒，导致颗粒变粗糙，亲水能力变差，液限和塑限减小；而中期由于成盐需要吸收水分，增加了红土颗粒的水分含量，盐类胶结作用的存在导致酸污染红土与水作用的能力增强，亲水性增大，液限和塑限稍有增大；由于后期溶解作用的存在，盐类逐渐溶解，这时不但不需要水分，反而会溶解于水中，导致酸污染红土与水作用的能力减弱，红土颗粒的亲水性变差；终期侵蚀作用的循环进行，进一步减弱了红土颗粒与水作用的能力，因而，液限、塑限进一步减小。由于侵蚀、胶结、溶解 3 种作用的循环过程交替进行，所以酸污染红土的界限含水特性存在波动性变化。

2.5.2.2　力学特性的变化

（1）对击实特性的影响。

试验结果表明：随浸润时间的延长，酸污染红土呈现出最大干密度增大、最优含水率增大的趋势，其中最大干密度呈凸形增大。浸润时间较短时，酸液与红土之间以侵蚀

作用为主，生成物少，盐类结晶程度较低，击实效果好，因而酸污染红土的最大干密度增大，最优含水率较小。随浸润时间的延长，盐类结晶程度增高，酸液与红土之间以胶结作用为主，有利于击实，同时胶膜的包裹减弱了亲水性，因而酸污染红土的最大干密度进一步增大，最优含水率减小。浸润时间更长时，酸液与红土之间以溶解作用为主，新的侵蚀作用循环进行，盐类的溶解及胶膜的破坏使土体的胶结能力减弱，击实性变差，因而酸污染红土的最大干密度有所减小，最优含水率进一步减小。

（2）对强度－压缩特性的影响。

试验结果表明：随养护时间的延长，酸污染红土的抗剪强度、黏聚力、内摩擦角呈波动性减小的趋势，压缩系数呈波动性增大的趋势。击样前，素红土颗粒间呈松散状态（利于侵蚀作用的进行），酸液加入后浸润2 h，红土颗粒受到一定侵蚀。击样后，颗粒间接触紧密，便于侵蚀作用的继续进行。养护时间较短时，侵蚀作用占优势，破坏了红土颗粒及其颗粒间的连接，使之微结构松散，抗剪强度降低，黏聚力和内摩擦角减小，压缩模量减小，压缩系数增大，土体的压缩性增强。随养护时间的延长，红土对酸液侵蚀产生耐受性，侵蚀作用逐渐减弱，生成物的胶结作用逐渐发挥并占据优势，使红土的结构稳定性增强，从而导致酸污染红土的抗剪强度、黏聚力和内摩擦角呈增大趋势，压缩系数呈减小趋势。随养护时间的进一步延长，酸土化学反应进入溶解阶段，胶结作用的暂态过程被溶解作用所代替，溶解作用占优势。盐类及胶结物质的溶解，一方面使土体结构变松散，土颗粒间孔隙增大、胶结力减弱；另一方面使溶解生成的盐酸又进入新的酸污染土的侵蚀过程，但侵蚀程度逐渐减弱。如此循环下去，最终引起酸污染红土的微结构进一步劣化，结构稳定性进一步降低，承受外荷载的能力进一步减弱，从而导致酸污染红土的抗剪强度降低，黏聚力和内摩擦角继续减小，压缩系数进一步增大，压缩性增强。酸土作用过程中，侵蚀作用、胶结作用、溶解作用的循环交替进行，并以侵蚀作用、溶解作用为主，胶结作用属暂态优势，所以强度－压缩特性呈现出波动性的变化趋势。

第3章 碱污染红土的宏微观响应

3.1 试验方案

3.1.1 试验材料

3.1.1.1 试验土样

本试验红土样取自昆明市阳宗海地区。该红土呈深红色、块状，其粉粒含量为32.0%，黏粒含量为54.5%，其他指标为比重2.72、液限53.8%、塑限31.2%、塑性指数22.6，分类属于高液限红黏土。

3.1.1.2 污染物的选取

由于化工厂、造纸厂、金属冶炼厂等排放的工业废水主要为废碱液，又因为氢氧化钠是一种最常见的强碱，故本试验选取纯氢氧化钠NaOH（粉末状）作为污染物。其中氢氧化钠含量为96.0%以上，碳酸钠含量为1.5%，硫酸盐、硅酸盐、磷酸盐等杂质含量为0.005%～0.01%。

3.1.2 宏观特性试验方案

本试验选用昆明阳宗海红土作为污染土样，选取氢氧化钠作为碱性污染物，考虑碱浓度、养护时间、干密度、含水率等不同影响因素，用pH值为8.16的自来水配制氢氧化钠碱溶液，制备碱污染红土试样，开展碱污染红土的物理力学试验，测试分析碱污染红土的宏观物理力学特性。碱浓度控制范围：4.0%～16.0%（pH值范围为13.10～13.80），试样养护时间控制范围：0～14 d，干密度控制范围：1.15～1.32 $g \cdot cm^{-3}$，含水率控制范围：24.5%～29.0%。其中，浓度0%代表未受碱污染的素红土。

对于碱污染红土的物理性质试验，按29.0%含水率配制碱溶液，并分层均匀喷洒在素红土中，在20℃室温下密封静置浸润24 h，搅拌均匀，以不同时间进行浸泡养护；达到浸泡养护时间后，开展比重、颗粒分析试验。因比重和颗粒分析试验都需要进行煮沸，煮沸时会产生大量气泡，容易溢出，影响试验结果，故本试验采用充分摇晃、静置6 h、不煮沸并排除气泡的方法进行处理。

对于碱污染红土的力学特性试验，先开展碱污染红土的击实试验，确定碱污染红土的最佳浸润时间；再按照最佳浸润时间，采用击样法按预定干密度、含水率制备碱污染红土的直剪、压缩试样，并将试样置于恒温养护箱中，在20℃温度下进行养护，达到预定养护时间后取出试样，进行直剪、压缩试验，测试分析碱污染红土的抗剪强度、压缩系数等宏观受力特性。

3.1.3　微结构特性试验方案

与不同影响因素下碱污染红土的宏观力学特性相对应，考虑碱浓度、养护时间的影响，分别切取剪切前后、压缩前后的素红土和碱污染红土试样，采用室内自然风干，制备不同影响因素下的微结构试样。通过扫描电子显微镜等微结构试验方法，获取不同影响因素下碱污染红土的微结构图像，结合 MAFLAB 图像数字化处理软件，提取碱污染红土的微结构图像特征参数，研究碱污染红土的微结构图像特征和微结构参数特征。

3.2　碱污染红土的宏观特性

3.2.1　颗粒组成特性

3.2.1.1　污染物加入前后的影响

（1）碱浓度的影响。

图3－1给出了不同浸泡时间下，碱污染红土的粉粒含量 P_f、黏粒含量 P_n 随碱浓度 a 的变化。

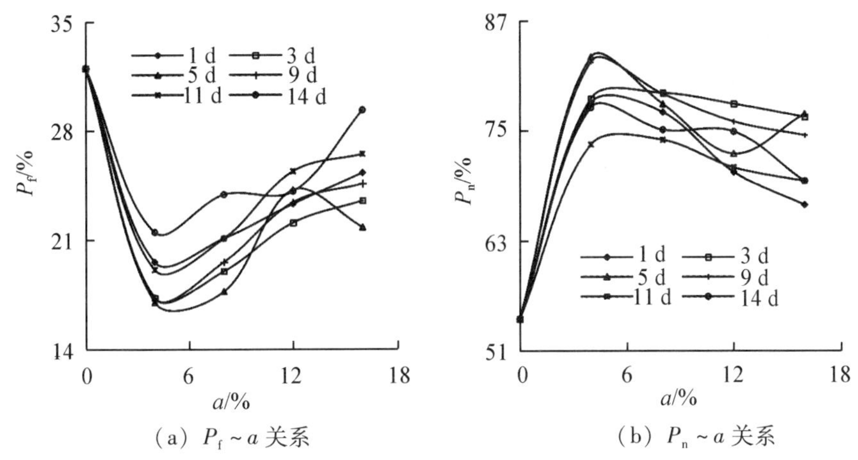

（a）$P_f \sim a$ 关系　　（b）$P_n \sim a$ 关系

图3－1　不同浸泡时间下碱污染红土的颗粒组成随碱浓度的变化

图3－1表明：

总体上，相比素红土，不同浸泡时间下，随碱浓度的增大，碱污染红土的粉粒含量减小，黏粒含量增大；在碱浓度较低时，粉粒含量存在谷值，黏粒含量存在峰值。碱浓度小于4.0%时，碱污染红土的粉粒含量急剧减小，在碱浓度4.0%处出现谷值；相比素红土，浸泡时间为1 d时，P_f 减小了38.8%，浸泡时间为14 d时，P_f 减小了32.8%。碱浓度大于4.0%直至16.0%时，碱污染红土的粉粒含量增大，相比谷值，浸泡1 d，P_f 增大了29.1%，浸泡14 d，P_f 增大了36.3%；但相比素红土，浸泡1 d的还是减小了20.9%，浸泡14 d的还是减小了8.4%。黏粒含量呈相反变化。上述试验结果说明，碱的加入，侵蚀了红土，破坏了红土颗粒之间的连接能力，相比素红土，引起碱污染红土的粉粒减少，黏粒增多。尤其是碱浓度较低时对红土颗粒连接能力的破坏性更强。本试验中碱浓度约4%时对应的粉粒最少，黏粒最多。但随碱浓度的增大，生成物的胶结和包裹作用又使红土粉粒增多，黏粒减少。

（2）浸泡时间的影响。

图3－2给出了不同碱浓度下碱污染红土的粉粒含量 P_f、黏粒含量 P_n 随浸泡时间 t 的变化。

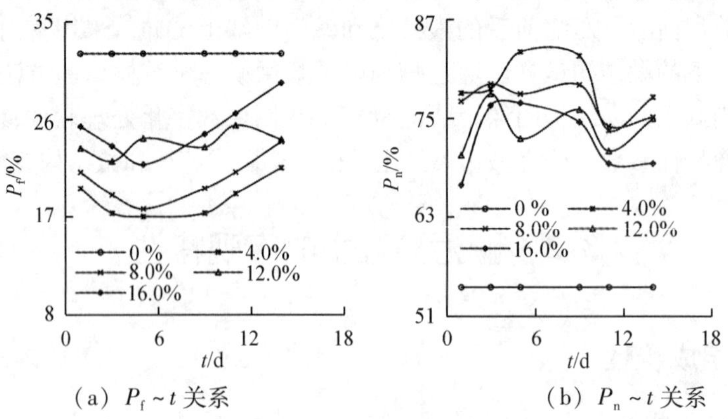

（a）$P_f \sim t$ 关系　　（b）$P_n \sim t$ 关系

图3－2　不同碱浓度下碱污染红土的颗粒组成随浸泡时间的变化

图3－2表明：

总体上，不同碱浓度下，随浸泡时间的延长，碱污染红土的粉粒含量呈增大趋势；浸泡时间较短时，存在极小值；黏粒含量呈相反的变化。浸泡时间为1～5 d时，碱污染红土的粉粒含量减小，且在5 d时出现极小值；相比1 d的，碱浓度为4.0%时 P_f 减小了13.3%，碱浓度为16.0%时 P_f 减小了13.8%。浸泡时间大于5 d延长至14 d时，碱污染红土的粉粒含量增大，相比极小值，碱浓度为4.0%时 P_f 增大了26.5%，碱浓度为16.0%时 P_f 增大了34.4%；相比1 d的，碱浓度为4.0%时 P_f 增大了9.7%，碱浓度为16.0%时 P_f 增大了15.8%。上述试验结果说明，在较短的浸泡时间内红土颗粒的连接力受到较大破坏，引起碱污染红土的粉粒减少；但随浸泡时间的延长，碱污染红土细小颗粒发生凝聚，引起粉粒增多。

3.2.1.2　分散剂加入前后的影响

图3－3给出了浸泡时间11 d、不洗盐的条件下，分散剂 $(NaPO_3)_6$ 加入前后碱污染红土颗粒组成中的粉粒含量 P_f 和黏粒含量 P_n 随碱浓度 a 的变化。

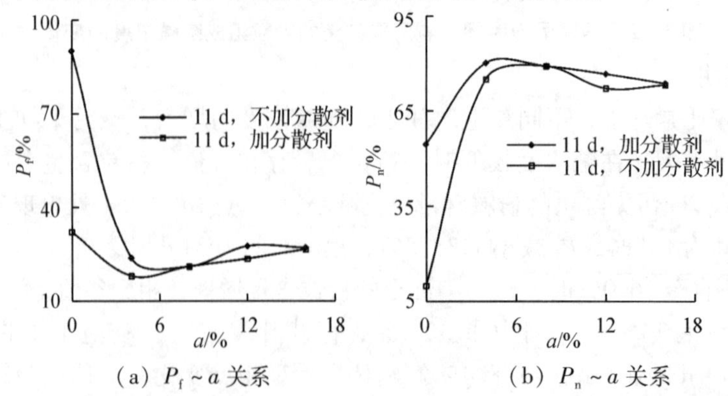

（a）$P_f \sim a$ 关系　　（b）$P_n \sim a$ 关系

图3－3　不洗盐条件下分散剂对碱污染红土颗粒组成的影响（浸泡时间 t＝11 d）

图3－3表明：

总体上，不论是否加分散剂，相比素红土，碱污染红土的粉粒含量减小，黏粒含量

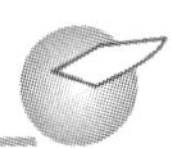

增大；随碱浓度的增大，碱污染红土的粉粒含量稍有增大，黏粒含量稍有减小；相比不加分散剂，加分散剂后碱污染红土的粉粒含量减小，黏粒含量则相反。

当碱浓度由0%增大到16.0%时，浸泡时间为11 d，相比素红土，不加分散剂的条件下，碱污染红土的粉粒含量减小了70.0%，黏粒含量增大了630.0%；加分散剂的条件下，碱污染红土的粉粒含量仅减小了17.2%，黏粒含量增大了34.9%。由此可见，相同碱浓度下，不加分散剂时碱污染红土的粉粒含量减小程度大于加分散剂的情况，而不加分散剂时碱污染红土的黏粒含量增大程度也大于加分散剂的情况。

碱浓度为0%～4.0%时，碱污染红土的粉粒含量减小，黏粒含量增大。相比素红土，不加分散剂，粉粒含量减小了73.7%，黏粒含量增大了649.0%；加分散剂，粉粒含量减小了43.8%，黏粒含量增大了46.8%。碱浓度为4.0%～16.0%时，碱污染红土的粉粒含量增大，黏粒含量减小。相比碱浓度4.0%、不加分散剂的情况，粉粒含量增大了13.9%，黏粒含量减小了2.5%；加分散剂的情况，粉粒含量增大了47.2%，黏粒含量减小了8.1%。可见，碱浓度较低时，不论是否加分散剂，碱污染红土的粉粒含量急剧减小，黏粒含量急剧增大；碱浓度较高时，分散剂的影响力减弱。

以上试验结果说明，碱浓度较低时，加、不加分散剂对碱污染红土的颗粒组成影响都较大；碱浓度较高时，加、不加分散剂对碱污染红土的颗粒组成影响相对较小。而相同碱浓度下，不加分散剂的影响大于加分散剂的影响。因为不加分散剂，颗粒较粗，粉粒较多，黏粒较少；加入分散剂（$(NaPO_3)_6$），分散了较粗的红土颗粒，而 NaOH 属于强碱，对红土颗粒也具有分散作用，二者叠加的结果导致粉粒减少，黏粒增多。

3.2.1.3　分散剂种类和用量的影响

表3－1给出了碱浓度4.0%、浸泡时间1 d、不洗盐的条件下，不同分散剂种类和不同分散剂用量对碱污染红土颗粒组成的影响。分散剂种类包括六偏磷酸钠［$(NaPO_3)_6$］和硅酸钠（$NaSiO_3 \cdot 10H_2O$）两种，用量分别为10 mL、15 mL。

表3－1　分散剂种类及用量对碱污染红土颗粒组成的影响

分散剂	用量/mL	黏粒含量 P_n/%	粉粒含量 P_f/%	砂粒含量 P_s/%
		$d \leq 0.005$ mm	0.005 mm $< d \leq 0.075$ mm	0.075 mm $< d \leq 2$ mm
$(NaPO_3)_6$	10	78.0	21.9	0.6
$(NaPO_3)_6$	15	79.5	20.5	0.0
$NaSiO_3 \cdot 10H_2O$	10	70.0	29.4	0.6
$NaSiO_3 \cdot 10H_2O$	15	76.5	23.5	0.0

表3－1表明：

就分散剂种类比较，六偏磷酸钠、硅酸钠这两种分散剂均对碱污染红土有分散作用。但分散剂种类不同，对碱污染红土的分散效果也不同。本试验表明，$NaSiO_3 \cdot 10H_2O$ 分散效果不如（$(NaPO_3)_6$），二者加入的体积相同时，黏粒含量后者明显大于前者3.0%～8.0%，粉粒含量后者明显小于前者3.0%～8.0%。就分散剂用量比较，对同一种分散剂来说，随加入量的增大，黏粒含量均呈增大趋势，粉粒含量呈减小趋势，砂粒含量变化不明显。分散剂用量由10 mL增加到15 mL，加入（$(NaPO_3)_6$），红土的黏粒含量增大了

1.5%；加入 $NaSiO_3 \cdot 10H_2O$，红土的黏粒含量增大了6.5%。粉粒含量呈相反的变化。

3.2.2 比重特性

3.2.2.1 碱浓度的影响

图3-4给出了不同浸泡时间下碱污染红土的比重 G_s 及比重的时间加权平均值 G_{st} 随碱浓度 a 的变化。比重的时间加权平均值是指对相同浓度、不同浸泡时间下的碱污染红土的比重按时间进行加权平均，用以衡量不同浸泡时间对碱污染红土比重的影响。

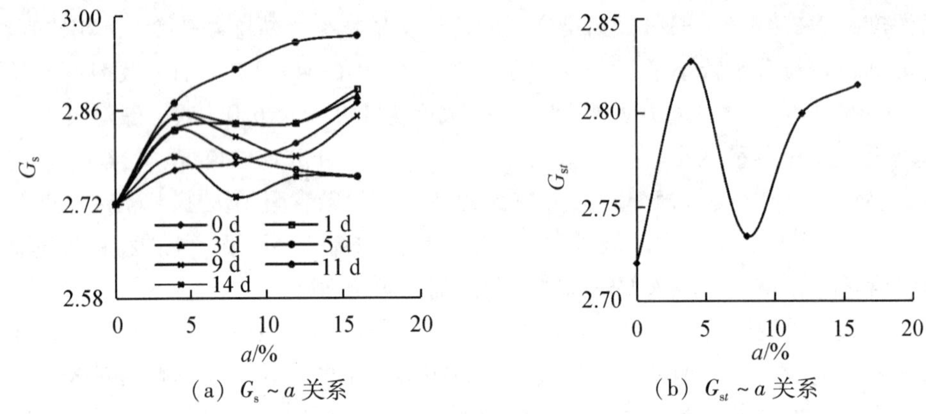

(a) $G_s \sim a$ 关系　　(b) $G_{st} \sim a$ 关系

图3-4　碱污染红土的比重及其时间加权平均值随碱浓度的变化

图3-5给出了不同浸泡时间下碱污染对红土比重的浓度影响系数 R_{G_s-a} 随碱浓度 a 的变化。比重的浓度影响系数是以相同浸泡时间下，碱污染前后红土的比重之差与污染前素红土的比重之比来衡量的。

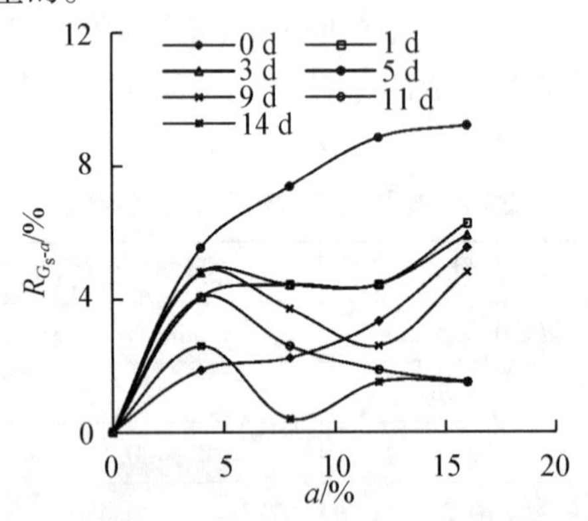

图3-5　不同碱浓度下碱污染红土比重的浓度影响系数

图3-4、图3-5表明：

总体上，相同浸泡时间下，碱污染增大了红土的比重，即碱污染红土的比重大于素红土的比重；对应不同浸泡时间下，碱污染红土比重的时间加权平均值也高于素红土。随碱浓度的增大，碱污染红土的比重呈波动增大趋势，除浸泡时间5 d外，其余均约在碱浓度为4.0%时出现波峰，在碱浓度8.0%～12.0%之间出现波谷；对应的比重时间加权平均值约在碱浓度4.0%时出现波峰，8.0%时出现波谷。

当碱浓度由0%增大到16.0%时，相比素红土，浸泡时间1 d时，碱污染红土的比重增大6.3%；浸泡时间5 d时，比重增大9.0%；浸泡时间9 d时，比重增大4.8%；浸泡

时间 14 d 时，比重仅增大 1.5%，尽管后面增幅有所下降，但仍高于素红土的比重。从时间加权平均值来看，碱浓度为 0% ~4.0% 时，碱污染红土的时间加权平均比重增大，相比素红土，增大了 3.9%。碱浓度为 4.0% ~8.0% 时，碱污染红土的时间加权平均比重减小，相比 4.0% 的情况，减小了 3.3%。碱浓度为 8.0% ~16.0% 时，碱污染红土的时间加权平均比重增大，相比 8.0% 的情况，增大了 2.9%；相比素红土 0%，增大了 3.5%。从红土比重的浓度影响系数来看，不同浸泡时间下，碱污染都增大了红土比重的浓度影响系数，增大程度在 0.4% ~9.0% 之间，5 d 时间增大最多。上述试验结果说明，碱浓度较小和较大时，碱污染增大了红土颗粒的质量，从而引起碱污染红土的比重增大；碱浓度居中时，碱污染减小了红土颗粒的质量，从而引起碱污染红土的比重减小。

3.2.2.2　浸泡时间的影响

图 3 -6 给出了不同碱浓度下，碱污染红土的比重 G_s 及其比重的浓度加权平均值 G_{sa} 随浸泡时间 t 的变化。碱污染红土比重的浓度加权平均值是指对相同浸泡时间、不同碱浓度下碱污染红土的比重值按浓度进行加权平均，用以衡量不同碱浓度对碱污染红土比重的影响。

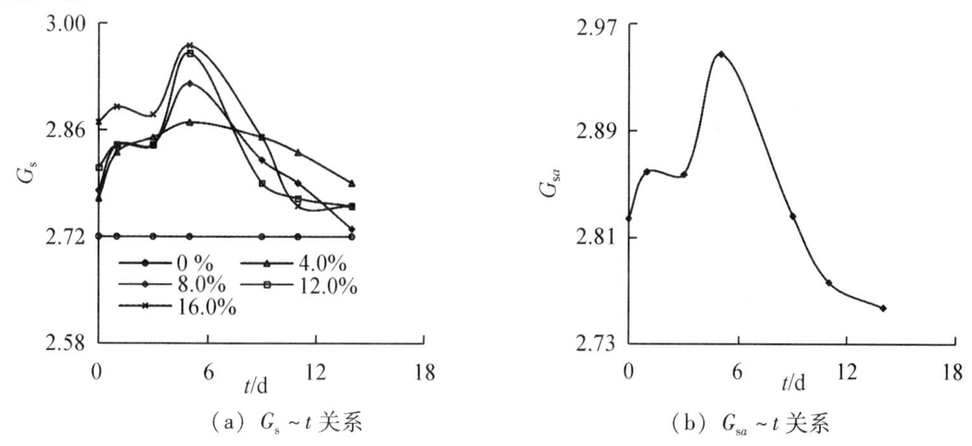

(a) $G_s \sim t$ 关系　　(b) $G_{sa} \sim t$ 关系

图 3 -6　不同碱浓度下碱污染红土比重及其浓度加权平均值随浸泡时间的变化

图 3 -6 表明：

总体上，相同碱浓度下，试样的浸泡减小了碱污染红土的比重，浸泡后碱污染红土的比重低于浸泡前的比重；浸泡后对应不同碱浓度下碱污染红土比重的浓度加权平均值也小于浸泡前。随浸泡时间的延长，碱污染红土的比重及比重的浓度加权平均值呈波动减小的趋势，约分别在浸泡时间 1 d、5 d 时出现波峰，浸泡时间 3 d 时出现波谷。

浸泡时间为 0 ~1 d 时，碱污染红土的比重增大，即相比 0 d 的，碱浓度 8.0% 时比重增大 2.2%，碱浓度 16.0% 时比重增大 0.7%；浸泡时间为 1 ~3 d 时，碱污染红土的比重减小，即相比 1 d 的，碱浓度 8.0% 时比重无变化，碱浓度 16.0% 时比重减小 0.4%；浸泡时间为 3 ~5 d 时，碱污染红土的比重增大，即相比 3 d 的，碱浓度 8.0% 时比重增大 2.8%，碱浓度 16.0% 时比重增大 3.1%；浸泡时间为 5 ~14 d 时，碱污染红土的比重减小，即相比 5 d 的，碱浓度 8.0% 时比重减小 6.5%；碱浓度 16.0% 时比重减小 7.07%。从其比重的浓度加权平均值来看，浸泡时间为 0 ~1 d 时，碱污染红土的 G_{sa} 增大，即相比 0 d的，G_{sa} 增大 1.2%；浸泡时间为 1 ~3 d 时，碱污染红土的 G_{sa} 减小，即相比 1 d，G_{sa} 减小

了0.1%；浸泡时间为3~5 d时，碱污染红土的G_{sa}增大，即相比3 d的，G_{sa}增大了3.2%；浸泡时间为5~14 d时，碱污染红土的G_{sa}减小，即相比5 d的，G_{sa}减小了6.5%。

上述试验结果说明，浸泡时间较短时，碱污染增大了红土颗粒的质量，引起碱污染红土的比重增大；浸泡时间较长时，碱污染减小了红土颗粒的质量，引起碱污染红土的比重减小，但仍大于素红土的比重。这是因为，短时间浸泡，氢氧化钠侵蚀红土生成的盐类来不及溶解，胶结、附着于红土颗粒，增大了红土颗粒质量，引起碱污染红土的比重增大；而长时间浸泡，盐类发生溶解，红土颗粒质量减小，因而碱污染红土的比重减小。

3.2.3 界限含水特性

3.2.3.1 碱污染红土的塑限变化特性

（1）碱浓度的影响。

图3－7给出了不同浸润时间下碱污染红土的塑限ω_p及塑限的时间加权平均值ω_{pt}随碱浓度a的变化。塑限的时间加权平均值是指对相同浓度、不同浸润时间下碱污染红土的塑限按时间进行加权平均，用以衡量不同浸润时间对碱污染红土塑限的影响。

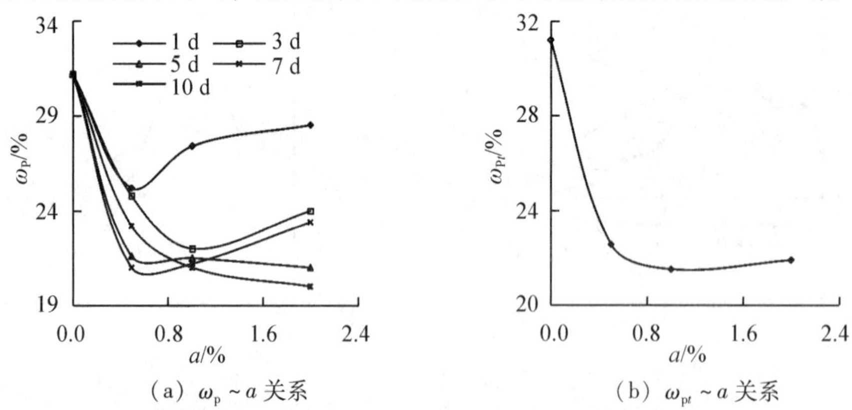

（a）$\omega_p \sim a$关系　　（b）$\omega_{pt} \sim a$关系

图3－7　不同浸润时间下碱污染红土的塑限及其时间加权平均值随碱浓度的变化

图3－7表明：

总体上，浸润时间相同的情况下，相比素红土，随碱浓度的增大，碱污染红土的塑限呈凹形变化趋势。不同浸润时间下，碱浓度为0%～1.0%时，相比素红土，碱污染红土的塑限低于素红土的塑限，浸润3 d时间其塑限减小了29.5%，浸润7 d时间其塑限减小了32.1%。碱浓度为1.0%～2.0%时，碱污染红土的塑限增大，但仍低于素红土的塑限；相比碱浓度1.0%的情况，浸润3 d时间其塑限增大了9.1%，浸润10 d时间其塑限增大了11.4%；但相比素红土，3 d时间还减小了23.1%，浸润10 d时间其塑限还减小了25.0%。从塑限的时间加权平均值来看，碱浓度为0%～1.0%时，碱污染红土塑限的时间加权平均值减小，相比素红土，减小了31.1%；碱浓度为1.0%～2.0%时，碱污染红土塑限的时间加权平均值稍有增大，相比碱浓度1.0%的，仅增大了1.8%，相比素红土，还减小了29.8%。这一结果说明，碱浓度较低时，碱污染显著减弱了红土与水之间的作用能力，从而引起碱污染红土的塑限减小；碱浓度较高时，碱污染对红土与水之间的相互作用影响很小，其塑限变化不大。

（2）浸润时间的影响

图 3 - 8 给出了不同碱浓度下碱污染红土的塑限 ω_p 及塑限的浓度加权平均值 ω_{pa} 随浸润时间 t 的变化。塑限的浓度加权平均值是指对相同浸润时间、不同碱浓度下碱污染红土的塑限按浓度进行加权平均，用以衡量不同碱浓度对碱污染红土塑限的影响。

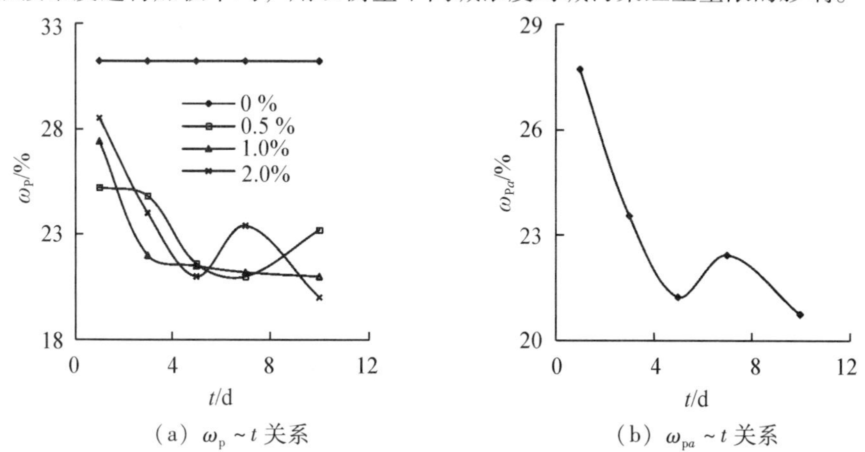

（a）$\omega_p \sim t$ 关系　　（b）$\omega_{pa} \sim t$ 关系

图 3 - 8　不同碱浓度下碱污染红土的塑限及其浓度加权平均值随浸润时间的变化

图 3 - 8 表明：

总体上，相同碱浓度下，试样的浸润减小了碱污染红土的塑限。随浸润时间的延长，碱污染红土的塑限呈波动减小趋势。当浸润时间由 1 d 延长至 10 d 时，碱污染红土的塑限减小，相比 1 d 的，碱浓度 0.5% 时减小了 7.9%，碱浓度 1.0% 时减小了 23.4%，碱浓度 2.0% 时减小了 29.8%。从塑限的浓度加权平均值来看，随浸润时间的延长，不同碱浓度下碱污染红土塑限的浓度加权平均值呈波动减小趋势，约在浸润时间 5 d 时出现波谷，7 d 时出现波峰。浸润时间为 1 ~ 5 d 时，碱污染红土的 ω_{pa} 减小，相比 1 d 的，减小了 23.4%；浸润时间为 5 ~ 7 d 时，碱污染红土的 ω_{pa} 增大，相比 5 d 的，增大了 5.7%；浸润时间为 7 ~ 10 d 时，碱污染红土的 ω_{pa} 减小，相比 7 d 的，减小了 7.5%，相比素红土减小了 33.5%。这一结果说明，碱污染红土经过浸润，氢氧化钠侵蚀红土，减弱了红土颗粒与水之间的作用能力，引起其塑限减小。虽然浸润到一定时间，红土颗粒与水之间的作用能力有所增强，引起其塑限稍有增大，但仍小于素红土的塑限值。

3.2.3.2　碱污染红土的液限变化特性

（1）碱浓度的影响。

图 3 - 9 给出了不同浸润时间下碱污染红土的液限 ω_L 及液限的时间加权平均值 ω_{Lt} 随碱浓度 a 的变化。液限的时间加权值是指对相同浓度、不同浸润时间下碱污染红土的液限按时间进行加权平均，用以衡量不同浸润时间对碱污染红土液限的影响。

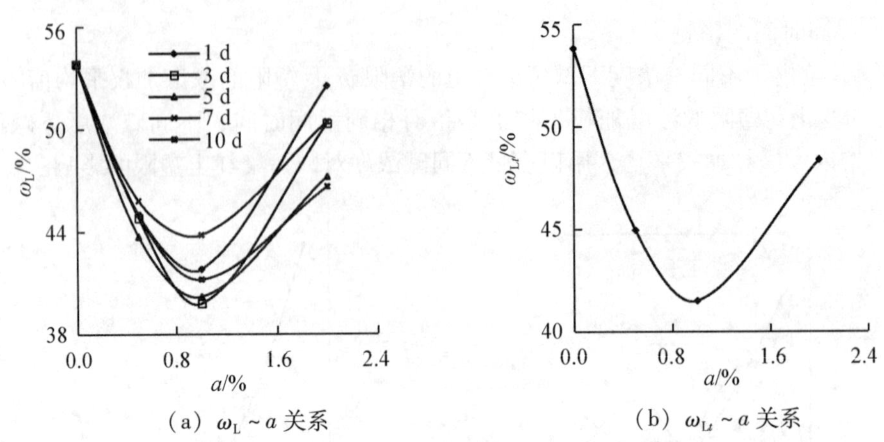

（a） $\omega_L \sim a$ 关系　　　（b） $\omega_{Lt} \sim a$ 关系

图 3－9　不同浸润时间下碱污染红土的液限及其时间加权平均值随碱浓度的变化

图 3－9 表明：

总体上，浸润时间相同时，相比素红土，随碱浓度增大，碱污染红土的液限呈凹形变化趋势。不同浸润时间下，碱浓度为 0%～1.0% 时，相比素红土，碱污染红土的液限均低于素红土的液限，浸润 3 d 时间其液限减小了 26.0%，浸润 10 d 时间其液限减小了 23.4%。碱浓度为 1.0%～2.0% 时，碱污染红土的液限增大，但仍低于素红土的液限；相比碱浓度 1.0% 的情况，浸润3 d时间的，增大了 26.4%，浸润 10 d 时间的，增大了 13.1%；相比素红土，浸润 3 d 时间的，仍减小了 6.5%，10 d 时间的，仍减小了 13.4%。从液限的时间加权平均值来看，碱浓度为 0%～1.0% 时，碱污染红土的 ω_{Lt} 减小，相比素红土，ω_{Lt} 减小了 22.9%；碱浓度为 1.0%～2.0% 时，碱污染红土的 ω_{Lt} 增大，相比碱浓度 1.0% 的，增大了 16.6%，但相比素红土，还是减小了 10.1%。上述结果说明，碱浓度较低时，碱污染减弱了红土颗粒与水之间的作用能力，引起碱污染红土的液限减小；碱浓度较高时，碱污染增强了红土颗粒与水之间的作用能力，使碱污染红土的液限增大。

（2）浸润时间的影响。

图 3－10 给出了不同碱浓度下碱污染红土的液限 ω_L 及液限的浓度加权平均值 ω_{La} 随浸润时间 t 的变化。液限的浓度加权平均值是指对相同浸润时间、不同碱浓度下碱污染红土的液限按浓度进行加权平均，用以衡量不同碱浓度对碱污染红土液限的影响。

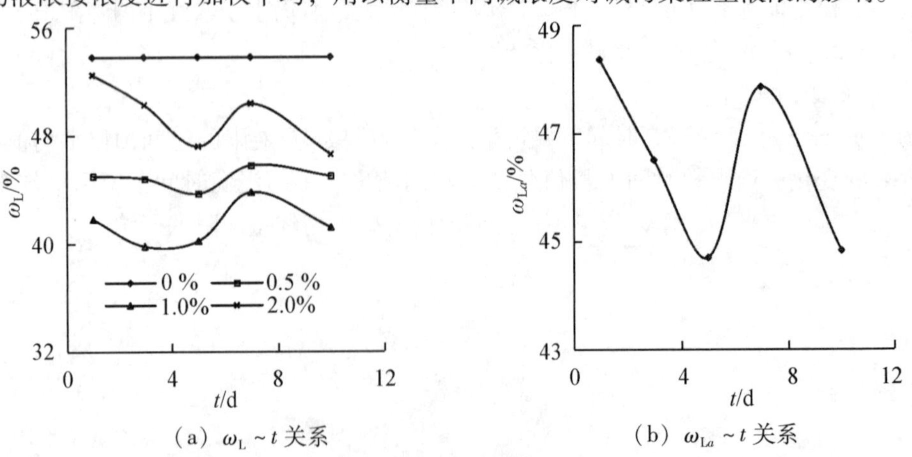

（a） $\omega_L \sim t$ 关系　　　（b） $\omega_{La} \sim t$ 关系

图 3－10　不同碱浓度下碱污染红土的液限及其浓度加权平均值随浸润时间的变化

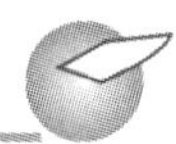

图 3－10 表明：

总体上，相同碱浓度下，试样的浸润减小了碱污染红土的液限。随浸润时间的延长，碱污染红土的液限呈波动减小趋势，约在浸润时间为 5 d 时出现波谷，7 d 时出现波峰。浸润时间为 1～5 d 时，碱污染红土的液限减小，相比 1 d 的，碱浓度 0.5% 时减小了 2.9%，碱浓度 2.0% 时减小了 10.1%。浸润时间为 5～7 d，碱污染红土的液限增大，相比 5 d 的，碱浓度 0.5% 时增大了 4.8%，碱浓度 2.0% 时增大了 6.8%。浸润时间为 7～10 d，碱污染红土的液限减小，相比 7 d 的，碱浓度 0.5% 时减小了 1.8%，碱浓度 2.0% 时减小了 7.5%；相比 1 d 的，碱浓度 0.5% 时没有变化，碱浓度 2.0% 时减小了 11.2%。从液限的浓度加权平均值来看，随浸润时间延长，不同碱浓度下碱污染红土液限的浓度加权平均值呈波动减小趋势，约在浸润时间为 5 d 时出现波谷，7 d 时出现波峰。浸润时间为1～5 d，碱污染红土的 ω_{La}减小，相比 1 d 的减小了 7.6%；浸润时间为 5～7 d，碱污染红土的 ω_{La}增大，相比 5 d 的，增大了 7.1%，但相比素红土还是减小了 11.0%。浸润时间为 7～10 d，碱污染红土的 ω_{La}减小，相比 7 d 的，减小了 6.3%；相比素红土减小了 16.7%。上述结果说明，碱污染红土经过浸润，氢氧化钠侵蚀红土，从而减弱了红土颗粒与水之间的作用能力，引起液限减小；虽然浸润到一定时间，红土颗粒与水之间的作用能力增强，引起液限增大，但仍小于素红土的液限值。

3.2.3.3　碱污染红土的塑性指数变化特性

（1）碱浓度的影响。

图 3－11 给出了不同浸润时间下碱污染红土的塑性指数 I_p 及塑性指数的时间加权平均值 I_{pt}随碱浓度 a 的变化。塑性指数的时间加权平均值是指对相同浓度、不同浸润时间下碱污染红土的塑性指数按时间进行加权平均，用以衡量不同浸润时间对碱污染红土塑性指数的影响。

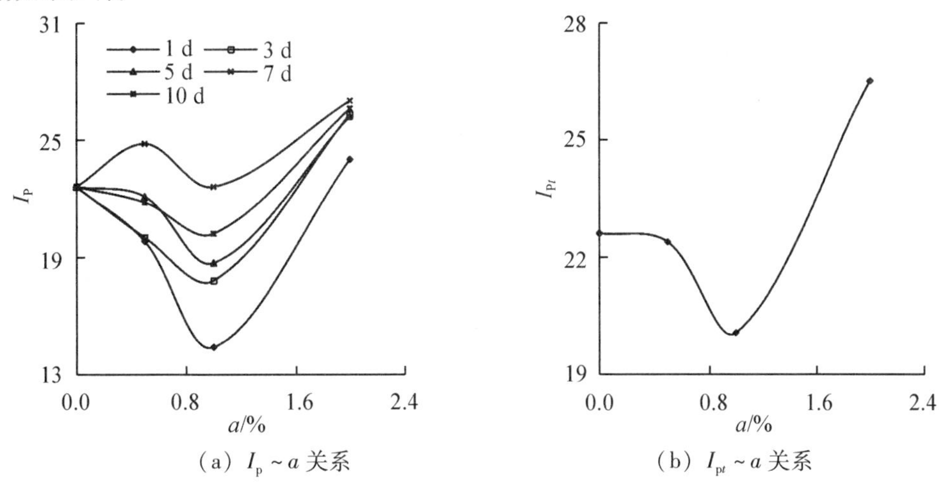

（a）$I_p \sim a$ 关系　　（b）$I_{pt} \sim a$ 关系

图 3－11　不同浸润时间下碱污染红土的塑性指数及其时间加权平均值随碱浓度的变化

图 3－11 表明：

总体上，在浸润时间相同下，相比素红土，随碱浓度的增大，碱污染红土的塑性指数呈增大趋势。除浸润时间 7 d 外，其他浸润时间下，碱浓度 0%～1.0% 时，相比素红土，碱污染红土的塑性指数均低于素红土的塑性指数，浸润 3 d 时间的，减小了 21.2%，浸润10 d时间的，减小了10.6%。碱浓度为1.0%~2.0%时，碱污染红土的塑性指数增大，碱浓度2.0%时其值高于素红土的塑性指数；相比碱浓度1.0%的情况，浸润3 d时间的，其值增大了47.8%，浸润10 d时间的，其值增大了31.7%。从塑性指数的时间加权平均值来看，碱浓度为0%~1.0%时，碱污染红土的I_{pt}减小，相比素红土，I_{pt}减小了11.2%；碱浓度为1.0%~2.0%时，碱污染红土的I_{pt}增大，相比碱浓度1.0%的，增大了32.1%，相比素红土增大了17.3%。上述试验结果说明，碱浓度较低时，碱污染减弱了红土与水之间的作用能力，引起碱污染红土的塑性指数减小，可塑能力减弱；碱浓度较高时，碱污染增强了红土与水之间的作用能力，引起碱污染红土的塑性指数增大，可塑能力增强。

（2）浸润时间的影响。

图3-12给出了不同碱浓度下碱污染红土的塑性指数I_p及塑性指数的浓度加权平均值I_{pa}随浸润时间t的变化。塑性指数的浓度加权平均值是指对相同浸润时间、不同碱浓度下碱污染红土的塑性指数按浓度进行加权平均，用以衡量不同碱浓度对碱污染红土塑性指数的影响。

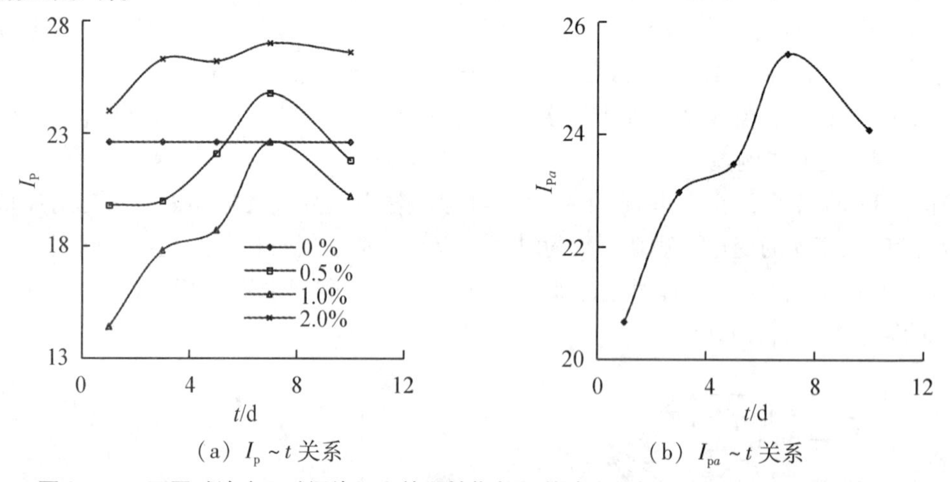

（a）$I_p \sim t$关系　　（b）$I_{pa} \sim t$关系

图3-12　不同碱浓度下碱污染红土的塑性指数及其浓度加权平均值随浸润时间的变化

图3-12表明：

总体上，在相同碱浓度下，试样的浸润增大了碱污染红土的塑性指数。随浸润时间的延长，碱污染红土的塑性指数呈波动增大趋势，约在浸润时间为7 d时出现波峰。浸润时间为1~7 d时，碱污染红土的塑性指数增大，相比1 d的情况，碱浓度1.0%时增大了56.9%，碱浓度2.0%时增大了12.5%；浸润时间为7~10 d时，碱污染红土的塑性指数减小，相比7 d的情况，碱浓度1.0%时减小了10.6%，碱浓度2.0%时减小了1.5%。从塑性指数的浓度加权平均值来看，随浸润时间的延长，不同碱浓度下碱污染红土塑性指数的浓度加权平均值呈波动增大趋势，约在浸润时间为7 d时出现波峰。浸润时间为1~7 d时，碱污染红土的I_{pa}增大，相比1 d的情况，增大了23.1%；浸润时间为7~10 d时，碱污染红土的I_{pa}减小，相比7 d的情况，减小了5.3%，但相比素红土还是增大了6.6%。以上试验结果说明，碱污染红土经过浸润，增强了红土颗粒与水之间的作用能力，引起其塑性指数增大，可塑性增强。但浸润到一定时间后，红土颗粒与水之间

的作用能力减弱，使其塑性指数减小，对应的可塑性减弱。

3.2.4　击实特性

3.2.4.1　击实浸润时间

根据《土工试验规程》，击实试验时，素红土样的浸润时间均取 24 h。对于碱污染红土，由于红土与碱作用后很容易形成团块结构，水分被锁住，造成水不易向周围、上下层传递及扩散。试验中发现，浸润时间分别为 8 h、12 h、18 h 时，土体中水分不均匀，有部分土未被浸润，试验误差较大。为使土体中水分更为均匀，在制样时分 6 层均匀洒水，碱污染红土击实试验土样浸润时间均控制为 24 h。

3.2.4.2　碱污染红土的最佳击实指标

图 3－13 给出了试样浸润时间 24 h 的条件下，碱污染红土的最大干密度 ρ_{dmax} 和最优含水率 ω_{op} 两个最佳击实指标随碱浓度 a 的变化，图 3－14 给出了碱污染对红土两个最佳击实指标的浓度影响系数随碱浓度 a 的变化，包括最大干密度的浓度影响系数 $R_{\rho_{dmax}-a}$ 和最优含水率的浓度影响系数 $R_{\omega_{op}-a}$。浓度影响系数是以碱污染前后红土最佳击实指标的变化与污染前素红土的最佳击实指标之比来衡量的。

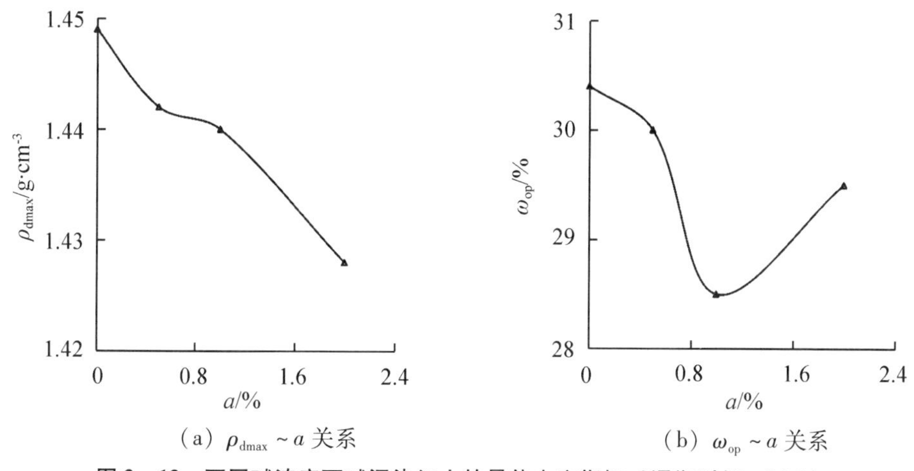

（a）$\rho_{dmax}\sim a$ 关系　　（b）$\omega_{op}\sim a$ 关系

图 3－13　不同碱浓度下碱污染红土的最佳击实指标（浸润时间＝24 h）

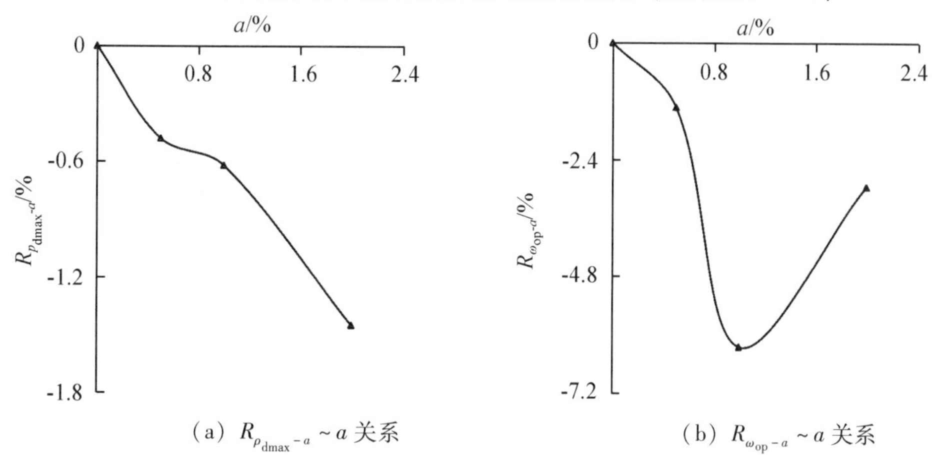

（a）$R_{\rho_{dmax}-a}\sim a$ 关系　　（b）$R_{\omega_{op}-a}\sim a$ 关系

图 3－14　不同碱浓度下碱污染红土最佳击实指标的浓度影响系数随碱浓度的变化

图 3-13、图 3-14 表明:

相比素红土，碱污染红土的最大干密度低于素红土的最大干密度；随碱浓度的增大，碱污染红土的最大干密度逐渐减小，对应最大干密度的浓度影响系数也逐渐减小。当碱浓度由 0% 增大到 2.0% 时，最大干密度减小了 1.5%。相比素红土，碱污染红土的最优含水率小于素红土的最优含水率；随碱浓度的增大，碱污染红土的最优含水率呈凹形减小，对应最优含水率的浓度影响系数也呈凹形减小。当碱浓度由 0% 增大到 1.0% 时，最优含水率减小了 6.3%；当碱浓度由 1.0% 增大到 2.0% 时，相比浓度 1.0% 的，最优含水率增大了 3.5%，相比素红土的，还是减小了 3.0%。这一试验结果说明，碱污染削弱了红土的最佳击实特性，导致碱污染红土的击实性能变差，击实指标减小。

3.2.5 抗剪强度特性

3.2.5.1 碱污染红土的抗剪强度线

(1) 碱浓度和养护时间的影响。

图 3-15 给出了干密度 ρ_d 为 1.20 g·cm^{-3}、含水率 ω 为 25.0%，不同碱浓度 a、不同养护时间 t 的条件下，碱污染红土的抗剪强度 τ_f 与垂直压力 p 之间的变化关系，即碱污染红土的抗剪强度线。

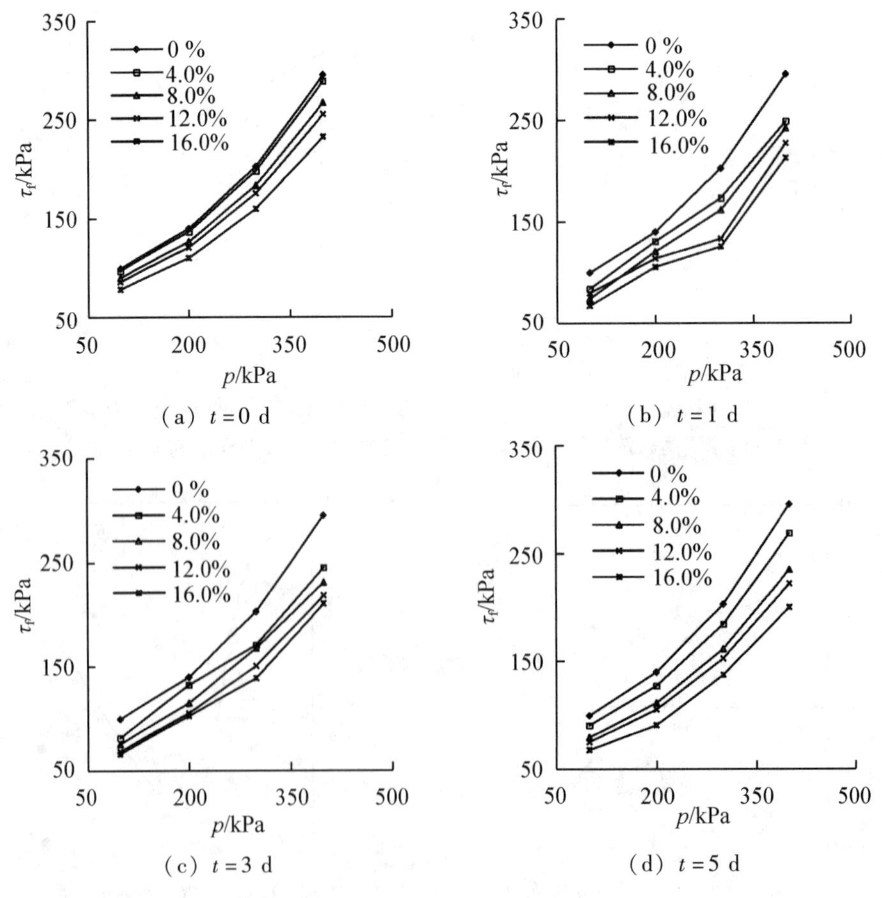

(a) t=0 d

(b) t=1 d

(c) t=3 d

(d) t=5 d

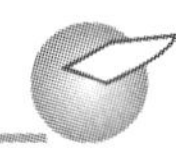

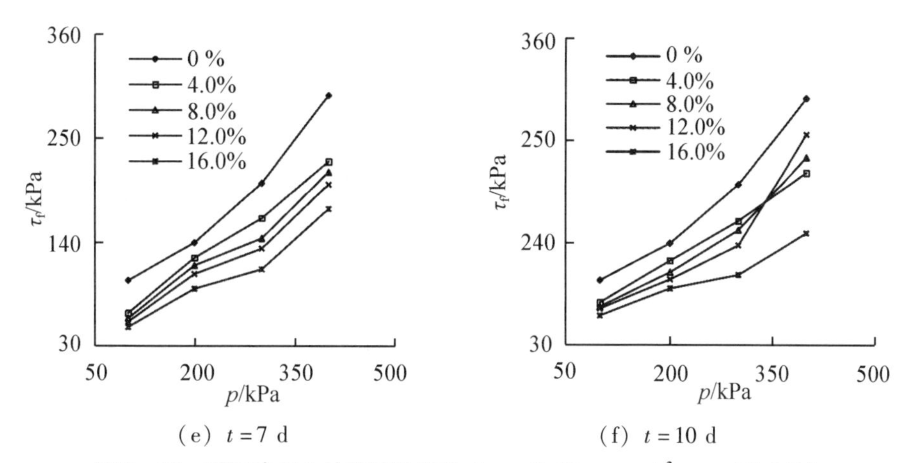

(e) $t=7$ d (f) $t=10$ d

图3-15 碱污染红土的抗剪强度线（$\rho_d=1.20\ g\cdot cm^{-3}$，$\omega=25.0\%$）

图3-15表明：

不同碱浓度、不同养护时间下，随垂直压力的增大，素红土和碱污染红土的抗剪强度线均升高，抗剪强度增大；相同养护时间、相同垂直压力下，随碱浓度的增大，碱污染红土的抗剪强度线位置降低，抗剪强度减小；相同碱浓度、相同垂直压力下，随养护时间的延长，碱污染红土的抗剪强度线位置降低，抗剪强度减小。

（2）干密度的影响。

图3-16给出了含水率 ω 为26.2%、不同干密度 ρ_d 下，素红土（碱浓度0%）和碱污染红土的抗剪强度 τ_f 与垂直压力 p 之间的变化关系。

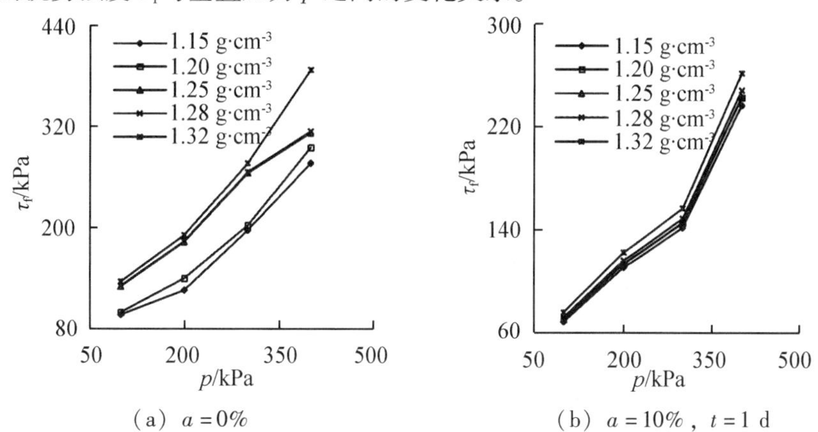

(a) $a=0\%$ (b) $a=10\%$，$t=1$ d

图3-16 不同干密度下碱污染红土的抗剪强度线（$\omega=26.2\%$）

图3-16表明：

不同干密度下，随垂直压力的增大，素红土和碱污染红土的抗剪强度线位置升高，抗剪强度增大；相同垂直压力下，随干密度的增大，素红土和碱污染红土的抗剪强度线位置升高，抗剪强度增大。

（3）含水率的影响。

图3-17给出了干密度 ρ_d 为1.25 $g\cdot cm^{-3}$、不同含水率 ω 下，素红土和碱污染红土的抗剪强度 τ_f 与垂直压力 p 之间的变化关系。

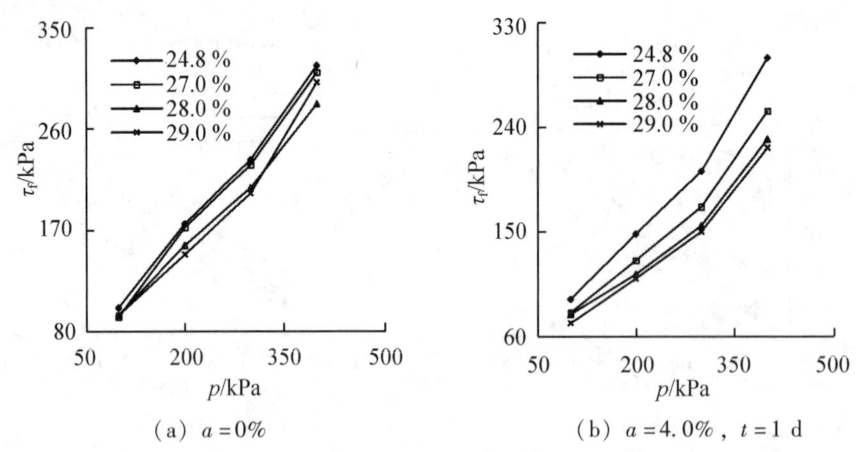

(a) $a=0\%$　　(b) $a=4.0\%$，$t=1$ d

图 3－17　不同含水率下碱污染红土的抗剪强度线（$\rho_d=1.25\ g\cdot cm^{-3}$）

图 3－17 表明：

不同含水率下，随垂直压力的增大，素红土和碱污染红土的抗剪强度线位置升高，抗剪强度增大；相同垂直压力下，随含水率增大，素红土和碱污染红土的抗剪强度线位置降低，抗剪强度减小。

3.2.5.2　碱污染红土的抗剪强度

（1）碱浓度的影响。

图 3－18 给出了垂直压力 p 为 200 kPa、干密度 ρ_d 为 1.20 g · cm^{-3}、含水率 ω 为 25.0%、不同养护时间 t 下，碱污染红土的抗剪强度 τ_f 随碱浓度 a 的变化以及抗剪强度的浓度影响系数 R_{τ_f-a} 随碱浓度 a 的变化。抗剪强度的浓度影响系数是以相同养护时间下、碱污染前后红土抗剪强度的变化与碱污染前素红土的抗剪强度之比来衡量的。

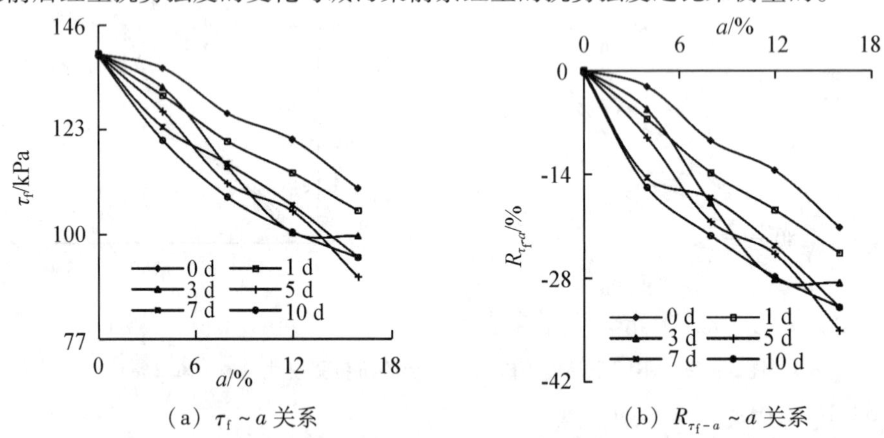

(a) $\tau_f\sim a$ 关系　　(b) $R_{\tau_f-a}\sim a$ 关系

图 3－18　碱污染红土的抗剪强度及其浓度影响系数随碱浓度的变化

（$p=200$ kPa，$\rho_d=1.20\ g\cdot cm^{-3}$，$\omega=25.0\%$）

图 3－19 给出了不同养护时间下，碱污染红土抗剪强度的时间加权平均值 τ_{ft} 随碱浓度 a 的变化。抗剪强度的时间加权平均值是指对相同浓度、不同养护时间下碱污染红土的抗剪强度按时间进行加权平均，用以衡量不同养护时间对碱污染红土抗剪强度的影响。

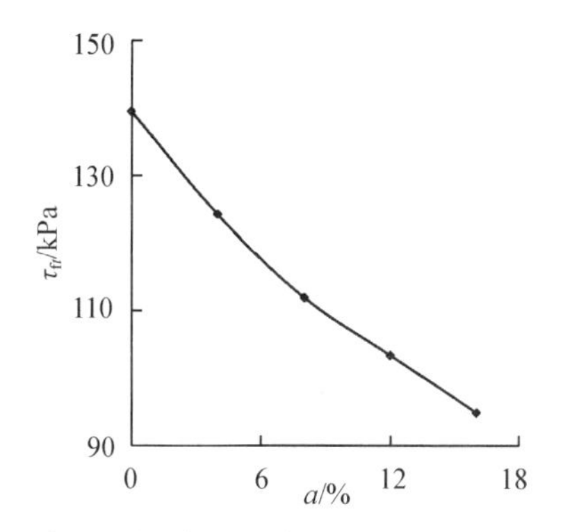

图 3－19　碱污染红土抗剪强度的时间加权平均值随碱浓度的变化

图 3－18、图 3－19 表明：

总体上，相同养护时间下，相比素红土（碱浓度 0%），碱污染降低了红土的抗剪强度；随碱浓度的增大，碱污染红土的抗剪强度减小，且其减小的程度逐渐增大。当碱浓度由 0% 增大到 16.0% 时，养护时间为 1 d 的，其抗剪强度减小了 24.5%，养护时间为 10 d 的，其抗减强度减小了 32.0%。从抗剪强度的时间加权平均值来看，不同养护时间下碱污染红土抗剪强度的时间加权平均值低于素红土的相应值；随碱浓度的增大，碱污染红土抗剪强度的时间加权平均值逐渐减小。当碱浓度由 0% 增大到 16.0% 时，相比素红土其值减小了 32.0%。这一试验结果说明，碱污染削弱了红土颗粒之间的连接能力和摩擦能力，降低了碱污染红土的结构稳定性，引起碱污染红土的抗剪强度减小。碱浓度越高，对红土颗粒之间连接能力和摩擦能力的消弱越强，碱污染红土的抗剪强度减小程度越大。

（2）养护时间的影响。

图 3－20 给出了垂直压力 p 为 200 kPa、干密度 ρ_d 为 1.20 g · cm^{-3}、含水率 ω 为 25.0%、不同碱浓度 a 下，碱污染红土的抗剪强度 τ_f 以及抗剪强度的浓度加权平均值 τ_{fa} 随养护时间 t 的变化。抗剪强度的浓度加权平均值是指对相同养护时间、不同碱浓度下碱污染红土的抗剪强度按浓度进行加权平均，用以衡量不同碱浓度对碱污染红土抗剪强度的影响。

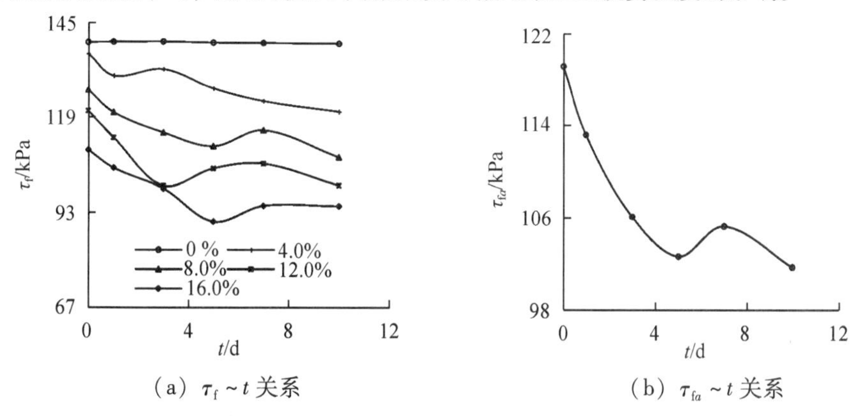

（a）$\tau_f \sim t$ 关系　　　　（b）$\tau_{fa} \sim t$ 关系

图 3－20　碱污染红土的抗剪强度及其浓度加权平均值随养护时间的变化

（p = 200 kPa，ρ_a = 1.20 g · cm^{-3}，ω = 25.0%）

图 3－21 给出了不同碱浓度下，碱污染红土抗剪强度的时间影响系数 $R_{\tau_f - t}$ 随养护时间 t 的变化。抗剪强度的时间影响系数是以相同碱浓度下、养护前后碱污染红土抗剪强

度的变化与养护前红土的抗剪强度之比来衡量的。

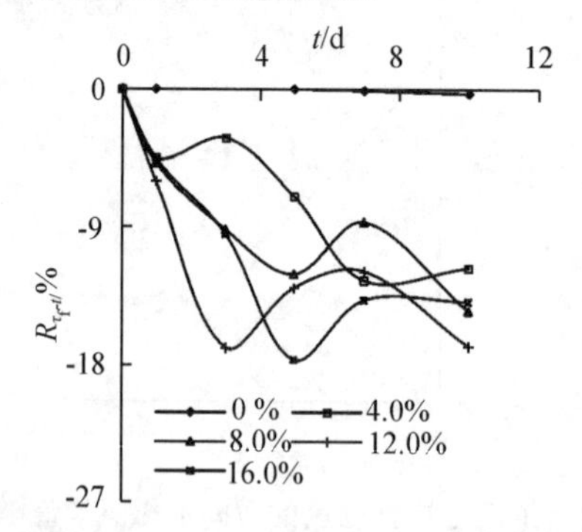

图3－21　不同养护时间下碱污染红土抗剪强度的时间影响系数

图3－20、图3－21表明：

总体上，相比养护前，试样的养护减小了碱污染红土的抗剪强度；随养护时间的延长，碱污染红土的抗剪强度呈波动减小趋势。从抗剪强度的浓度加权平均值来看，不同碱浓度下，碱污染红土抗剪强度的浓度加权平均值低于养护前的相应值；随养护时间的延长，碱污染红土抗剪强度的浓度加权平均值呈波动减小趋势，约养护5 d出现波谷，7 d出现波峰。养护时间为0～5 d，抗剪强度的浓度加权平均值减小，相比养护前的减小了13.9%；养护时间为5～7 d，抗剪强度的浓度加权平均值增大，相比5 d的，增大了2.5%；养护时间为7～10 d，抗剪强度的浓度加权平均值减小，相比5 d的，减小了3.3%，相比养护前的，减小了14.6%。这一试验结果说明，试样的养护破坏了碱污染红土颗粒之间的连接能力和摩擦能力，降低了碱污染红土的结构稳定性，引起碱污染红土的抗剪强度减小。养护时间越长，对红土颗粒之间连接能力和摩擦能力的破坏越强，碱污染红土的抗剪强度减小程度越大。

就加权平均值的影响程度进行比较，碱浓度对碱污染红土时间加权平均抗剪强度的影响系数为－31.94%，养护时间对碱污染红土浓度加权平均抗剪强度的影响系数为－14.61%。体现出碱浓度对碱污染红土抗剪强度的影响大于试样养护时间的影响。

（3）干密度的影响。

图3－22给出了垂直压力p为200 kPa、含水率ω为26.2%的条件下，碱浓度a分别为10.0%、16.0%，养护时间t分别为1 d、5 d时，碱污染红土的抗剪强度τ_f随干密度ρ_d的变化。

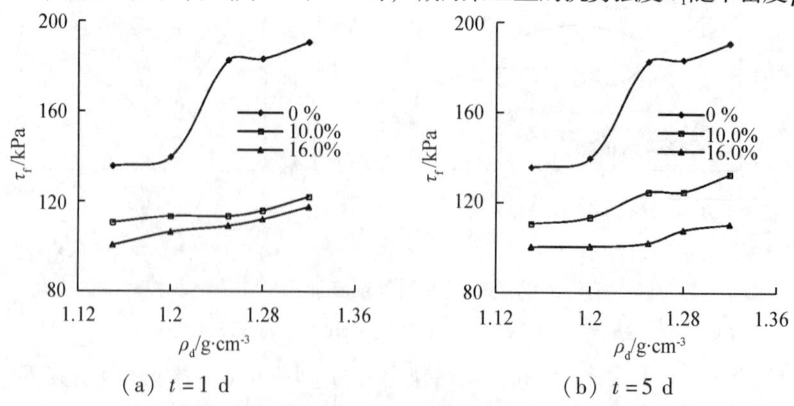

图3－22　碱污染红土的抗剪强度随干密度的变化（p＝200 kPa，ω＝26.2%）

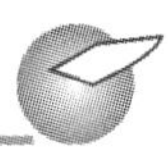

图3－23给出了对应抗剪强度的密度影响系数 $R_{\tau_f-\rho}$ 随干密度 ρ_d 的变化。抗剪强度的密度影响系数是以其他干密度下碱污染红土的抗剪强度与干密度1.15 g·cm^{-3}时的抗剪强度之差除以干密度1.15 g·cm^{-3}时的抗剪强度来衡量的。

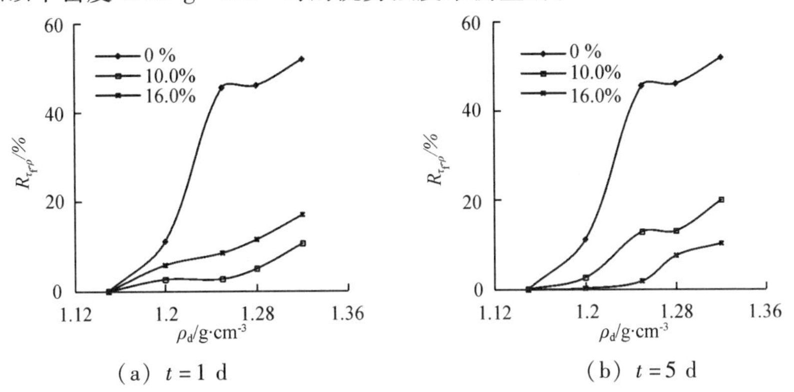

图3－23 不同干密度下碱污染红土抗剪强度的密度影响系数

图3－22、图3－23表明：

不同碱浓度、不同养护时间下，素红土和碱污染红土的抗剪强度及抗剪强度的密度影响系数都随干密度的增大而增大，素红土的抗剪强度及抗剪强度的密度影响系数远大于碱污染红土的相应值。当干密度分别按1.15 g·cm^{-3}、1.20 g·cm^{-3}、1.25 g·cm^{-3}、1.28 g·cm^{-3}、1.32 g·cm^{-3}变化时，相比干密度为1.15 g·cm^{-3}的情况，素红土的抗剪强度分别增大2.9%、34.7%、35.3%、40.6%，即逐渐增大；碱浓度为10.0%时，养护1 d则碱污染红土的抗剪强度分别增大2.6%、2.7%、5.0%、10.6%，养护5 d则碱污染红土的抗剪强度分别增大2.6%、12.8%、13.0%、19.9%；碱浓度为16.0%时，养护1 d则碱污染红土的抗剪强度分别增大5.8%、8.5%、11.4%、17.0%，养护5 d则碱污染红土的抗剪强度分别增大0.2%、1.8%、7.5%、10.2%。这一试验结果说明，干密度越大，红土的密实程度越高，抗剪强度越大；碱污染对红土颗粒的侵蚀，导致碱污染红土的抗剪强度远低于素红土的抗剪强度。

（4）含水率的影响。

图3－24给出了垂直压力 p 为200 kPa、干密度 ρ_d 为1.25 g·cm^{-3}的条件下，碱浓度 a 分别为4.0%、8.0%，养护时间 t 分别为1 d、5 d时，碱污染红土的抗剪强度 τ_f 随含水率 ω 的变化。

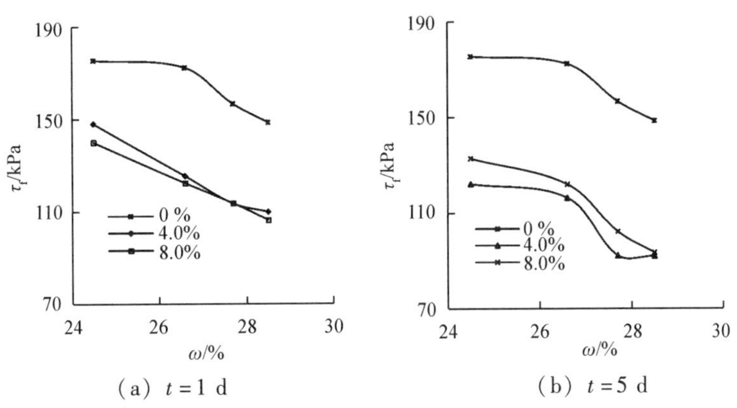

图3－24 碱污染红土的抗剪强度随含水率的变化（$P=200$ kPa，$\rho_d=1.25$ g·cm^{-3}）

图 3－25 给出了对应抗剪强度的含水影响系数 $R_{\tau_f-\omega}$ 随含水率 ω 的变化。抗剪强度的含水影响系数是以其他含水率下，碱污染红土的抗剪强度与含水率为 24.5% 时的抗剪强度之差除以含水率为 24.5% 时的抗剪强度来衡量的。

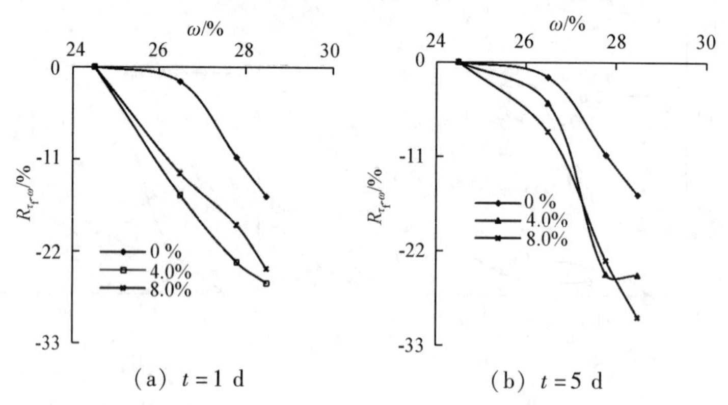

图 3－25　不同含水率下碱污染红土抗剪强度的含水影响系数

图 3－24、图 3－25 表明：

相同养护时间下，素红土和碱污染红土的抗剪强度随含水率增大而减小；含水率越大，抗剪强度的减小程度越大。当含水率分别按 24.5%、26.5%、27.8%、28.5% 增大时，相比含水率 24.5% 的情况，素红土的抗剪强度分别减小 2.0%、10.8%、15.5%；碱浓度为 8.0% 时，养护 1 d，碱污染红土的抗剪强度分别减小 12.7%、18.9%、24.1%，养护 5 d，碱污染红土的抗剪强度分别减小 8.1%、23.1%、29.7%。这一试验结果说明，含水率的增大，破坏了碱污染红土颗粒之间的连接能力和摩擦能力，降低了碱污染红土的结构稳定性，从而引起素红土和碱污染红土的抗剪强度减小。含水率越大，对碱污染红土颗粒之间连接能力和摩擦能力的破坏程度越强，碱污染红土抗剪强度的减小程度越大。

3.2.5.3　碱污染红土的抗剪强度指标

(1) 碱浓度的影响。

图 3－26 给出了干密度和含水率一定时，不同养护时间下碱污染红土的黏聚力 c 抗剪强度指标及黏聚力的时间加权平均值 c_t 随碱浓度 a 的变化。黏聚力的时间加权平均值是指对相同碱浓度、不同养护时间下碱污染红土的黏聚力按时间进行加权平均，用以衡量不同养护时间对碱污染红土黏聚力抗剪强度指标的影响。

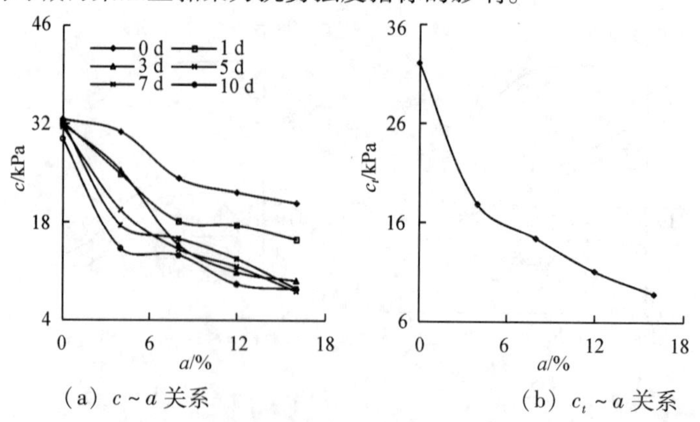

图 3－26　碱污染红土的黏聚力及黏聚力的时间加权平均值随碱浓度的变化

图3-27给出了干密度和含水率一定时，不同养护时间下碱污染红土的内摩擦角φ抗剪强度指标及内摩擦角的时间加权平均值φ_t随碱浓度a的变化。内摩擦角的时间加权平均值是指对相同碱浓度、不同养护时间下碱污染红土的内摩擦角按时间进行加权平均，用以衡量不同养护时间对碱污染红土内摩擦角抗剪强度指标的影响。

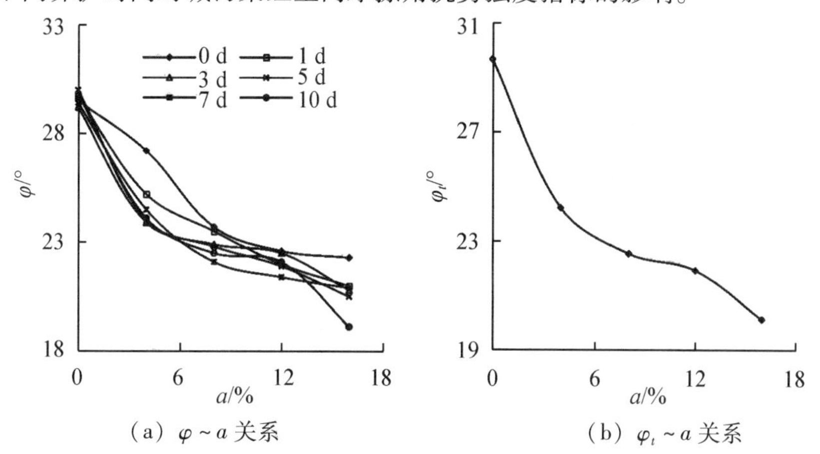

（a）$\varphi \sim a$关系　　（b）$\varphi_t \sim a$关系

图3-27　碱污染红土的内摩擦角及内摩擦角的时间加权平均值随碱浓度的变化

图3-26、图3-27表明：

总体上，不同养护时间下，相比素红土，碱污染降低了红土的抗剪强度指标；碱污染红土的黏聚力和内摩擦角均低于素红土的相应值；随碱浓度的增大，碱污染红土的抗剪强度指标减小。当碱浓度由0%增大到16.0%时，相比素红土，养护时间1 d的，黏聚力减小51.9%，内摩擦角减小29.3%；养护7 d时间的，黏聚力减小73.5%，内摩擦角减小28.9%。由此可以看出，碱浓度对碱污染红土黏聚力的影响大于对内摩擦角的影响。

从时间加权平均值来看，不同养护时间下碱污染红土的黏聚力和内摩擦角两个抗剪强度指标的时间加权平均值均小于素红土的相应指标；随碱浓度的增大，碱污染红土的两个抗剪强度指标的时间加权平均值减小。当碱浓度由0%增大到16.0%时，相比素红土，碱污染红土黏聚力的时间加权平均值减小72.6%，内摩擦角的时间加权平均值减小32.2%。由此可以看出，碱浓度对碱污染红土黏聚力的影响大于对内摩擦角的影响。

上述试验结果说明，碱污染破坏了红土颗粒之间的连接能力和摩擦能力，引起碱污染红土的黏聚力和内摩擦角减小；碱浓度越大，对碱污染红土颗粒之间连接能力和摩擦能力的破坏程度越大，碱污染红土的抗剪强度指标降低越多。

（2）养护时间的影响。

图3-28给出了干密度和含水率一定时，不同碱浓度下碱污染红土的黏聚力c抗剪强度指标及黏聚力的浓度加权平均值c_a随养护时间t的变化。黏聚力的浓度加权平均值是指对相同养护时间、不同碱浓度下碱污染红土的黏聚力按浓度进行加权平均，用以衡量不同碱浓度对碱污染红土黏聚力抗剪强度指标的影响。

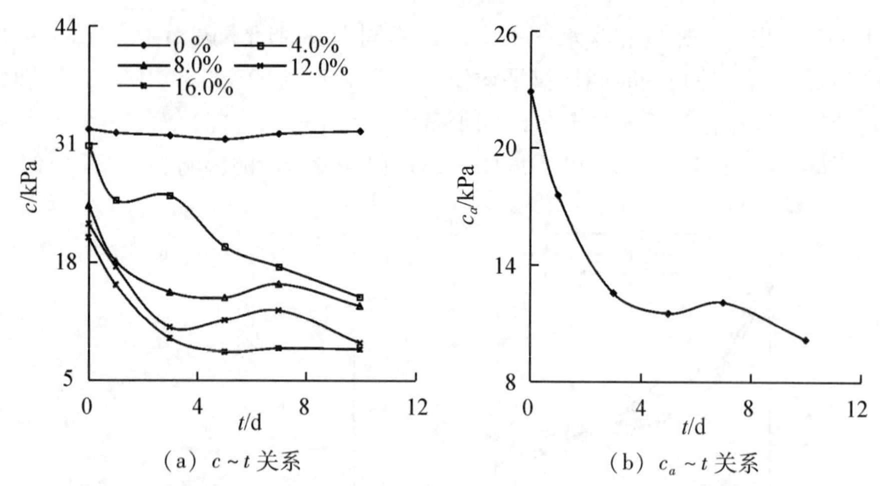

（a） $c\sim t$ 关系　　（b） $c_a\sim t$ 关系

图 3－28　碱污染红土的黏聚力及黏聚力的浓度加权平均值随养护时间的变化

图 3－29 给出了干密度和含水率一定时，不同碱浓度下碱污染红土的内摩擦角 φ 抗剪强度指标及内摩擦角的浓度加权平均值 φ_a 随养护时间 t 的变化。内摩擦角的浓度加权平均值是指对相同养护时间、不同碱浓度下碱污染红土的内摩擦角按浓度进行加权平均，用以衡量不同碱浓度对碱污染红土内摩擦角抗剪强度指标的影响。

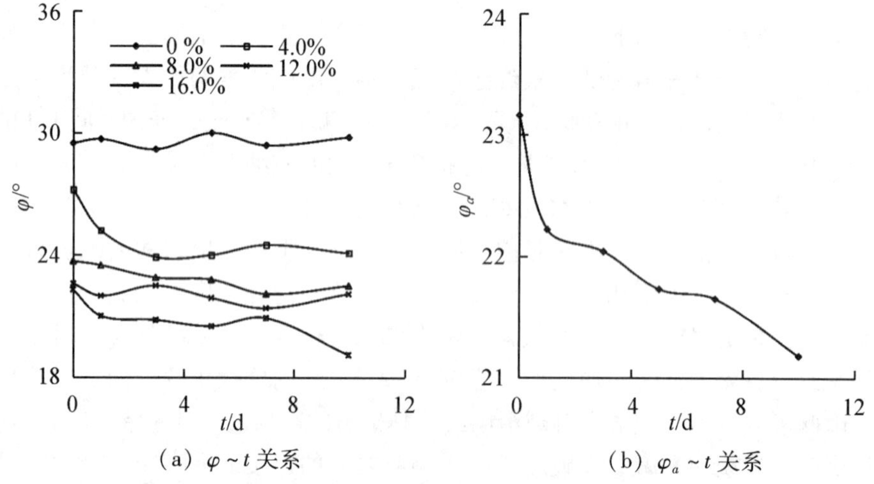

（a） $\varphi\sim t$ 关系　　（b） $\varphi_a\sim t$ 关系

图 3－29　碱污染红土的内摩擦角及内摩擦角的浓度加权平均值随养护时间的变化

图 3－28、图 3－29 表明：

总体上，不同碱浓度下，相比养护前，试样的养护降低了碱污染红土的黏聚力和内摩擦角两个抗剪强度指标；养护后碱污染红土的黏聚力和内摩擦角均低于养护前的相应值；随养护时间的延长，碱污染红土的两个抗剪强度指标减小。当养护时间由 0 d 延长到 10 d 时，相比养护前，碱浓度为 4.0% 时，黏聚力减小 53.9%，内摩擦角减小 11.4%；碱浓度为 16.0% 时，黏聚力减小 59.4%，内摩擦角减小 14.4%。可见，相同养护时间下，随碱浓度的增大，碱污染红土的黏聚力和内摩擦角减小程度增大；养护时间对碱污染红土黏聚力的影响显著大于对内摩擦角的影响。

从浓度加权平均值来看，不同碱浓度下碱污染红土抗剪强度指标的浓度加权平均值小于养护前的相应指标；随养护时间的延长，碱污染红土的两个抗剪强度指标的浓度加

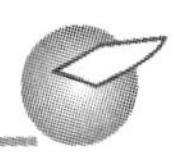

权平均值减小。当养护时间由 0 d 延长到 10 d 时，相比养护前，碱污染红土黏聚力的浓度加权平均值减小 55.6%，内摩擦角的浓度加权平均值减小 8.6%。这表明养护时间对碱污染红土黏聚力的影响显著大于对内摩擦角的影响。

上述试验结果说明，试样的养护破坏了碱污染红土颗粒之间的连接能力和摩擦能力，引起碱污染红土的黏聚力和内摩擦角减小。养护时间越长，对碱污染红土颗粒之间连接能力和摩擦能力的破坏程度越大，碱污染红土的抗剪强度指标降低越多。

就加权平均值的影响程度进行比较，碱浓度对碱污染红土时间加权平均值的黏聚力的影响系数为 -72.6%，对时间加权平均值的内摩擦角的影响系数为 -32.2%；养护时间对碱污染红土浓度加权平均值的黏聚力的影响系数为 -55.6%，对浓度加权平均值的内摩擦角的影响系数为 -8.6%。这说明碱浓度对碱污染红土黏聚力和内摩擦角的影响均大于试样养护时间的影响。

（3）干密度的影响。

图 3-30 给出了不同碱浓度、不同养护时间下，碱污染红土的黏聚力 c 和内摩擦角 φ 两个抗剪强度指标随干密度 ρ_d 的变化。

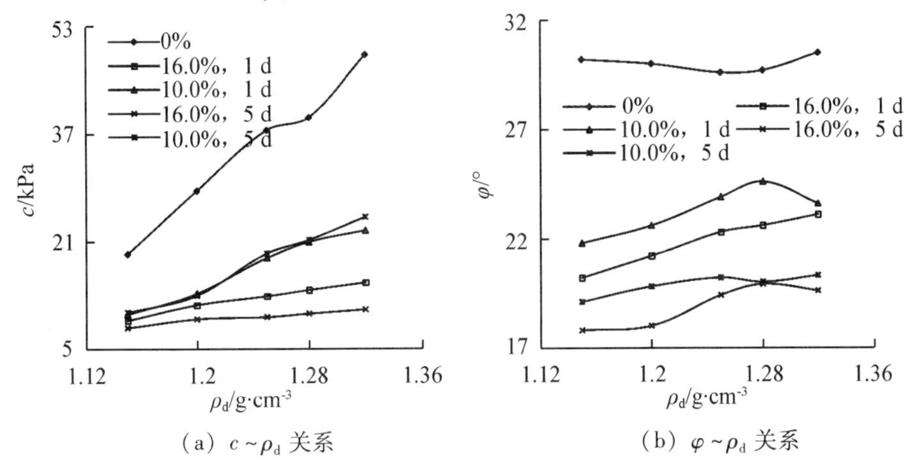

（a）$c\sim\rho_d$ 关系　　（b）$\varphi\sim\rho_d$ 关系

图 3-30　碱污染红土的抗剪强度指标随干密度的变化

图 3-30 表明：

不同碱浓度、不同养护时间条件下，随干密度的增大，碱污染红土的黏聚力和内摩擦角两个抗剪强度指标均增大。当干密度由 1.15 g·cm^{-3} 增大到 1.32 g·cm^{-3} 时，相比干密度 1.15 g·cm^{-3} 的，素红土的黏聚力增大 155.0%，而内摩擦角仅增大 1.0%。碱浓度 16.0% 时，养护时间 1 d 的，黏聚力增大 60.9%，内摩擦角增大 14.4%；养护时间5 d 的，黏聚力增大 33.3%，内摩擦角增大了 10.1%。由此可见，相同干密度下，随养护时间的延长，碱污染红土的黏聚力和内摩擦角的增大程度减小；干密度对碱污染红土黏聚力的影响显著大于其对内摩擦角的影响。这一结果说明，碱污染降低了红土的黏聚力和内摩擦角。干密度越大，碱污染红土的密实性越高，红土颗粒之间的连接能力和摩擦能力越强，碱污染红土的黏聚力和内摩擦角越大。

（4）含水率的影响。

图 3-31 给出了不同碱浓度、不同养护时间下，碱污染红土的黏聚力 c 和内摩擦角 φ

两个抗剪强度指标随含水率 ω 的变化。

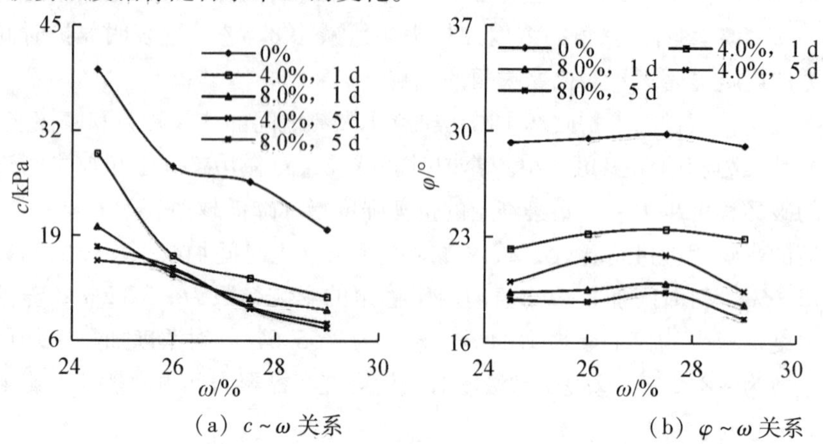

(a) $c\sim\omega$ 关系　　(b) $\varphi\sim\omega$ 关系

图 3－31　碱污染红土的抗剪强度指标随含水率的变化

图 3－31 表明：

总体上，不同碱浓度、不同养护时间条件下，随含水率的增大，素红土和碱污染红土的黏聚力减小，内摩擦角稍有增大后呈减小趋势。

当含水率由 24.5% 增大至 28.5% 时，相比含水率 24.5% 的，素红土的黏聚力减小 50.1%。碱浓度为 4.0% 时，养护时间 1 d 的，碱污染红土的黏聚力减小 60.8%；养护时间5 d的，黏聚力减小 52.8%。由此可见，相同含水率下，养护时间越长，碱污染红土的黏聚力减小程度越小。含水率为 24.5% ~27.5% 时，素红土和碱污染红土的内摩擦角稍有增大，相比含水率 24.5% 的，素红土的内摩擦角增大 2.1%；碱浓度为 8.0% 时，养护时间1 d的，碱污染红土的内摩擦角增大 3.1%，而养护时间 5 d 的，其内摩擦角增大 2.7%。含水率为 27.5% ~28.5% 时，素红土和碱污染红土的内摩擦角稍有减小，相比含水率 27.5% 的，素红土的内摩擦角减小 2.7%；碱浓度为 8.0% 时，养护时间 1 d 的，碱污染红土的内摩擦角减小 7.0%，养护时间 5 d 的，其内摩擦角减小 8.8%。相比含水率 24.5% 的，素红土的内摩擦角减小 0.7%；碱浓度为 8.0% 时，养护时间 1 d 的，碱污染红土的内摩擦角减小 4.2%，养护时间 5 d 的，其内摩擦角减小 6.4%。这一结果表明，含水率对碱污染红土黏聚力的影响大于对内摩擦角的影响。

上述试验结果说明，含水率越大，碱污染红土颗粒之间的连接能力越弱，碱污染红土的黏聚力越小。当含水率小于最优含水率时，土样偏干，碱污染红土颗粒之间的摩擦能力增强，从而引起其内摩擦角增大；当含水率大于最优含水率时，土样偏湿，碱污染红土颗粒之间的摩擦能力减弱，从而引起其内摩擦角减小。

3.2.6　压缩特性

3.2.6.1　碱污染红土的孔隙比

(1) 碱浓度的影响。

图 3－32 给出了垂直压力 p 为 200 kPa、不同养护时间下，碱污染红土的初始孔隙比 e_0 及初始孔隙比的时间加权平均值 e_{0t} 随碱浓度 a 的变化。初始孔隙比的时间加权平均值是指对相同浓度、不同养护时间下碱污染红土的初始孔隙比按时间进行加权平均，用以

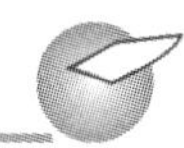

衡量不同养护时间对碱污染红土初始孔隙比的影响。

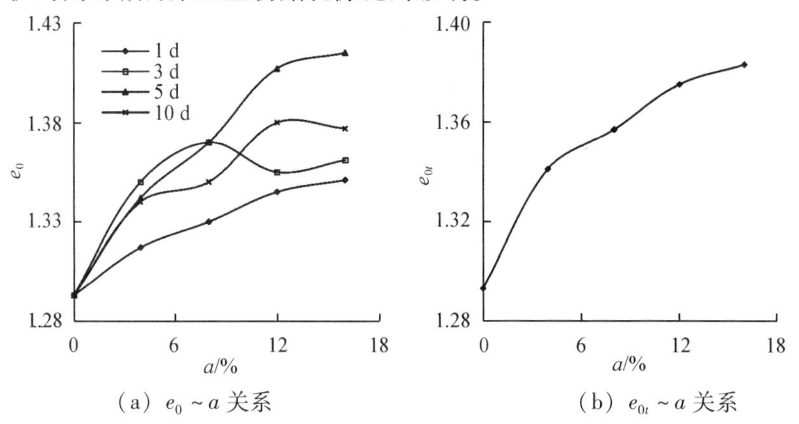

（a）$e_0\sim a$ 关系　　（b）$e_{0t}\sim a$ 关系

图 3－32　碱污染红土的初始孔隙比及其时间加权平均值随碱浓度的变化（p＝200 kPa）

图 3－32 表明：

总体上，不同养护时间下，相比素红土，碱污染红土的初始孔隙比大于素红土的初始孔隙比；随碱浓度的增大，不同养护时间下碱污染红土的初始孔隙比逐渐增大。当碱浓度由 0% 增大到 16.0% 时，相比素红土，养护时间 1 d 的，碱污染红土其初始孔隙比增大 4.5%；养护时间 10 d 的，其初始孔隙比增大 6.5%。由此可见，相同碱浓度下，养护时间越长，碱污染红土的初始孔隙比增大程度越大。从时间加权平均值来看，不同养护时间下，碱污染红土初始孔隙比的时间加权平均值均大于素红土的相应值；随碱浓度的增大，碱污染红土初始孔隙比的时间加权平均值逐渐增大。当碱浓度由 0% 增大到 16.0% 时，相比素红土，碱污染红土初始孔隙比的时间加权平均值增大 7.0%。这说明碱污染破坏红土的整体结构，增大碱污染红土颗粒间的孔隙，引起碱污染红土的初始孔隙比增大。碱浓度越高，对红土结构的破坏性越大，红土颗粒间孔隙越多，碱污染红土的初始孔隙比越大。

（2）养护时间的影响。

图 3－33 给出了垂直压力 p 为 200 kPa、不同碱浓度下，碱污染红土的初始孔隙比 e_0 及初始孔隙比的浓度加权平均值 e_{0a} 随养护时间 t 的变化。初始孔隙比的浓度加权平均值是指对相同养护时间、不同碱浓度下碱污染红土的初始孔隙比按浓度进行加权平均，用以衡量不同碱浓度对碱污染红土初始孔隙比的影响。

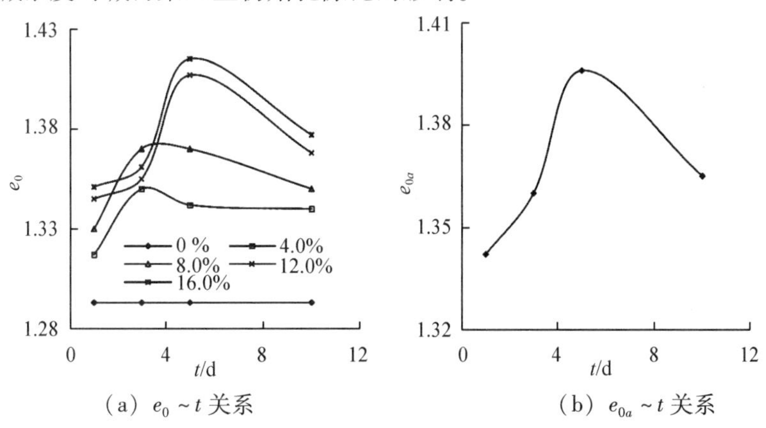

（a）$e_0\sim t$ 关系　　（b）$e_{0a}\sim t$ 关系

图 3－33　碱污染红土的初始孔隙比及其浓度加权平均值随养护时间的变化（p＝200 kPa）

图 3－33 表明：

总体上，不同碱浓度下，相比素红土，碱污染红土的初始孔隙比明显大于素红土的初始孔隙比；随养护时间的延长，碱污染红土的初始孔隙比呈凸形增大趋势，在养护时间 3～5 d 时出现极大值，对应初始孔隙比的浓度加权平均值也呈凸形变化，在养护时间 5 d 时出现极大值。

养护时间为 1～5 d，相比 1 d 的，碱浓度 8.0% 时，碱污染红土的初始孔隙比增大 3.0%；碱浓度 16.0% 时，初始孔隙比增大 4.7%。养护时间延长到 10 d，相比 5 d 的，碱浓度 8.0% 时，其初始孔隙比减小 1.5%，碱浓度 16.0% 时，其初始孔隙比减小 2.7%；相比1 d的，碱浓度 8.0% 时，其初始孔隙比增大 1.5%，碱浓度 16.0% 时，其初始孔隙比增大 1.9%。由此可见，相同养护时间下，碱浓度越大，碱污染红土的初始孔隙比增大程度越大；而相同浓度下，养护到一定时间，碱污染红土的初始孔隙比达到最大值。从浓度加权平均值来看，不同碱浓度下碱污染红土初始孔隙比的浓度加权平均值均大于养护前的相应值；随养护时间的延长，碱污染红土初始孔隙比的浓度加权平均值呈凸形增大趋势，并约在养护时间 5 d 时出现峰值。养护时间 1～5 d 时，碱污染红土初始孔隙比的浓度加权平均值增大，相比 1 d 的，增大 4.0%；养护时间 5～10 d 时，碱污染红土初始孔隙比的浓度加权平均值减小，相比 5 d 的，减小 2.2%，但相比 1 d 的，还是增大 1.7%。这说明试样的养护破坏了碱污染红土的结构密实性，增大了碱污染红土颗粒间的孔隙，引起碱污染红土的初始孔隙比增大，但当其增大到一定程度时，随养护时间的进一步延长，反而引起初始孔隙比减小，密实性增强，但仍弱于养护早期的密实性。

就加权平均值的影响程度进行比较，碱浓度对碱污染红土初始孔隙比的时间加权平均影响系数为 7.0%，养护时间对初始孔隙比的浓度加权平均影响系数为 1.7%，说明碱浓度对碱污染红土初始孔隙比的影响大于养护时间的影响。

3.2.6.2 碱污染红土的压缩系数

(1) 碱浓度的影响。

图 3－34 给出了垂直压力 p 为 100～200 kPa、不同养护时间 t 下，碱污染红土的压缩系数 a_v 及压缩系数的时间加权平均值 a_{vt} 随碱浓度 a 的变化。压缩系数的时间加权值是指对相同浓度、不同养护时间下碱污染红土的压缩系数按时间进行加权平均，用以衡量不同养护时间对碱污染红土压缩系数的影响。

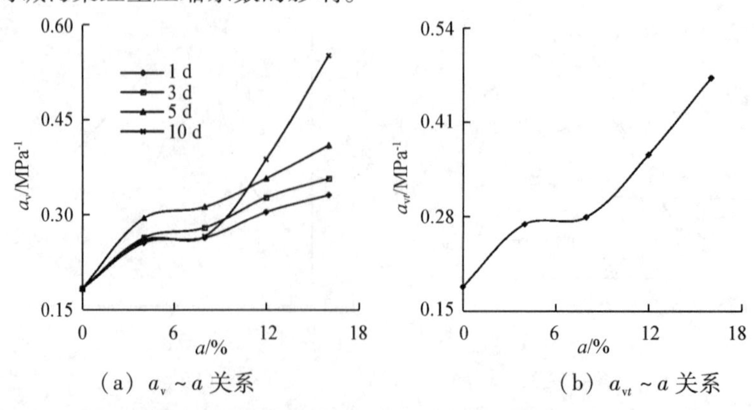

(a) $a_v \sim a$ 关系　　(b) $a_{vt} \sim a$ 关系

图 3－34　碱污染红土的压缩系数及其时间加权平均值随碱浓度的变化（p＝100～200 kPa）

图3－34表明：

总体上，不同养护时间下，碱污染红土的压缩系数大于素红土的压缩系数；随碱浓度的增大，碱污染红土的压缩系数增大；当碱浓度由0%增大到16.0%时，相比素红土，养护时间1 d的，其压缩系数增大80.9%，养护时间5 d的，其压缩系数增大123.5%。由此可见，相同碱浓度下，养护时间越长，碱污染红土的压缩系数增大程度越大。从时间加权平均值来看，不同养护时间下碱污染红土压缩系数的时间加权平均值均大于素红土的相应值；随碱浓度的增大，碱污染红土压缩系数的时间加权平均值增大。当碱浓度由0%增大到16.0%时，相比素红土，碱污染红土的a_{vt}增大157.4%；而碱浓度由0%增大到4.0%，相比素红土，其a_{vt}增大47.0%；碱浓度由4.0%增大到8.0%，相比4.0%的，其a_{vt}增大3.7%；碱浓度由8.0%增大到16.0%，相比8.0%的，其a_{vt}增大了68.8%。由此可见，碱浓度较低和较高时，碱污染红土压缩系数的增长程度较大；碱浓度居中时，碱污染红土压缩系数的增长程度较缓慢。这一试验结果说明，碱污染破坏了红土的结构稳定性，使其结构的承载力减弱，压缩系数增大，压缩性增强；碱浓度越大，对红土结构稳定性的破坏程度越大，碱污染红土的压缩系数越大，压缩性越强；由中偏低的压缩性红土发展为中偏高的压缩性红土。

（2）养护时间的影响。

图3－35给出了垂直压力p为100～200 kPa、不同碱浓度a下，碱污染红土的压缩系数a_v及压缩系数的浓度加权平均值a_{va}随养护时间t的变化。压缩系数的浓度加权平均值是指对相同养护时间、不同碱浓度下碱污染红土的压缩系数按浓度进行加权平均，用以衡量不同碱浓度对碱污染红土压缩系数的影响。

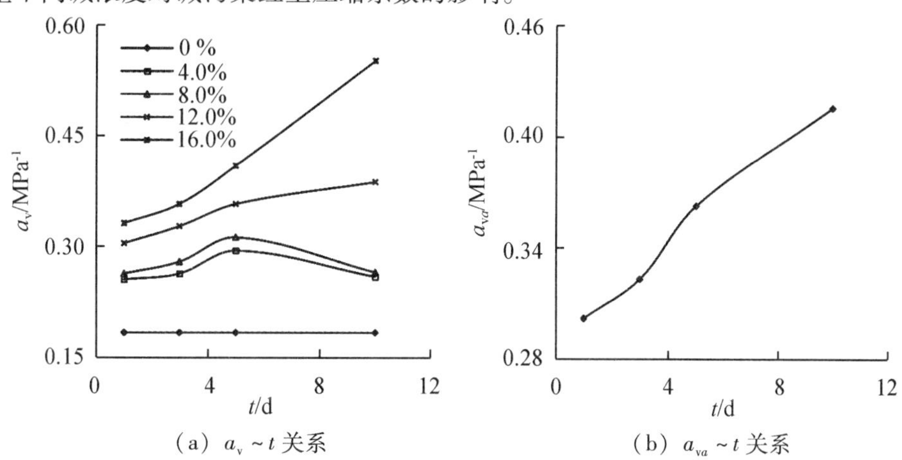

图3－35　碱污染红土的压缩系数及其浓度加权平均值随养护时间的变化（p＝100～200 kPa）

图3－35表明：

总体上，不同碱浓度下，试样的养护增大了碱污染红土的压缩系数；随养护时间的延长，碱污染红土的压缩系数增大。当养护时间由1 d延长至10 d时，相比1 d的，碱浓度为4.0%时碱污染红土的压缩系数增大1.6%，而碱浓度为12.0%时碱污染红土的压缩系数则增大27.3%。可见，相同养护时间下，碱浓度越大，碱污染红土的压缩系数增大程度越大。从浓度加权平均值来看，随养护时间的延长，不同碱浓度下碱污染红土压缩系数的浓度加权平均值增大。当养护时间由1 d延长至10 d时，相比1 d的，碱污染

红土的 a_{va} 增大 37.7%。这一试验结果说明，试样的养护破坏了碱污染红土的结构稳定性，使碱污染红土结构的承载力减弱，压缩系数增大，压缩性增强；养护时间越长，对碱污染红土的结构稳定性破坏程度越大，碱污染红土的压缩系数越大，压缩性越强；由中偏低的压缩性红土发展为中偏高的压缩性红土。

就加权平均值的影响程度进行比较，碱浓度对红土压缩系数的时间加权平均影响值为 157.4%，养护时间对碱污染红土压缩系数的浓度加权平均影响值为 37.7%，说明碱浓度对碱污染红土压缩系数的影响大于养护时间的影响。

3.2.6.3　碱污染红土的压缩模量

(1) 碱浓度的影响。

图 3－36 给出了垂直压力 p 为 100～200 kPa、不同养护时间 t 下，碱污染红土的压缩模量 E_s 及压缩模量的时间加权平均值 E_{st} 随碱浓度 a 的变化。压缩模量的时间加权平均值是指对相同浓度、不同养护时间下碱污染红土的压缩模量按时间进行加权平均，用以衡量不同养护时间对碱污染红土压缩模量的影响。

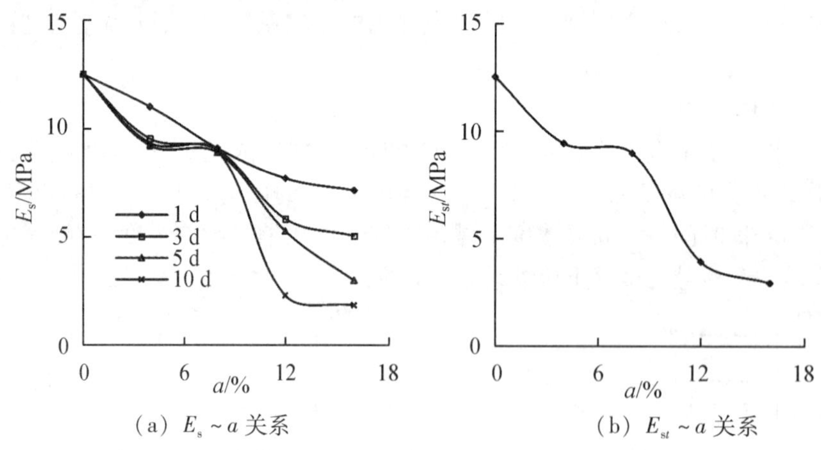

(a) $E_s \sim a$ 关系　　(b) $E_{st} \sim a$ 关系

图 3－36　碱污染红土的压缩模量及其时间加权平均值随碱浓度的变化（p＝100～200 kPa）

图 3－36 表明：

总体上，不同养护时间下，碱污染红土的压缩模量低于素红土的压缩模量；随碱浓度的增大，碱污染红土的压缩模量减小。当碱浓度由 0% 增大到 16.0% 时，相比素红土，养护时间 1 d 的，碱污染红土压缩模量减小 42.9%；养护时间 10 d 的，其压缩模量减小 85.2%。由此可见，相同碱浓度下，养护时间越长，碱污染红土的压缩模量减小程度越大。从时间加权平均值来看，不同养护时间下碱污染红土压缩模量的时间加权平均值小于素红土的相应值；随碱浓度的增大，碱污染红土压缩模量的时间加权平均值减小。当碱浓度由 0% 增大到 16.0% 时，相比素红土，其 E_{st} 减小 76.6%。这一试验结果说明，碱污染破坏红土的结构稳定性，使碱污染红土结构的承载能力降低，压缩模量减小；碱浓度越大，对红土结构稳定性的破坏程度越大，碱污染红土结构的承载能力越低，压缩模量越小。

(2) 养护时间的影响。

图 3－37 给出了垂直压力 p 为 100～200 kPa、不同碱浓度 a 下，碱污染红土的压缩模量 E_s 及压缩模量的浓度加权平均值 E_{sa} 随养护时间 t 的变化。压缩模量的浓度加权平均

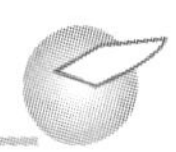

值是指对相同养护时间、不同碱浓度下碱污染红土的压缩模量按浓度进行加权平均，用以衡量不同碱浓度对碱污染红土压缩模量的影响。

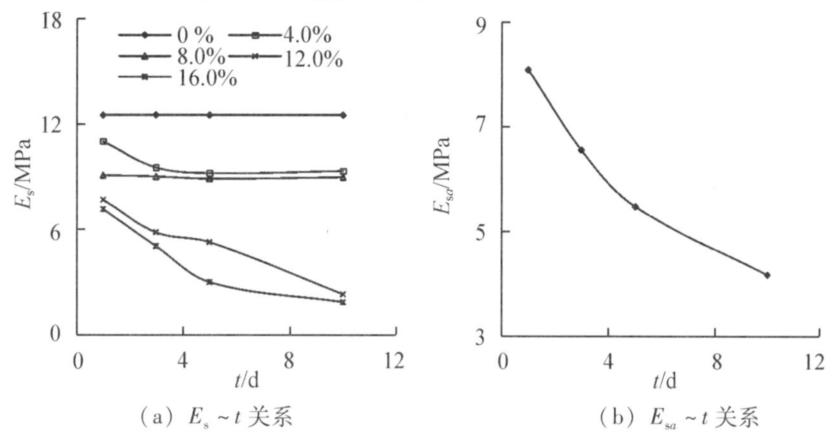

图 3－37　碱污染红土的压缩模量及其浓度加权平均值随养护时间的变化（$p=100\sim200$ kPa）

图 3－37 表明：

总体上，不同碱浓度下，随养护时间的延长，碱污染红土的压缩模量逐渐减小。当养护时间由 1 d 延长至 10 d 时，相比 1 d 的，碱浓度为 4.0% 时，碱污染红土的压缩模量减小 15.2%；碱浓度为 16.0% 时，其压缩模量减小 74.1%。由此可见，相同养护时间，高浓度下碱污染红土压缩模量的减小程度明显大于低浓度下压缩模量的减小程度。从浓度加权平均值来看，不同碱浓度下碱污染红土压缩模量的浓度加权平均值小于养护前的相应值；随养护时间的延长，碱污染红土压缩模量的浓度加权平均值减小。当养护时间由 1 d 延长至 10 d 时，相比 1 d 的，碱污染红土的 E_{sa} 减小 48.5%。这说明试样的养护降低了碱污染红土的结构稳定性，使碱污染红土结构的承载能力降低，压缩模量减小；养护时间越长，对红土结构稳定性的破坏程度越大，碱污染红土结构的承载能力越低，压缩模量越小。

就加权平均值的影响程度进行比较，由养护时间引起碱污染红土压缩模量的加权平均值减小 48.5%，而由碱浓度引起碱污染红土压缩模量的加权平均值减小 76.6%，说明碱浓度对碱污染红土压缩模量的影响大于养护时间的影响。

3.3　碱污染红土的微结构特性

3.3.1　碱浓度的影响

3.3.1.1　微结构图像特性

图 3－38、图 3－39 分别给出了养护时间为 1 d、5 d 时，放大倍数为 2000×下，碱污染红土的微结构图像随碱浓度的变化。

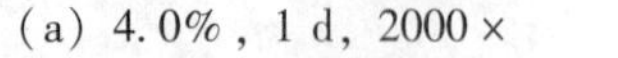
(a) 4.0%, 1 d, 2000 ×

(b) 12.0%, 1 d, 2000 ×

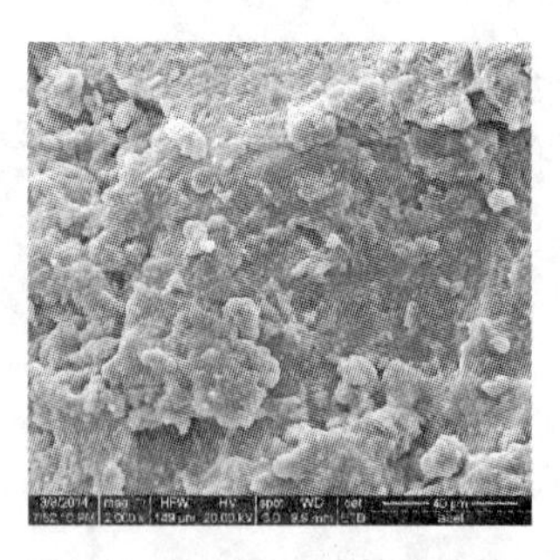
(c) 16.0%, 1 d, 2000 ×

图 3－38 不同碱浓度下碱污染红土的微结构图像（**1 d，2000X**）

(a) 4.0%, 5 d, 2000 ×

(b) 8.0%, 5 d, 2000 ×

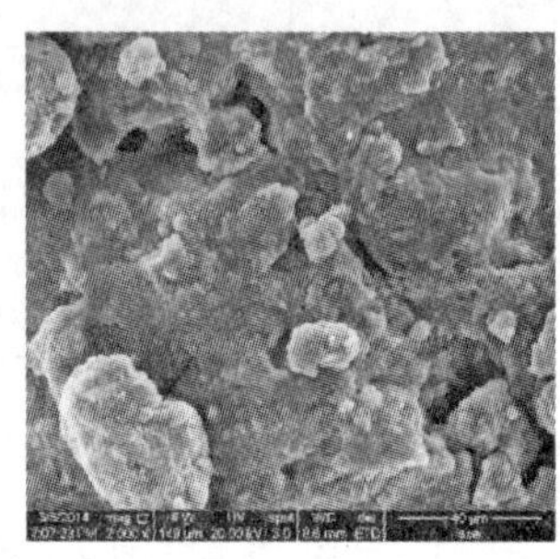
(c) 12.0%, 5 d, 2000 ×

图 3－39 不同碱浓度下碱污染红土的微结构图像（**5 d，2000 ×**）

图 3－38、图 3－39 表明：

养护时间 1 d、2000 × 的放大倍数下，当碱浓度由 4.0% 增大到 16.0% 时，碱污染红土的微结构逐渐松散，孔隙增大，密实性降低。图 3－38 中，养护时间为 1 d，碱浓度分别为 4.0%、12.0% 时，碱污染红土的整体性、密实性等微结构状态均好于碱浓度为 16.0% 时的微结构状态；图 3－39 中，养护时间为 5 d、碱浓度为 4.0% 时，其整体性、密实性等微结构状态较好，碱浓度为 8.0% 时的微结构状态较差，而碱浓度为 12.0% 时的微结构状态更差。这说明相同养护时间下，碱的侵蚀破坏了红土颗粒及其颗粒间的连接；碱浓度越大，对红土颗粒的侵蚀作用越强，对红土微结构的损伤越严重，从而导致碱污染红土的微结构变得越松散，抗剪能力和抗压能力减弱。

图 3－40、图 3－41 给出了养护时间为 5 d 时，放大倍数分别为 10000 ×、20000 × 下，碱污染红土的微结构图像随碱浓度的变化。

(a) 5 d, 4.0%, 10000 ×

(b) 5 d, 8.0%, 10000 ×

(c) 5 d, 12.0%, 10000 ×

图 3－40 不同碱浓度下碱污染红土的微结构图像（**5 d，10000 ×**）

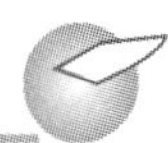

（a）5 d，4.0%，20000 ×　　（b）5 d，8.0%，20000 ×　　（c）5 d，12.0%，20000 ×

图 3－41　不同碱浓度下碱污染红土的微结构图像（5 d，20000 ×）

图 3－40、图 3－41 表明：

相比 2000 × 的放大倍数，在 10000 ×、20000 × 更大的放大倍数下观测到的碱污染红土的微结构状态，其整体性、密实性增强。养护时间为 5 d，放大倍数分别为 10000 ×、20000 × 时，碱浓度为 4.0% 的微结构图像，其颗粒较粗糙、盐类颗粒附着，而碱浓度分别为 8.0%、12.0% 的微结构图像，其整体性好、密实性强，且可见碱侵蚀红土颗粒生成物的包裹覆盖。这说明放大倍数较低时，观测到的是碱污染红土较大范围内微结构的较松散的状态；而放大倍数较高时，观测到的是碱污染红土局部范围内微结构的较紧密的状态。这一结果表明，碱污染红土过程中碱对红土颗粒的侵蚀外部强于内部。

3.3.1.2　微结构参数特性

图 3－42 给出了养护时间为 5 d、放大倍数为 2000 × 时，碱污染红土的孔隙率 n、颗粒圆形度 Y、颗粒分维数 D 和颗粒定向度 H 四个微结构参数随碱浓度 a 的变化。

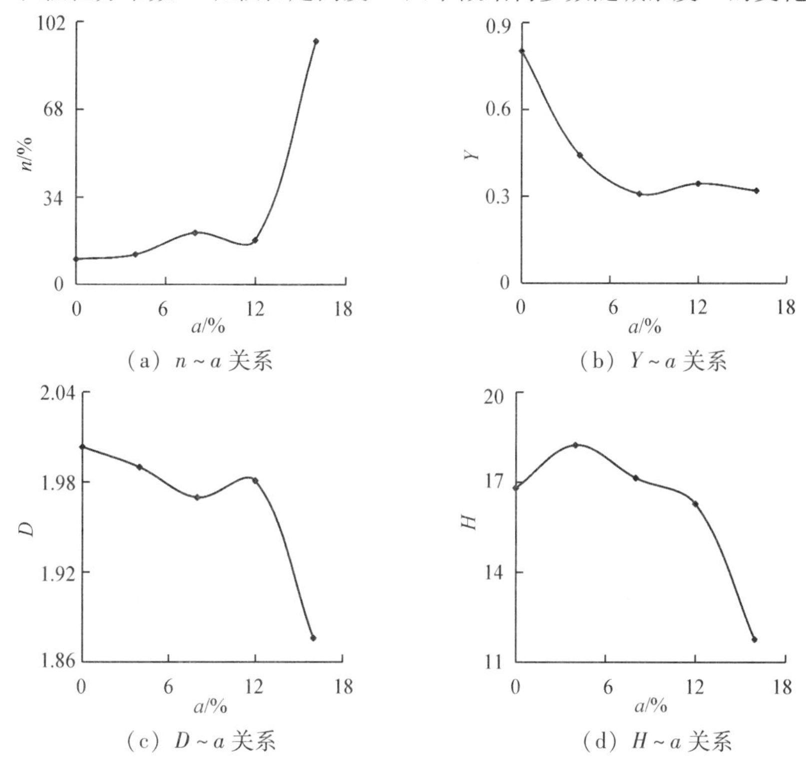

（a）$n \sim a$ 关系　　（b）$Y \sim a$ 关系

（c）$D \sim a$ 关系　　（d）$H \sim a$ 关系

图 3－42　碱污染红土的微结构参数随碱浓度的变化

图 3 - 42 表明：

养护时间为 5 d、放大倍数为 2000 × 条件下，总体上，随碱浓度的增大，碱污染红土的孔隙率呈增大趋势，颗粒圆形度、分维数、定向度呈减小趋势。碱浓度较低时孔隙率增大缓慢，分维数、定向度减小缓慢；碱浓度超过 12.0% 后孔隙率明显增大，分维数、定向度显著减小。这说明碱浓度越大，碱对红土颗粒的侵蚀程度越大，新物质的生成破坏了红土颗粒及其颗粒间的连接力，使碱污染红土的孔隙增多，土颗粒表面变得粗糙，其圆形度和密布程度降低，排列的有序性增强。

3.3.2 养护时间的影响

图 3 - 43、图 3 - 44、图 3 - 45 给出了碱浓度为 8.0%，放大倍数分别为 2000 ×、5000 ×、10000 × 条件下，碱污染红土的微结构图像随养护时间的变化。

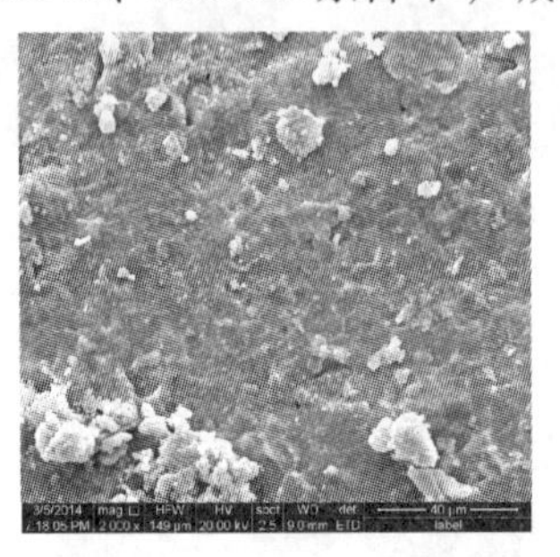
(a) 3 d，8.0%，2000 ×

(b) 5 d，8.0%，2000 ×

(c) 10 d，8.0%，2000 ×

图 3 - 43　不同养护时间下碱污染红土的微结构图像（2000 ×）

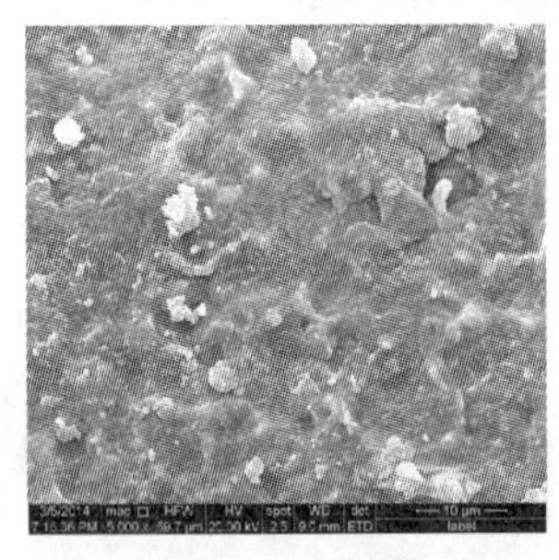
(a) 3 d，8.0%，5000 ×

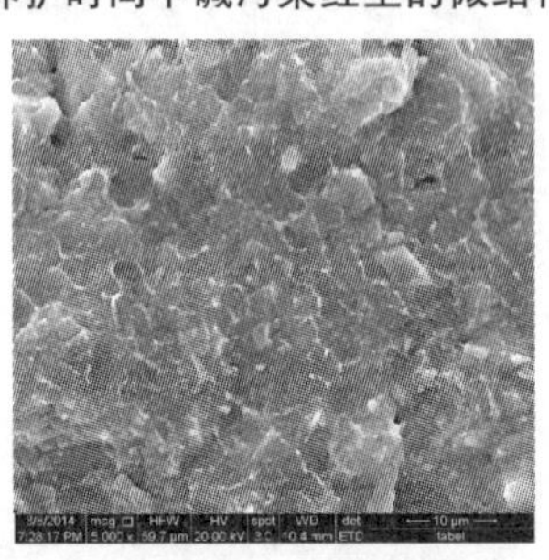
(b) 5 d，8.0%，5000 ×

(c) 10 d，8.0%，5000 ×

图 3 - 44　不同养护时间下碱污染红土的微结构图像（5000 ×）

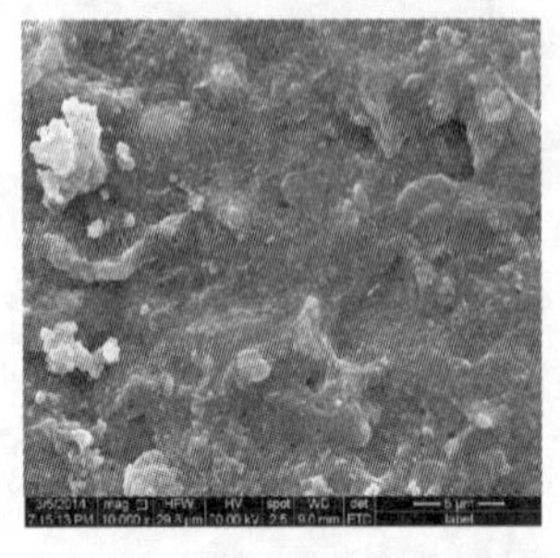
(a) 3 d，8.0%，10000 ×

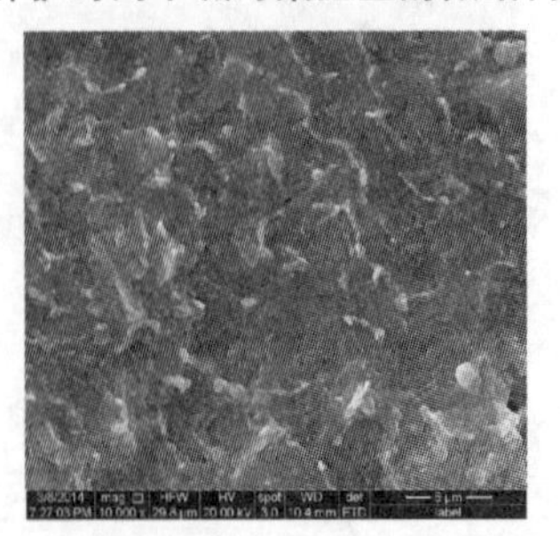
(b) 5 d，8.0%，10000 ×

(c) 10 d，8.0%，10000 ×

图 3 - 45　不同养护时间下碱污染红土的微结构图像（10000 ×）

图 3 - 43 表明：

碱浓度为8.0%、放大倍数为2000×条件下，养护时间从3 d延长到10 d时，碱污染红土的微结构形态呈现出整体性变差、密实性减弱、出现溶蚀小坑等特征。养护时间3 d的微结构形态的整体性好、密实程度高、盐类颗粒附着，养护时间为5 d的微结构形态较养护时间3 d的微结构形态，整体性降低、密实性变差、孔隙增大，养护时间10 d的微结构形态的整体性差、密实性低、表面粗糙。这一结果说明，养护时间越长，碱对红土颗粒的侵蚀程度越强，碱污染红土的微结构越松散。

图3-44、图3-45表明：

碱浓度为8.0%，在5000×和10000×的放大倍数下，养护时间从3 d延长到10 d时，碱污染红土微结构的密实性稍有减弱，生成物被包裹，且溶蚀孔洞明显。养护时间为3 d和5 d时，微结构的整体性、密实性好，其中3 d的可见盐类颗粒附着，5 d的清晰可见碱侵蚀红土颗粒后生成物的包裹现象；养护时间为10 d时，微结构图像显示，颗粒表面粗糙，存在许多溶蚀孔洞。这说明养护时间越长，即使在较高放大倍数下也可观测到碱侵蚀红土颗粒后引起的微结构损伤，但相比较低放大倍数2000×下的损伤，其程度有所减弱，同样体现出养护过程中碱对红土颗粒的侵蚀外部强于内部。

3.4　碱与红土间的相互作用

碱污染改变了红土的宏观物理力学特性及其对应的微结构特性，其实质在于碱与红土之间的相互作用引起红土的物质组成发生变化，从而导致红土微结构状态的变化。

3.4.1　碱与红土间的作用机理

根据碱性、土性以及试验条件，碱与红土间的作用机理可分为水解、侵蚀、胶结、溶解、循环5种作用，其综合作用的结果最终改变了碱污染红土的宏观物理力学特性及其对应的微结构特性。

3.4.1.1　水解作用

水解作用是指氢氧化钠溶解于水，完全电离解成Na^+和OH^-的化学作用。氢氧化钠（NaOH）属于强电解质，在水分子的作用下发生离解，Na^+和OH^-与水分子结合成水合离子。当NaOH溶液喷洒到红土中，Na^+和OH^-随水分子侵入红土中，对红土颗粒产生侵蚀作用。

水解作用涉及的主要化学反应式为：

$$NaOH = OH^- + Na^+ \text{（水溶液中）} \quad (3-1)$$

3.4.1.2　侵蚀作用

侵蚀作用是指水解作用电离出来的OH^-与红土中的SiO_2（晶态或非晶态）和Al_2O_3晶体结合成阴离子（Al_2O_3是两性氧化物，SiO_2是酸性氧化物），破坏晶体结构，降低红土颗粒间的胶结力，使红土从稳定结构变成不稳定结构的过程。红土的化学成分中游离氧化物主要以SiO_2、Fe_2O_3和Al_2O_3为主。游离氧化物包裹在黏土矿物表面或充填在黏土矿物集合体间隙中，起到结构连结作用。因Fe_2O_3是碱性氧化物，所以NaOH不与其发生化学反应。OH^-侵入SiO_2和Al_2O_3，生成SiO_3^{2-}和AlO_2^-，而SiO_3^{2-}、AlO_2^-与Na^+结合

生成 Na_2SiO_3、$NaAlO_2$，Na_2SiO_3、$NaAlO_2$ 化学性质不稳定，易吸湿潮解，且易溶于水，在水中发生水解。这种作用的结果使原来晶体中的化学键被破坏，红土中起结构连结作用的游离氧化物 SiO_2 和 Al_2O_3 被消耗，红土原有的稳定结构被打破，颗粒间胶结力减弱，土团粒间距离增大，力学性质变差。

碱污染红土的微结构图像中，土颗粒由粗变细，表面粗糙棱角分明，可证实侵蚀作用的存在；同样，碱污染红土微结构特征参数的变化，也证实红土被碱侵蚀后，表观孔隙率增加，土颗粒个数增加，土颗粒复杂度增加、圆形度减小、平均周长增加、分布分维数减小。另外，对应的化学组成中，SiO_2 和 Al_2O_3 含量显著减少可证实侵蚀作用确实消耗了 SiO_2（晶态或非晶态）和 Al_2O_3，碱与 Fe_2O_3 基本不反应。

侵蚀作用涉及的主要化学反应式为：

$$Al_2O_3\text{（晶态）}+2NaOH = 2NaAlO_2+H_2O \quad (3-2)$$

$$SiO_2\text{（晶态或非晶态）}+2NaOH = Na_2SiO_3+H_2O \quad (3-3)$$

3.4.1.3　胶结作用

胶结作用是指侵蚀作用生成的物质在潮湿环境中继续发生化学反应生成沉淀物或其他物质，而这些物质具有胶结和填充作用，从而使红土密实程度增强、力学性质提高的过程。伴随侵蚀作用的进行，由于生成的 $NaAlO_2$ 化学性质不稳定，易吸湿且极易溶于水，在水中逐渐水解生成 $Al(OH)_3$ 絮状沉淀和 Na_2O，Na_2O 吸湿性强，吸湿后生成 NaOH，从而进一步侵蚀红土；Na_2SiO_3 化学性质也不稳定，也易吸湿潮解、易溶于水，且极易与 H_2O、CO_2 反应生成 Na_2CO_3、H_2SiO_3，其中 Na_2CO_3 是晶体，H_2SiO_3 是胶体。$Al(OH)_3$ 为絮状沉淀，Na_2CO_3、H_2SiO_3 起到增大胶结力、使土体相对密实及提高力学性质的作用。

从碱污染红土微结构图像中的细小颗粒连成一片，以及放大 20000 倍的图像中土颗粒间的物质等，可以证实胶结作用的存在。

胶结作用涉及的主要化学反应式为：

$$2NaAlO_2+3H_2O = 2Al(OH)_3\downarrow+Na_2O \quad (3-4)$$

$$Na_2SiO_3+H_2O+CO_2 = Na_2CO_3+H_2SiO_3\text{（胶体）} \quad (3-5)$$

3.4.1.4　溶解作用

溶解作用是指生成的 Na_2O、Na_2CO_3 盐在潮湿环境中逐渐溶解，Na_2O、Na_2CO_3 溶解生成的 NaOH 水解后继续侵蚀红土的过程。养护到后期，由于 Na_2O、Na_2CO_3 极易吸收养护环境中的水分，试样含水率增大，Na_2O、Na_2CO_3 盐逐渐溶解，试样密实性变差，粒间胶结力减弱，使碱污染红土抗剪强度逐渐降低；而 Na_2O 溶解后生成 NaOH，Na_2CO_3 溶解并水解后也生成 NaOH，即又开始对红土产生侵蚀作用。

从碱污染红土不同养护时间的微结构图像可以看出，随养护时间的延长，土颗粒表面越粗糙，说明后期仍然有侵蚀作用存在；土颗粒间距增大，说明原来粒间填充物发生溶解，这进一步证实了溶解作用的存在；养护 10 d 时，表观孔隙率的增大也证实了红土颗粒间填充物发生了溶解；养护 18 d 时，pH 值的继续增加也可证实溶解作用的存在。

溶解作用涉及的主要化学反应式为：

$$Na_2O+H_2O = 2NaOH\text{（溶液）} \quad (3-6)$$

$$Na_2CO_3\text{（晶体）} = 2Na^+ + CO_3^{2-}\text{（潮湿环境中）} \tag{3-7}$$

$$Na_2CO_3 + 2H_2O = 2NaOH + H_2CO_3\text{（弱酸）} \tag{3-8}$$

3.4.1.5　循环作用

循环水用是指新生成的氢氧化钠继续侵蚀红土颗粒的过程，这一过程不断循环，侵蚀作用和溶解作用越来越强，胶结作用越来越弱，加剧了红土的侵蚀过程。

3.4.2　碱与红土间的作用过程

氢氧化钠对红土的蚀变作用过程，可以分为前期、初期、中期、后期、终期 5 个阶段。其作用实质在于，氢氧化钠溶于水，与红土颗粒之间发生水解作用、侵蚀作用、胶结作用、溶解作用，并以此循环进行。前期进行水解作用，初期进行侵蚀作用，中期进行胶结作用，后期进行溶解作用，终期侵蚀循环作用不断深入。

3.4.2.1　前期——水解作用过程

制备碱液时，根据制样含水率，将不同浓度的氢氧化钠粉末溶解在水中，以制备氢氧化钠溶液。氢氧化钠经水解作用生成 Na^+ 离子和 OH^- 离子。

3.4.2.2　初期——侵蚀作用过程

制样过程中，将不同浓度的氢氧化钠溶液均匀喷洒在松散的红土样上进行浸润，氢氧化钠溶液与红土颗粒接触充分，利于溶液的浸入，氢氧化钠溶液与红土中起胶结作用的二氧化硅 SiO_2、氧化铝 Al_2O_3 反应，生成铝酸钠盐 $NaAlO_2$、硅酸钠盐 Na_2SiO_3，从而破坏了红土颗粒及颗粒间的连结，造成红土的侵蚀。

3.4.2.3　中期——胶结作用过程

一方面，初期侵蚀产生的盐类 Na_2SiO_3、$NaAlO_2$ 结晶附着于红土颗粒表面，增强了红土的密实性；另一方面，侵蚀作用产生的潮湿水环境促使盐类溶解，从而产生 $Al(OH)_3$、Na_2CO_3、H_2SiO_3，对红土颗粒起着胶结作用。

3.4.2.4　后期——溶解作用过程

盐类及胶结物质的溶解，又生成 NaOH，进一步破坏了红土颗粒及其颗粒间的连结。至此，完成一个蚀变过程。

3.4.2.5　终期——循环作用过程

溶解作用过程新生成的 NaOH 又继续进入初期、中期、后期阶段，以此循环，使反应继续下去。在这一过程中，侵蚀作用、胶结作用、溶解作用不断循环，最终导致侵蚀作用、溶解作用强于胶结作用，破坏了红土体的微结构，从而引起碱污染红土宏微观特性的变化。

3.4.3　碱土作用特征

实际上，碱与红土之间的水解作用、侵蚀作用、胶结作用、溶解作用、循环作用 5 个阶段并没有严格的时间界限，各种作用交叉进行，阶段不同，作用程度不同，所显现出的碱土作用特征也不同。碱与红土间 4 个阶段的作用特征见表 3-2。

表 3－2　碱与红土相互作用特征

作用名称	水解作用	侵蚀作用	胶结作用	溶解作用
作用阶段	前期	初期	中期	后期
反应物	NaOH 粉末	Al_2O_3 SiO_2	Na_2SiO_3 $NaAlO_2$	Na_2O、Na_2CO_3、H_2O
生成物	Na^+、OH^-	Na_2SiO_3 $NaAlO_2$	$Al(OH)_3$絮状沉淀、Na_2O、Na_2CO_3、H_2SiO_3	NaOH 溶液
生成物性质	强碱性 侵蚀性	化学性质不稳定，易溶解于水、易水解，有一定黏性	Al（OH）$_3$絮状沉淀和 Na_2CO_3 是固体，H_2SiO_3是胶体、有黏性，二者可以增强土体密实性	碱性 侵蚀性

3.4.4　化学组成变化

3.4.4.1　碱浓度的影响

图 3－46 给出了不同养护时间 t 下碱污染红土的 SiO_2、Al_2O_3、Fe_2O_3、TiO_2、pH 值和阳离子交换当量 J 等化学组成随碱浓度 a 的变化。

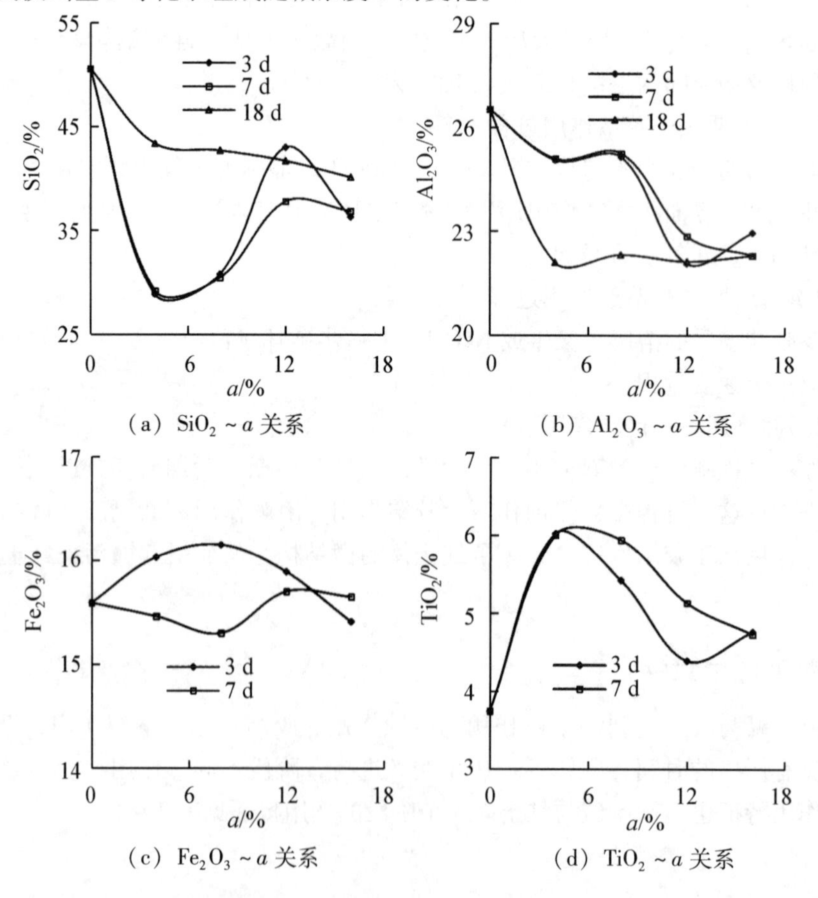

（a）SiO_2 ~ a 关系　（b）Al_2O_3 ~ a 关系

（c）Fe_2O_3 ~ a 关系　（d）TiO_2 ~ a 关系

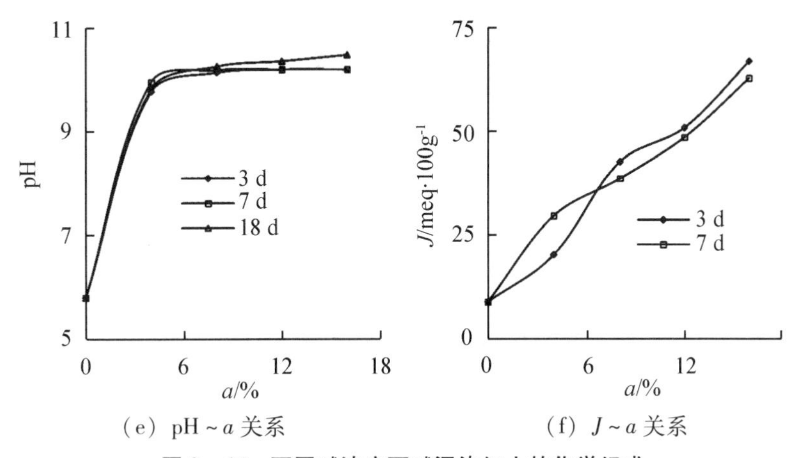

（e） pH ~ a 关系　　（f） J ~ a 关系

图3-46　不同碱浓度下碱污染红土的化学组成

图3-46表明：

总体上，随碱浓度的增大，相比素红土，碱污染红土的 SiO_2、Al_2O_3 呈波动减少趋势，且存在极值；Fe_2O_3 变化很小，因为NaOH不与 Fe_2O_3 反应，其误差可能是由于取样不均匀造成的；TiO_2 含量呈波动增大趋势，且存在极大值；pH值增大，存在拐点；阳离子交换当量显著增大。养护时间3 d、碱浓度8.0%的条件下，SiO_2、Al_2O_3 含量分别减小39.1%、5.2%，TiO_2 含量增大44.9%，pH值、离子交换当量分别增大74.7%、379.6%；当碱浓度在0%~4.0%之间，碱污染红土的 SiO_2、Al_2O_3、TiO_2 含量、pH值、阳离子交换当量增大。相比素红土，养护时间7 d，碱污染红土的 SiO_2、Al_2O_3 含量分别减小42.3%、5.4%，TiO_2 含量、pH值、阳离子交换当量分别增大60.4%、71.6%、233.0%；浓度在4.0%~12.0%之间，碱污染红土的 SiO_2、Al_2O_3 增大，TiO_2 含量、pH值、阳离子交换当量减小。这一试验结果说明，氢氧化钠的侵蚀导致红土的碱性增强，阳离子交换活跃，主要消耗了红土中的 SiO_2、Al_2O_3。

3.4.4.2　养护时间的影响

图3-47给出了不同碱浓度 a 下，碱污染红土的 SiO_2、Al_2O_3、pH值、阳离子交换当量 J 等化学组成随养护时间 t 的变化。

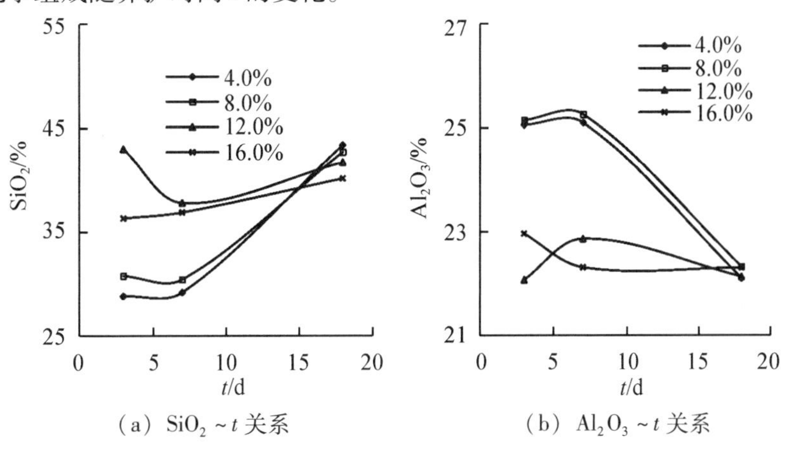

（a） SiO_2 ~ t 关系　　（b） Al_2O_3 ~ t 关系

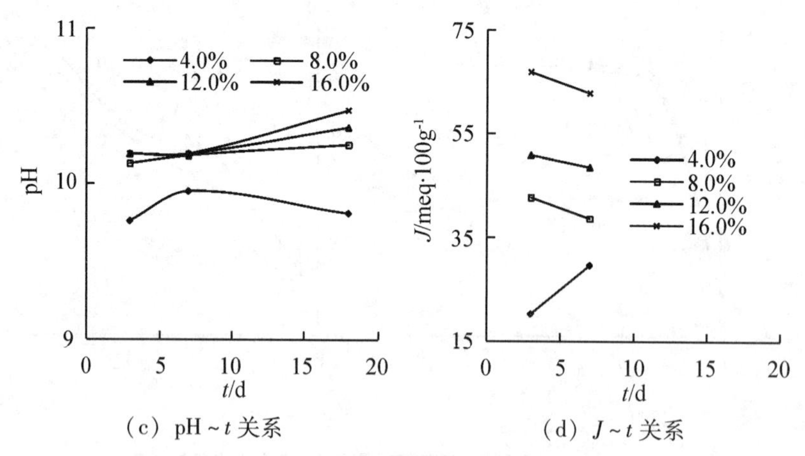

（c）pH ~ t 关系　　（d）J ~ t 关系

图 3－47　不同养护时间下碱污染红土的化学组成

图 3－47 表明：

总体上，相比素红土，养护后碱污染红土的 SiO_2 含量减小，素红土的 SiO_2 含量为 50.6%，而养护后不同浓度下的 SiO_2 平均含量为 42.0%。随养护时间的延长，碱污染红土的 SiO_2 含量增大，Al_2O_3 含量减小，pH 值增大，阳离子交换当量减小（除浓度 4.0% 外）。养护时间由 3 d 延长到 18 d，碱浓度为 4.0% 时，碱污染红土的 SiO_2 含量增大 50.4%，Al_2O_3 的含量减小 11.7%，pH 值增大 0.5%。这说明随养护时间的延长，碱侵蚀红土颗粒生成的硅酸盐类的溶解又产生新的 SiO_2，导致 SiO_2 增多，消耗了 Al_2O_3，使红土的碱性增强，阳离子交换能力减弱。

3.5　碱污染红土的宏微观响应关系

3.5.1　随碱浓度的变化

3.5.1.1　物理特性的变化

（1）对比重－颗粒组成特性的影响。

试验结果表明：相比素红土，碱污染红土的粉粒含量减小，黏粒含量增大，比重增大；随碱浓度的增大，碱污染红土的粉粒含量呈增大趋势，黏粒含量呈减小趋势，比重呈波动增大趋势。浸泡条件下，碱液与红土颗粒之间的相互作用可以从侵蚀作用和絮凝作用两方面来解释。测试颗粒组成、比重过程中，先把碱液加入素红土中进行浸泡。颗粒分析试验中，1000 mL 溶液浸泡 30 g 红土；而比重试验中，100 mL 溶液浸泡 15 g 红土。因而相同碱浓度下，颗粒分析试验中悬液的浓度低于比重试验中悬液的浓度。相比素红土，碱的加入，由于处于浸泡环境，碱的侵蚀作用充分，碱与红土颗粒发生反应，一方面，破坏了红土颗粒表面游离氧化物及其颗粒间的连接，粗大颗粒分散成细小颗粒，导致粉粒减少，黏粒增加，在碱浓度约 4.0% 时出现极小值；另一方面，其盐类生成物 Na_2SiO_3、$NaAlO_2$ 的附着以及胶结物质 $Al(OH)_3$、Na_2CO_3、H_2SiO_3 的絮凝及包裹作用，增大了红土颗粒的质量，使碱污染红土的比重大于素红土，在浓度约 4.0% 时出现极大值。

碱浓度较低时，碱对红土颗粒的侵蚀作用相对较弱，对红土颗粒的破坏不严重，生

成物少，对于颗粒分析试验而言，悬液中生成物的浓度较低，絮凝效果不明显，这时，侵蚀作用强于絮凝作用，因而表现出粉粒减少、黏粒增加的变化趋势。对于比重试验，悬液中生成物的浓度较高，絮凝效果明显，而且碱不与 Fe_2O_3 反应，红土颗粒的质量增大，因而比重增大。随碱浓度的增大，碱对红土颗粒的侵蚀作用增强，一方面，由于侵蚀作用，对红土颗粒的破坏程度增大，细小颗粒增多，迁移到溶液中的生成物增多；另一方面，由于絮凝作用，盐类的附着以及胶结物质 $Al(OH)_3$ 的絮凝、包裹，这时，絮凝作用强于侵蚀作用，导致红土颗粒粗大，因而颗粒分析试验中粉粒呈增大趋势。而比重试验中，悬液浓度过高，反而不利于生成物的絮凝，红土颗粒的质量小，因而比重减小。随碱浓度的进一步增大，碱的侵蚀作用更强，对原有红土颗粒的破坏程度更大，同时也加大了对生成物的侵蚀。其结果降低了比重试验中的悬液浓度，反而有利于部分生成物的絮凝，使红土颗粒的质量增大，比重增大。由于侵蚀作用、絮凝作用的循环进行，导致其呈现波动性变化。

（2）对界限含水特性的影响。

试验结果表明：相比素红土，碱污染红土的塑限减小，液限减小，塑性指数减小；随碱浓度的增大，碱污染红土呈现出塑限、液限存在极小值，塑性指数存在极小值的界限含水特性。测试液限、塑限过程中，先把碱液加入素红土中浸润 24 h。相比素红土，侵蚀作用破坏了红土颗粒及其颗粒间的连接，使红土颗粒变得粗糙，加上生成的盐类及胶结物质的包裹，致使红土颗粒与水作用的能力减弱，可塑性变差，因而塑限、液限、塑性指数减小，且碱浓度约 1.0% 时出现极小值。随碱浓度的增大，碱液的黏稠性增强，侵蚀作用增强，虽然生成的盐类及胶结物质增多，但盐类的结晶作用及盐类的溶解作用增强，加上氢氧化钠对胶结物质的进一步侵蚀，导致红土颗粒与水作用的能力增强，可塑性增强，因而塑限、液限、塑性指数增大。

3.5.1.2　力学特性的变化

（1）对击实特性的影响。

试验结果表明：随碱浓度的增大，碱污染红土呈现出最大干密度减小、最优含水率呈凹形减小的击实特性。击实制样过程中，先将碱液加入松散的素红土中浸润 24 h，碱土接触充分，便于侵蚀作用的进行。击实过程中，由于侵蚀作用破坏了红土颗粒表面，使颗粒变得粗糙，可塑性变差，不容易击实紧密，微结构松散、密实性低，因而碱污染红土的最大干密度减小。随碱浓度的增大，侵蚀作用增强，碱污染红土的可塑性变得更差，更不容易击实紧密，微结构越发松散，密实性进一步降低，因而碱污染红土的最大干密度进一步减小。同时，由于侵蚀作用产生的胶结物质［$Al(OH)_3$ 絮状沉淀、Na_2CO_3 晶体、H_2SiO_3 胶体］，包裹、充填在红土颗粒表面，类似胶膜存在（对应的微结构图像可以看出），黏性作用明显，颗粒的亲水性差，水分不易进入团粒内部，因而碱污染红土最优含水率减小。随碱浓度的进一步增大，侵蚀作用更强，生成的盐类更多，盐类结晶及溶解需要更多的水分，因而碱污染红土最优含水率增大。

（2）对强度 - 压缩特性的影响。

试验结果表明：随碱浓度的增大，碱污染红土呈现出抗剪强度减小、黏聚力减小、内摩擦角减小的剪切特性，呈现出初始孔隙比增大、压缩系数增大、压缩模量减小的压

缩特性。碱液加入松散的素红土浸润 24 h，碱土接触充分，便于侵蚀作用的进行。而击样后，颗粒间相对紧密，碱液的侵蚀作用更容易发挥，破坏了红土颗粒及其颗粒间的连接。虽然生成物存在胶结作用，但其属于暂态过程，很快就被溶解作用代替，综合体现出侵蚀作用、溶解作用强于胶结作用，致使红土微结构松散，颗粒间孔隙增大，颗粒易于错动，结构稳定性降低，承受外荷载的能力减弱，从而使其抗剪强度及黏聚力、内摩擦角减小，压缩模量减小，压缩性增大。随着碱浓度的增大，侵蚀作用更加强烈，一方面，破坏性增强；另一方面，生成物的胶结物质［$Al(OH)_3$絮状沉淀、Na_2CO_3晶体、H_2SiO_3胶体］增多，胶结作用增强，同样溶解作用也增强。综合体现出暂态过程的胶结作用弱于侵蚀作用、溶解作用，致使红土微结构进一步松散，颗粒间孔隙继续增大，颗粒更易于错动，结构稳定性更低，承受外荷载的能力进一步减弱，从而使其抗剪强度及黏聚力、内摩擦角进一步减小，压缩模量继续减小，压缩性进一步增大。

3.5.2 随浸泡时间的变化

3.5.2.1 对物理特性的影响

（1）对比重－颗粒组成特性的影响。

试验结果表明：随浸泡时间的延长，碱污染红土的粉粒存在极小值，黏粒存在极大值，比重存在极大值。因为比重、颗粒分析试验中，相同碱浓度下悬液浓度不同，颗粒分析试验中悬液浓度低于比重试验中的悬液浓度，因而碱对红土颗粒侵蚀作用的程度不同，生成物的状态也不同。

浸泡初期，碱的侵蚀作用较强，破坏了红土颗粒及其颗粒间的连接，导致粗颗粒减少，而颗粒分析试验中悬液浓度低，生成物来不及絮凝，因而粉粒减少，浸泡时间约 5 d 时出现极小值。比重试验中悬液浓度较高，虽然初期侵蚀作用破坏了红土颗粒，但生成物的絮凝作用强［$Al(OH)_3$絮状沉淀、Na_2CO_3晶体、H_2SiO_3胶体］，从而增大了红土颗粒的质量，致使比重增大，浸泡时间约 5 d 时出现极大值。随浸泡时间的延长，虽然侵蚀作用还在进行，但颗粒分析试验中的生成物增多，絮凝作用增强，导致粗大颗粒增多，因而粉粒增多。比重试验中由于生成物过多，反而不利于生成物的絮凝，加上盐类 Na_2SiO_3、$NaAlO_2$的溶解，导致红土颗粒的质量减小，比重减小。

（2）对界限含水特性的影响。

试验结果表明：随浸润时间延长，碱污染红土的塑限、液限波动减小，塑性指数增大且存在极大值。随浸润时间延长，侵蚀作用、胶结作用、溶解作用更加完整，初期侵蚀作用占优势，生成的盐类破坏了红土颗粒，导致颗粒粗糙，亲水能力差，因而碱污染红土的液限、塑限减小，浸润时间约 5 d 时出现极小值；中期胶结作用、后期溶解作用占优势，中期盐类的结晶、胶结作用的存在以及后期溶解作用的存在，导致红土颗粒与水作用的能力增强，因而液限、塑限稍有增大，浸润时间约 7 d 时出现极大值；终期侵蚀作用、胶结作用、溶解作用的循环进行，进一步减弱了红土颗粒的亲水能力，因而，其液限、塑限进一步减小。由于 3 种作用的循环交替进行，所以变化存在波动性。

3.5.2.2 对力学特性的影响

试验结果表明：随养护时间的延长，碱污染红土的抗剪强度、黏聚力、内摩擦角减

小，压缩模量减小，压缩系数增大。击样前，素红土颗粒间呈松散状态，碱液加入浸润24 h，使侵蚀作用较易进行，这时红土颗粒受到一定侵蚀；击样后，颗粒间接触紧密，便于侵蚀作用的继续进行。养护时间较短时，侵蚀作用占优势，破坏了红土颗粒及其颗粒间的连接，微结构变得松散，致使碱污染红土的抗剪强度降低，黏聚力和内摩擦角减小，压缩模量减小，压缩系数增大，红土体的压缩性增强。

随养护时间的延长，红土对碱液侵蚀产生耐受性，侵蚀作用逐渐减弱，生成的$Al(OH)_3$絮状沉淀物、Na_2CO_3晶体、H_2SiO_3胶体等物质的胶结作用逐渐发挥并占优势，红土的结构稳定性增强，从而使碱污染红土的抗剪强度、黏聚力和内摩擦角呈增大趋势，压缩系数呈减小趋势。随养护时间的进一步延长，碱土中化学反应进入溶解阶段，胶结作用的暂态过程被溶解作用代替，溶解作用占优势。胶结作用阶段生成的Na_2CO_3盐、Na_2O吸水溶解，一方面使土体结构变得松散，土颗粒间胶结力减弱，故试样抗剪强度又有所降低；另一方面，Na_2O吸水、Na_2CO_3盐溶解并水解生成的NaOH，又开始侵蚀红土样，但侵蚀强度比碱液刚加入红土时弱，新一轮碱土作用又开始循环下去。最终，导致红土的微结构进一步劣化，承受外荷载的能力进一步减弱，致使其抗剪强度降低，黏聚力和内摩擦角继续减小，压缩系数进一步增大，压缩性增强。

由于碱土相互作用过程中侵蚀作用、胶结作用、溶解作用的循环交替进行，所以碱污染红土的抗剪强度特性、压缩特性呈波动性变化，但总体呈现出抗剪强度减小、压缩性增大的劣化趋势。

第4章 酸碱污染红土的宏微观响应

4.1 试验方案

4.1.1 试验材料

4.1.1.1 试验土样

试验土样分别取自昆明黑龙潭地区红土 1# 和昆明呈贡红土 2#，基本特性见表 4－1。由表 4－1 可以看出，两种红土样的液限均小于 50.0%，1# 红土塑性指数小于 17.0，分类属于低液限粉质红土；2# 红土塑性指数大于 17.0，分类属于低液限红黏土。

表 4－1 红土样的基本特性

编号	比重 G_s	塑限 ω_p/%	液限 ω_L/%	塑性指数 I_p	最大干密度 ρ_{dmax}/g. cm^{-3}	最优含水率 ω_{op}/%	备注
1#	2.71	21.3	37.8	16.5	1.54	25.1	击实
2#	2.75	24.6	45.3	19.3	1.43	28.0	剪切，压缩

4.1.1.2 污染物

选取盐酸 HCl（36.0% ～38.0%）和氢氧化钠 NaOH（≥96.0%）作为污染物，以自来水（pH 值为 8.2）为溶剂，分别配制不同 pH 值的酸性、碱性溶液。制备不同 pH 值的污染红土试样，研究酸碱污染红土的宏微观特性。

4.1.2 宏观特性试验方案

4.1.2.1 击实红土试验方案

考虑溶液 pH 值和试样浸润时间两个因素的影响，试样的浸润温度控制为 20℃。分别制备不同 pH 值和不同浸润时间的击实红土试样，通过击实试验，研究不同 pH 值下酸碱污染红土的击实特性。溶液的 pH 值设定为 0.5、1.6、2.6、8.2、12.0、13.0、13.8，红土样的浸润时间设定为 9 h、18 h、24 h、72 h、168 h、360 h。其中 pH 值为 8.2 时表示自来水。素红土就是用自来水浸润的。

4.1.2.2 剪切红土试验方案

考虑溶液 pH 值变化和试样养护时间两个影响因素，根据素红土的最优含水率，控制试样含水率为 28.0%，干密度为 1.37 g · cm^{-3}，养护温度为 20℃。采用击样法制备不同 pH 值下酸碱污染红土剪切试样，研究酸碱污染红土的抗剪强度特性。

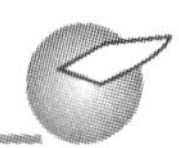

4.1.2.3 压缩红土试验方案

考虑 pH 值变化和养护时间两个影响因素，根据素红土的最优含水率，控制试验土样的含水率为 28.0%，干密度为 1.37 g·cm^{-3}，温度为 20℃，分别制备不同 pH 值和不同养护时间的酸碱污染红土压缩试样，研究酸碱污染红土的压缩特性。

对于碱污染红土的剪切、压缩试验，溶液的 pH 值设定为 0.5、1.6、2.6、8.2、12.0、13.0、13.8，试样养护时间设定为 0 d、3 d、7 d、15 d、30 d。制样过程中试样浸润时间按击实试验结果确定，选取最大干密度出现的第一个极大值点对应时间，溶液 pH 值 0.5 时土样浸润时间为 18 h，溶液 pH 值 13.8 时土样浸润时间为 24 h。按分层击样法制备不同 pH 值下的剪切、压缩试样，放入恒温水槽中养护，达到不同养护时间后取样进行剪切、压缩试验，对比分析 pH 值和养护时间对红土剪切特性、压缩特性的影响。

4.1.3 微结构特性试验方案

考虑 pH 值、养护时间（浸润时间）、放大倍数的影响，与击实、剪切、压缩试验相对应，分别选取不同 pH 值、不同浸润时间下击实前后的酸碱污染红土，以及分别选取不同 pH 值、不同养护时间下剪切前后、压缩前后的酸碱污染红土，制备微结构试样，并通过扫描电镜试验，获取酸碱污染红土的微结构图像，提取微结构参数，研究酸碱污染红土的微结构特性。

4.2 酸碱污染红土的宏观特性

4.2.1 击实特性

4.2.1.1 不同 pH 值下酸碱污染红土的击实特性

（1）不同 pH 值下酸碱污染红土的击实曲线。

图 4 - 1 给出了不同 pH 值下酸碱污染红土的干密度 ρ_d 与含水率 ω 关系的击实曲线。

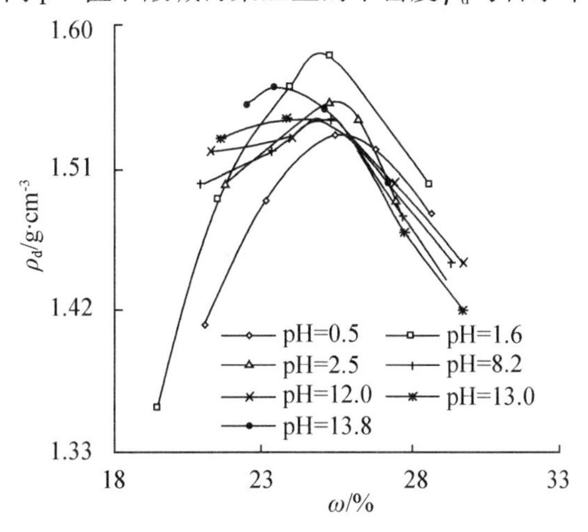

图 4 - 1 不同 pH 值下酸碱污染红土的击实曲线

图4－1表明：

在$\rho_d-\omega$击实曲线中，总体上，左边偏酸性的曲线较陡峭，偏碱性的曲线较平缓；右边曲线整体趋于重合，说明峰值点后pH值变化对红土干密度的影响较小。

（2）不同pH值下酸碱污染红土的最佳击实指标。

图4－2给出了pH值对酸碱污染红土的最大干密度ρ_{dmax}和最优含水率ω_{op}两个最佳击实指标的影响。

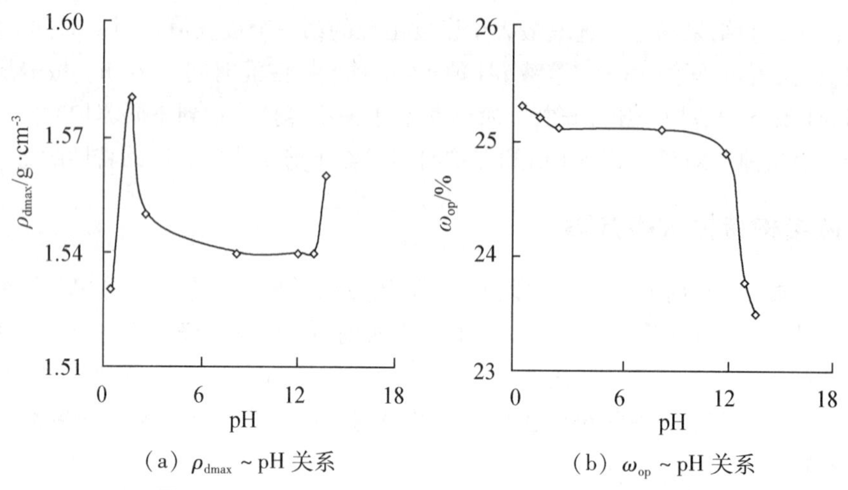

（a）ρ_{dmax} ~ pH关系　　（b）ω_{op} ~ pH关系

图4－2　不同pH值下酸碱污染红土的最佳击实指标

图4－2表明：

总体上，随pH值的增大，酸碱污染红土的最大干密度呈波动变化；偏酸性条件下和偏碱性条件下最大干密度增大明显。偏酸性条件下，酸碱污染红土的最大干密度存在极大值，当pH值由0.5增大到1.6时，其最大干密度由1.53 g·cm^{-3}增大到极大值1.58 g·cm^{-3}，相比pH值为0.5的，增大了3.3%。从酸性减弱到碱性增强的过程中，酸碱污染红土的最大干密度逐渐减小，当pH值由1.6增大到13.0时，红土的最大干密度由1.58 g·cm^{-3}减小到极小值1.54 g·cm^{-3}，相比pH值为1.6的，减小了2.5%，相比pH值为0.5的，增大了0.7%。偏碱性的条件下，pH值达13.8时，酸碱污染红土的最大干密度呈现出增大的变化趋势，其值达到1.56 g·cm^{-3}，相比pH值为13.0的，增大了1.3%，相比pH值为0.5的，增大了2.0%。可见，偏酸性条件下酸碱污染红土最大干密度的变化程度大于偏碱性条件下的变化程度。

总体上，随着pH值的增大，酸碱污染红土的最优含水率呈先缓慢减小后急剧减小趋势。偏酸性条件下最优含水率较大，偏碱性条件下最优含水率急剧减小。偏酸性条件下，酸碱污染红土的最优含水率缓慢减小。当pH值由0.5增大到2.6时，红土的最优含水率由25.3%减小到25.1%，相比pH值为0.5的，减小了0.8%；当pH值由2.6增大到12.0时，红土的最优含水率由25.1%减小到24.9%，相比pH值为2.6的，减小了0.8%，相比pH值为0.5的，减小了1.6%；当pH值由12.0增大到13.8时，红土的最优含水率由24.9%减小到23.5%，相比pH值为12.0的，减小了5.6%，相比pH值为0.5的，减小了7.1%。可见，pH值较大时，酸碱污染红土的最优含水率降低程度较大。

以上试验结果说明，在不同pH值下，酸碱污染红土容易被击实，从而导致酸碱污染

红土的最大干密度增大，最优含水率减小。偏酸性和偏碱性时，酸碱污染红土的击实效果较好，最大干密度较大。不同 pH 值下，酸碱污染红土的最大干密度增大了 3.3%，最优含水率减小了 7.1%，表明 pH 值的变化对酸碱污染红土最优含水率的影响大于最大干密度的影响。

（3）pH 值对酸碱污染红土最佳击实指标的影响效果。

pH 值对酸碱污染红土击实指标的影响效果以 pH 影响系数来衡量，它反映了在浸润时间一定的条件下，酸碱污染红土的最大干密度和最优含水率随 pH 值的变化程度，以某一 pH 值范围内酸碱污染红土的最佳击实指标之差与该范围内 pH 之差的比值来衡量，包括最大干密度 pH 影响系数 $R_{\rho_{dmax}-pH}$ 和最优含水率 pH 影响系数 $R_{\omega_{op}-pH}$ 两个。

表 4-2 给出了不同 pH 值范围酸碱污染红土的最大干密度和最优含水率的 pH 影响系数。

表 4-2　酸碱污染红土最大干密度和最优含水率的 pH 影响系数

pH	0.5 ~ 1.6	1.6 ~ 8.2	8.2 ~ 13.0	13.0 ~ 13.8
$R_{\rho_{dmax}-pH}$/g · cm^{-3} · pH^{-1}	0.045	-0.006	0.0	0.025
pH	0.5 ~ 2.6	2.6 ~ 8.2	8.2 ~ 12.0	12.0 ~ 13.8
$R_{\omega_{op}-pH}$/% · pH^{-1}	-0.095	0.0	-0.053	-0.778

表 4-2 表明：

当溶液 pH 值在 0.5 ~ 1.6 之间，酸碱污染红土最大干密度的 pH 影响系数最大，其值为 0.045 g · cm^{-3} · pH^{-1}；当 pH 值在 1.6 ~ 8.2 之间，最大干密度的 pH 影响系数减小，其值为 -0.006 g · cm^{-3} · pH^{-1}；当溶液 pH 值在 8.2 ~ 13.0 之间，最大干密度的 pH 影响系数为 0.0；当 pH 值在 13.0 ~ 13.8 之间，最大干密度的 pH 影响系数增大，其值为 0.025 g · cm^{-3} · pH^{-1}。由此可见，无论是偏酸性或是偏碱性条件下对红土的最大干密度影响都较大。

当溶液 pH 值在 0.5 ~ 2.6 之间，酸碱污染红土最优含水率的 pH 影响系数为负，其值为 -0.095% · pH^{-1}；当溶液 pH 值在 2.6 ~ 8.2 之间，最优含水率的 pH 影响系数为 0.0；当溶液 pH 值在 8.2 ~ 12.0 之间，最优含水率的 pH 影响系数为 -0.053% · pH^{-1}；当溶液 pH 值在 12.0 ~ 13.8 之间，最优含水率的 pH 影响系数的绝对值最大，为 0.778% · pH^{-1}。可见，无论是偏酸性或是偏碱性条件下，对红土的最优含水率影响都很大，尤其是偏碱性条件的影响更大。

4.2.1.2　酸碱污染红土的最佳击实指标随浸润时间的变化

（1）不同浸润时间下红土的击实曲线。

图 4-3 给出了偏酸性和偏碱性条件下，pH 值分别为 0.5 和 13.8 时，不同浸润时间 t 下酸碱污染红土的干密度 ρ_d 随含水率 ω 的变化关系。

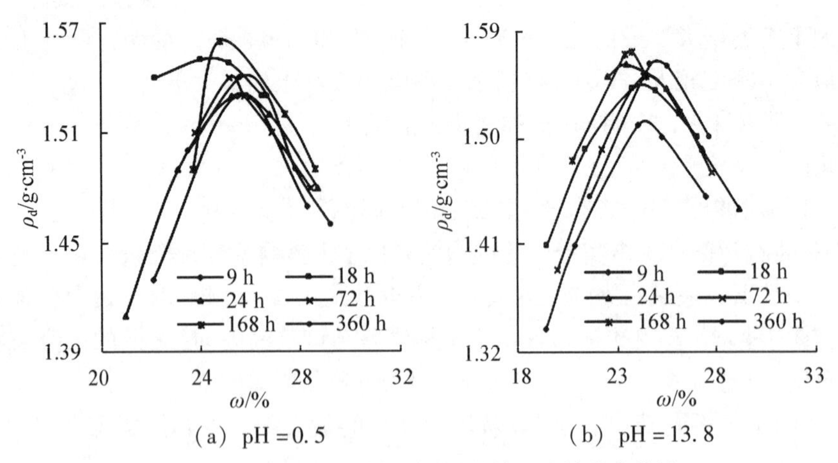

（a） pH = 0.5　　　（b） pH = 13.8

图 4 -3　不同浸润时间下酸碱污染红土的击实曲线

图 4 -3 表明：

pH 值为 0.5 的偏酸性条件下，随浸润时间的延长，左边曲线抬高，浸润时间为 18 h 和 168 h 的曲线相对较高，右边曲线趋于重合，可见过了峰值点后浸润时间的延长对酸碱污染红土的干密度影响不大。pH 值为 13.8 的偏碱性条件下，随浸润时间延长，曲线总体上提高，浸润时间为 24 h 和 168 h 的曲线相对较高，干密度增大。说明偏酸性条件下的红土浸润时间达到 18 h 或者 168 h 时的击实效果较好，偏碱性条件下的红土浸润时间达到 24 h 或者 168 h 时的击实效果较好。

（2）不同浸润时间下红土的最佳击实指标。

图 4 -4 给出了偏酸性和偏碱性条件下，pH 值为 0.5 和 13.8 时，浸润时间 t 对酸碱污染红土最大干密度 ρ_d 的影响。

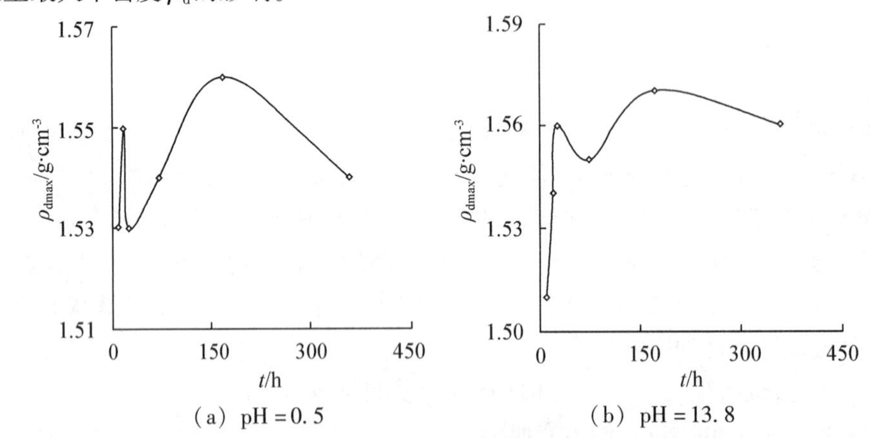

（a） pH = 0.5　　　（b） pH = 13.8

图 4 -4　浸润时间对酸碱污染红土最大干密度的影响

图 4 -4 表明：

在酸性条件下，当浸润时间较短时，红土的最大干密度存在两个极大值和一个极小值，在浸润时间 18 h 时达到极大值（1.55 g · cm^{-3}），在浸润时间 24 h 时达到极小值（1.53 g · cm^{-3}）。随浸润时间的延长，红土的最大干密度逐渐增大，当浸润时间达到 168 h 时达到最大值（1.56 g · cm^{-3}）；然后随浸润时间的进一步延长，红土的最大干密度逐渐减小。在碱性条件下，当浸润时间较短时，红土的最大干密度存在两个极大值和

一个极小值，在浸润时间 24 h 时达到一极大值（1.56 g·cm⁻³），在浸润时间 72 h 时达到极小值(1.55 g·cm⁻³)。随浸润时间的延长，红土的最大干密度逐渐增大，当浸润时间达到 168 h 时达到最大值（1.57 g·cm⁻³）；然后随浸润时间进一步延长，红土的最大干密度逐渐减小。

由此可见，红土的最大干密度在酸性条件下比在碱性条件下更快达到极大值和极小值，因此对于一些需要赶进度的工程，酸性条件的红土比碱性条件的红土更适合。最大干密度的最大值在碱性条件下比在酸性条件下大，因此对于一些要求高的工程，碱性条件的红土比酸性条件的土更适合。在 pH 值一定的条件下，浸润时间的长短直接影响红土的最大干密度。对于密实程度要求不高的工程，酸性条件下可以在浸润 18 h 后就开始夯实，碱性条件下可以在浸润 24 h 后开始夯实；对于密实程度要求较高的工程，酸性或者碱性条件下都必须在浸润 168 h 后才能进行夯实工作。

图 4-5 给出了偏酸性和偏碱性条件下，pH 值为 0.5 和 13.8 时，浸润时间 t 对酸碱污染红土最优含水率 ω_{op} 的影响。

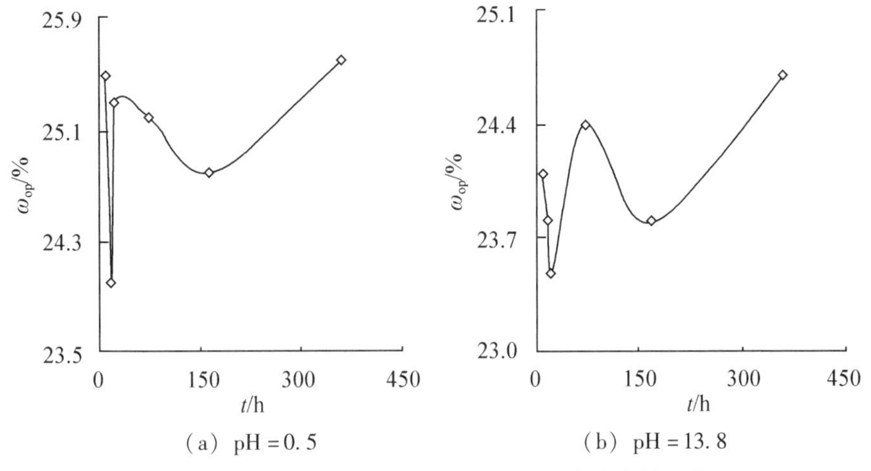

图 4-5 浸润时间对酸碱污染红土最优含水率的影响

图 4-5 表明：

在 pH 值为 0.5 的偏酸性条件下，酸碱污染红土的最优含水率存在两个极小值和一个极大值，在浸润时间 18 h 时达到最小值 24.0%，在浸润时间 24 h 时达到极大值 25.3%；随浸润时间的延长，红土的最优含水率逐渐减小，当浸润时间达到 168 h 时出现极小值 24.8%；然后随浸润时间的进一步延长，红土的最优含水率逐渐增大。在 pH 值为 13.8 的偏碱性条件下，红土的最优含水率存在两个极小值和一个极大值，在浸润时间 24 h 时达到最小值 23.5%，在浸润时间 72 h 时达到极大值 24.4%；随浸润时间的延长，红土的最优含水率逐渐减小，当浸润时间达到 168 h 时达到极小值 23.8%；然后随浸润时间的进一步延长，红土的最优含水率逐渐增大。

由此可见，酸碱污染红土的最优含水率在酸性条件下比在碱性条件下高，对于含水率高的红土适合在酸性条件下夯实，对于含水率低的红土适合在碱性条件下夯实。在 pH 值一定的条件下，浸润时间的长短直接影响红土的最优含水率。对于红土含水率不高的工程，酸性条件下可以在浸润 18 h 后就开展土的夯实工作，碱性条件下可以在浸润 24 h

后开展土的夯实工作；对于红土含水率较高的工程，无论酸性或者碱性条件下，其浸润时间都很长（约 360 h），且对应的最大干密度值会降低，因此不建议在含水率较高的红土上进行夯实工作。

（3）浸润时间对酸碱污染红土最佳击实指标的影响效果。

浸润时间对红土击实指标的影响效果以时间影响系数来衡量，它反映了 pH 值一定的条件下，红土的最大干密度和最优含水率随浸润时间的变化程度，以某一浸润时间酸碱污染段前后红土的最大干密度之差或最优含水率之差与该浸润时间段之比来衡量。

表 4－3 给出了偏酸性和偏碱性的条件下，不同浸润时间段酸碱污染红土的最大干密度时间影响系数 $R_{\rho_{dmax}-t}$ 和最优含水率时间影响系数 $R_{\omega_{op}-t}$。

表 4－3　酸碱污染红土最大干密度和最优含水率的时间影响系数

t/h		9～18	18～24	24～168	168～360
pH＝0.5	$R_{\rho_{dmax}-t}$/g · cm^{-3} · h^{-1}	22.2×10^{-4}	-33.3×10^{-4}	2.1×10^{-4}	1.0×10^{-4}
	$R_{\omega_{op}-t}$/% · h^{-1}	-166.7×10^{-3}	216.7×10^{-3}	-3.5×10^{-3}	4.2×10^{-3}
t/h		9～24	24～72	72～168	168～360
pH＝13.8	$R_{\rho_{dmax}-t}$/g · cm^{-3} · h^{-1}	33.3×10^{-4}	-2.08×10^{-4}	2.08×10^{-4}	0.5×10^{-4}
	$R_{\omega_{op}-t}$/% · h^{-1}	-40.0×10^{-3}	1.88×10^{-3}	-6.3×10^{-3}	4.7×10^{-3}

表 4－3 表明：

在 pH 值为 0.5 的偏酸性条件下，浸润时间 9～18 h 时，红土最大干密度的时间影响系数增长最多，达 22.2×10^{-4} g · cm^{3} · h^{-1}；浸润时间 18～24 h 时，最大干密度的时间影响系数降低幅度最大，低至 -33.3×10^{-4} g · cm^{-3} · h^{-1}；浸润时间分别为 24～168 h 和168～360 h时，最大干密度的时间影响系数分别为 2.1×10^{-4} g · cm^{-3} · h^{-1} 和 1.0×10^{-4}g · cm^{-3} · h^{-1}。在 pH 值为 13.8 的偏碱性条件下，红土最大干密度的时间影响系数的变化趋势与偏酸性条件下一致，浸润时间 9～24 h，最大干密度的时间影响系数增长最多；浸润时间 24～72 h，最大干密度的时间影响系数降低最多；浸润时间 72～168 h、168～360 h，最大干密度的时间影响系数变化很小。说明在 pH 值一定时，不论是酸性条件还是碱性条件，浸润时间的长短直接影响到单位浸润时间内红土最大干密度的变化程度，浸润时间越长，影响越小。

在 pH 值为 0.5 的偏酸性条件下，浸润时间 9～18 h 时，红土最优含水率的时间影响系数降低幅度最大，低至 -166.7×10^{-3}% · h^{-1}；浸润时间 18～24 h 时，最优含水率的时间影响系数升高幅度最大，达 216.7×10^{-3}% · h^{-1}；浸润时间 24～168 h 时，最优含水率的时间影响系数降低幅度最小，达 -3.5×10^{-3}% · h^{-1}；168～360 h 时，最优含水率的时间影响系数升高幅度最小，达 4.2×10^{-3}% · h^{-1}。当 pH 值为 13.8，碱性条件下，红土最优含水率的时间影响系数的变化趋势与偏酸性条件下一致，浸润时间 9～24 h，红土最优含水率的时间影响系数降低幅度最大；浸润时间 24～72 h，最优含水率的时间影响系数升高幅度最大；浸润时间 72～168 h，最优含水率的时间影响系数降低幅度最小；浸润时间 168～360 h，最优含水率的时间影响系数升高幅度最小。

以上试验结果说明，酸碱条件下，浸润时间较短时，单位浸润时间内酸碱污染红土

的最优含水率的变化幅度较大；随着浸润时间的延长，单位浸润时间内酸碱污染红土的最优含水率的变化幅度逐渐减小。

4.2.2　抗剪强度特性

4.2.2.1　不同 pH 值下酸碱污染红土的抗剪强度特性

（1）不同 pH 值下酸碱污染红土的抗剪强度。

图 4－6 给出了不同 pH 值下酸碱污染红土的抗剪强度 τ_f 随垂直压力 p 的变化。

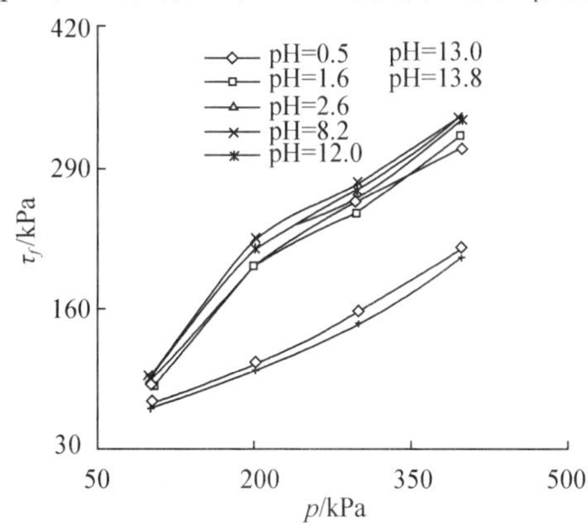

图 4－6　不同 pH 值下酸碱污染红土的抗剪强度随垂直压力的变化

图 4－6 表明：

随垂直压力的增大，不同 pH 值下酸碱污染红土的抗剪强度逐渐增大；pH 值为 8.2（自来水）时，素红土的抗剪强度线位置最高；而 pH 值小于 8.2 的酸性条件和 pH 值大于 8.2 的碱性条件下，酸碱污染红土的抗剪强度线位置均低于素红土的抗剪强度线；尤其是 pH 值为 0.5 的偏酸性条件和 pH 值为 13.8 的偏碱性条件，其抗剪强度线位置明显降低。上述试验结果说明，酸性和碱性条件都会对红土产生侵蚀作用，引起酸碱污染红土抗剪强度的降低，而偏酸性和偏碱性条件对红土的侵蚀作用更强，相应地抗剪强度显著降低。

（2）不同 pH 值下酸碱污染红土的加权平均抗剪强度。

图 4－7 给出了酸碱污染红土的加权平均抗剪强度 τ_{fj} 随不同 pH 值的变化。酸碱污染红土的加权平均抗剪强度是指对相同 pH 值、不同垂直压力下酸碱污染红土的抗剪强度按垂直压力进行加权平均，用以衡量不同垂直压力对酸碱污染红土抗剪强度的影响。

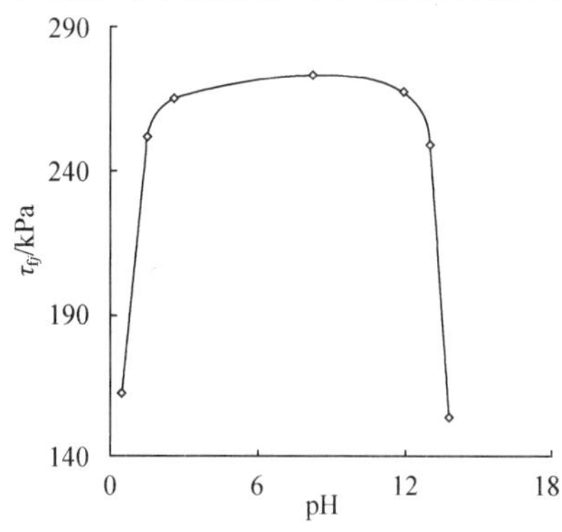

图 4－7　酸碱污染红土的加权平均抗剪强度随 pH 值的变化

图4－7表明：

随着pH值的升高，酸碱污染红土的加权平均抗剪强度呈先增大后减小的凸形变化趋势。当pH值由0.5增大到8.2（自来水）时，酸碱污染红土的加权平均抗剪强度增大，其中pH值在0.5～2.6之间增长较快，pH值在2.6～8.2之间增长平缓，pH值达8.2时，红土的加权平均抗剪强度达到极大值（273.6 kPa）。当pH值超过8.2至13.8之间，酸碱污染红土的加权平均抗剪强度逐渐减小，其中pH值在8.2～12.0之间减小缓慢，pH值在12.0～13.8之间急剧降低，pH值达13.8时，红土的加权平均抗剪强度为154.1 kPa。以上试验结果说明，pH值较低的偏酸性条件和pH值较高的偏碱性条件，都会对红土产生侵蚀作用，从而显著降低了红土的加权平均抗剪强度。

（3）pH值对酸碱污染红土抗剪强度的影响效果。

图4－8给出了pH值对酸碱污染红土抗剪强度的影响效果，是以抗剪强度的pH影响系数R_{τ_f-pH}来衡量的，即以素红土为基准（pH值8.2），其他pH值下酸碱污染红土的抗剪强度与素红土的抗剪强度之差除以素红土的抗剪强度来比较。

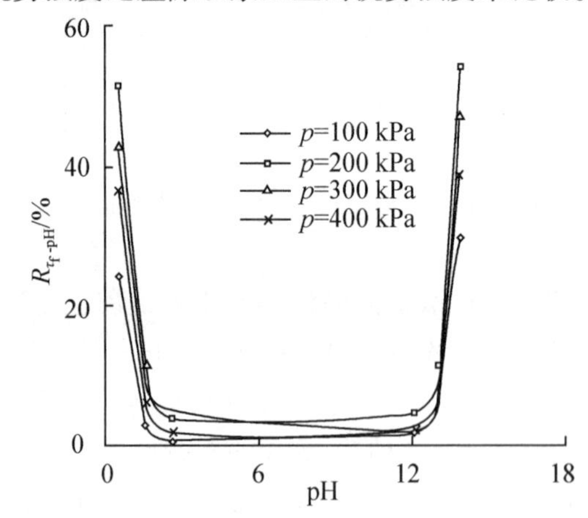

图4－8　不同垂直压力下酸碱污染红土抗剪强度的pH影响系数随pH值的变化

图4－8表明：

垂直压力不变时，随pH值的升高，酸碱污染红土抗剪强度的pH影响系数呈先减小后增大的凹形变化趋势；在pH值为0.5～1.6和pH值为13.0～13.8的条件下，酸碱污染红土抗剪强度的pH影响系数变化幅度较大。在垂直压力为200 kPa的条件下，pH值为0.5时，红土抗剪强度的pH影响系数为51.4%，pH值为13.8时，红土抗剪强度的pH影响系数为54.3%，这两个pH值下红土抗剪强度的pH影响系数相对较大；在垂直压力为100 kPa的条件下，pH值为2.6时，红土抗剪强度的pH影响系数为0.8%，pH值为12.0时，红土抗剪强度的pH影响系数为2.6%，这两个pH值下红土抗剪强度的pH影响系数都相对较小。

表4－4给出了不同pH值下酸碱污染红土加权平均抗剪强度的pH值影响系数R_{τ_f-pH}，它反映了在养护时间一定的条件下，酸碱污染红土的加权平均抗剪强度随pH值的变化程度。这里是以某一pH值范围内红土的加权平均抗剪强度之差与该范围内pH值之差的比值来衡量的。

表 4 -4　酸碱污染红土加权平均抗剪强度的 pH 影响系数

pH 值	0.5 ~ 1.6	1.6 ~ 2.6	2.6 ~ 8.2	8.2 ~ 12.0	12.0 ~ 13.0	13.0 ~ 13.8
$R_{\tau_f - pH}$/kPa · pH^{-1}	81.8	12.7	1.5	-1.7	-17.3	-119.8

表 4 -4 表明：

以 pH 值为 8.2 的素红土为基准，pH 值在 0.5 ~ 8.2 的酸性条件下，pH 值为 0.5 ~ 1.6 时，酸碱污染红土加权平均抗剪强度的 pH 影响系数最大（81.8 kPa · pH^{-1}），其后加权平均抗剪强度的 pH 影响系数逐渐减小，pH 值为 2.6 ~ 8.2 时，pH 影响系数减至最小(1.5 kPa · pH^{-1})。pH 值在 8.2 ~ 13.8 的碱性条件下，酸碱污染红土加权平均抗剪强度的 pH 影响系数为负，其中：pH 值为 8.2 ~ 12.0 时，加权平均抗剪强度的 pH 影响系数绝对值最小，为 1.7 kPa · pH^{-1}，其后加权平均抗剪强度的 pH 影响系数绝对值逐渐增大，pH 值为 13.0 ~ 13.8 时，pH 影响系数绝对值增至最大，为 119.8 kPa · pH^{-1}。上述试验结果说明，随 pH 值增大，酸性条件下，酸碱污染红土的加权平均抗剪强度增大，但增大程度降低；碱性条件下，酸碱污染红土的加权平均抗剪强度减小，且减小程度加大；偏酸性和偏碱性的影响程度大，碱性条件的影响大于酸性条件的影响。

（4）不同 pH 值下酸碱污染红土的抗剪强度指标。

图 4 -9 给出了酸碱污染红土的黏聚力 c 和内摩擦角 φ 两个抗剪强度指标随不同 pH 值的变化。

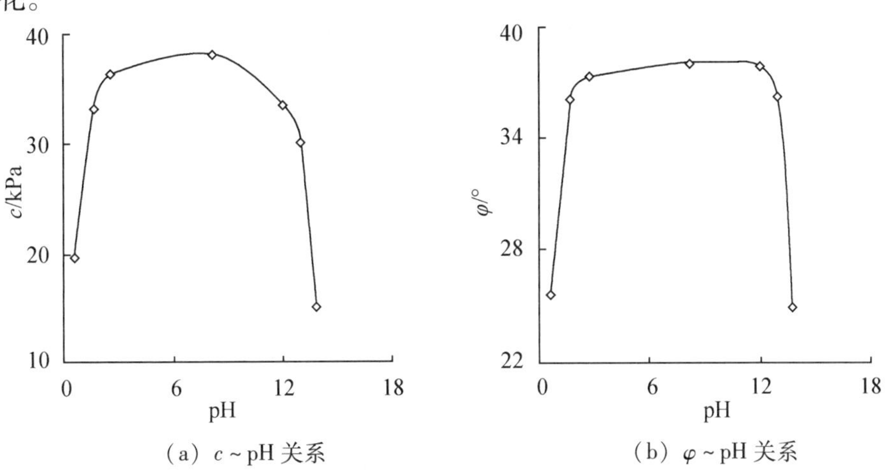

（a）c ~ pH 关系　　（b）φ ~ pH 关系

图 4 -9　pH 值对酸碱污染红土的黏聚力和内摩擦角的影响

图 4 -9 表明：

随着 pH 值的升高，酸碱污染红土的黏聚力和内摩擦角都呈现先增大再减小的凸形变化趋势；pH 值为 8.2（自来水）时，素红土的黏聚力和内摩擦角达到极大值，分别为 38.3 kPa、38.1°；pH 值小于 8.2 后，随 pH 值的减小，酸碱污染红土黏聚力和内摩擦角逐渐减小，且 pH 值小于 2.6 后急剧减小；pH 值大于 8.2 后，随 pH 值的增大，酸碱污染红土的黏聚力和内摩擦角减小，且 pH 值大于 12.0 后急剧减小。这说明偏酸性条件或偏碱性条件都会侵蚀红土颗粒及其颗粒间的连接，引起酸碱污染红土的黏聚力和内摩擦角降低，从而减弱红土抵抗剪切破坏的能力。

（5）pH 值对酸碱污染红土抗剪强度指标的影响效果。

pH 值对酸碱污染红土抗剪强度指标的影响效果以 pH 指标影响系数来衡量，它反映了在养护时间一定的条件下，酸碱污染红土的黏聚力和内摩擦角随 pH 值的变化程度，包括黏聚力 pH 指标影响系数 $R_{c-\mathrm{pH}}$ 和内摩擦角 pH 指标影响系数 $R_{\varphi-\mathrm{pH}}$。pH 指标影响系数是指某一 pH 值范围内酸碱污染红土的黏聚力或内摩擦角之差与该范围内 pH 值之差之比。

表 4－5 给出了不同 pH 值范围内酸碱污染红土的黏聚力和内摩擦角两个抗剪强度指标的 pH 影响系数。

表 4－5　酸碱污染红土抗剪强度指标的 pH 影响系数

pH 值	0.5～1.6	1.6～2.6	2.6～8.2	8.2～12.0	12.0～13.0	13.0～13.8
$R_{c-\mathrm{pH}}$/kPa · pH^{-1}	12.3	3.3	0.3	－1.2	－3.5	－18.8
$R_{\varphi-\mathrm{pH}}$/° · pH^{-1}	9.7	1.1	0.1	－0.1	－1.7	－14.1

表 4－5 表明：

酸性条件下，酸碱污染红土黏聚力和内摩擦角的 pH 指标影响系数为正，随 pH 值的减小，黏聚力和内摩擦角的 pH 指标影响系数逐渐增大；当 pH 值按 8.2、2.6、1.6、0.5 降低时，各 pH 值范围内黏聚力指标的影响系数按 0.3 kPa · pH^{-1}、3.3 kPa · pH^{-1}、12.3 kPa · pH^{-1} 的变化趋势增大，内摩擦角指标的影响系数按 0.1° · pH^{-1}、1.1° · pH^{-1}、9.7° · pH^{-1} 的趋势增大。碱性条件下，酸碱污染红土黏聚力和内摩擦角的 pH 指标影响系数为负，随 pH 值的增大，黏聚力和内摩擦角的 pH 指标影响系数逐渐减小；当 pH 值按 8.2、12.0、13.0、13.8 增大时，各 pH 值范围内黏聚力指标的影响系数按－1.2 kPa · pH^{-1}、－3.5 kPa · pH^{-1}、－18.8 kPa · pH^{-1} 的趋势减小，内摩擦角指标的影响系数按－0.1° · pH^{-1}、－1.7° · pH^{-1}、－14.1° · pH^{-1} 的趋势减小。这说明随 pH 值的增大，酸性条件下，酸碱污染红土黏聚力和内摩擦角的 pH 指标影响系数增大，但增大程度降低；碱性条件下，酸碱污染红土黏聚力和内摩擦角的 pH 指标影响系数减小，且减小程度加大。

pH 值为 0.5～1.6 的偏酸性条件，酸碱污染红土的黏聚力和内摩擦角的 pH 指标影响系数最大，分别为 12.3 kPa · pH^{-1}、9.7° · pH^{-1}；pH 值为 13.0～13.8 的偏碱性条件，酸碱污染红土的黏聚力和内摩擦角的 pH 指标影响系数的绝对值最大，分别为 18.8 kPa · pH^{-1}、14.1° · pH^{-1}。这说明偏酸性条件和偏碱性条件对酸碱污染红土抗剪强度指标的影响程度都较大，且碱性条件的影响大于酸性条件的影响。

4.2.2.2　不同养护时间下酸碱污染红土的抗剪强度特性

（1）不同养护时间下酸碱污染红土的抗剪强度。

图 4－10 给出了偏酸性和偏碱性条件下，pH 值分别为 0.5 和 13.8 时，不同养护时间 t 下酸碱污染红土的抗剪强度 τ_f 随垂直压力 p 的变化关系。

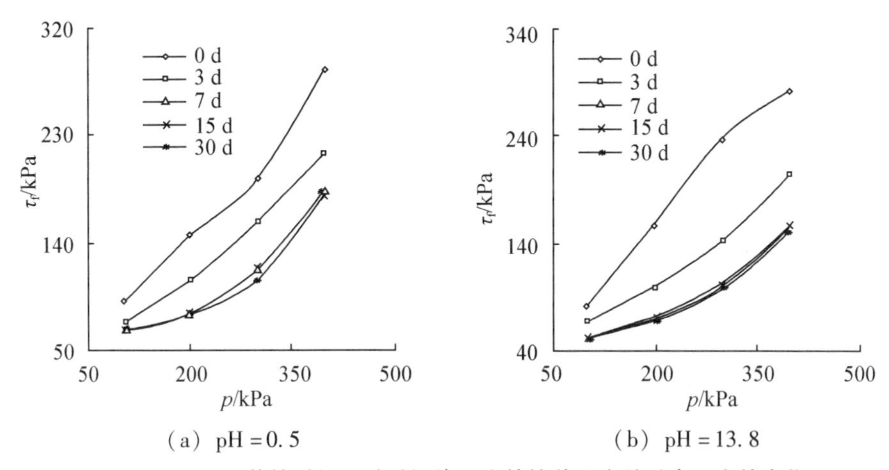

（a）pH＝0.5　　（b）pH＝13.8

图4－10　不同养护时间下酸碱污染红土的抗剪强度随垂直压力的变化

图4－10表明：

pH值为0.5的偏酸性条件下和pH值为13.8的偏碱性条件下，养护时间为0 d时，酸碱污染红土抗剪强度线的位置最高；随养护时间的延长，抗剪强度线的位置呈下降趋势；养护时间0～7 d时的曲线下降幅度较大，养护时间为7～30 d时的曲线下降幅度较小。这说明偏酸性和偏碱性条件下，试样的养护增强了酸碱对红土的侵蚀程度，显著降低了酸碱污染红土的抗剪强度。

（2）不同养护时间下酸碱污染红土的加权平均抗剪强度。

图4－11给出了酸碱污染红土的加权平均抗剪强度τ_{fj}随养护时间t的变化。酸碱污染红土的加权平均抗剪强度是指对相同养护时间、不同垂直压力下的酸碱污染红土的抗剪强度按垂直压力进行加权平均，用以反映不同垂直压力对酸碱污染红土抗剪强度的影响。

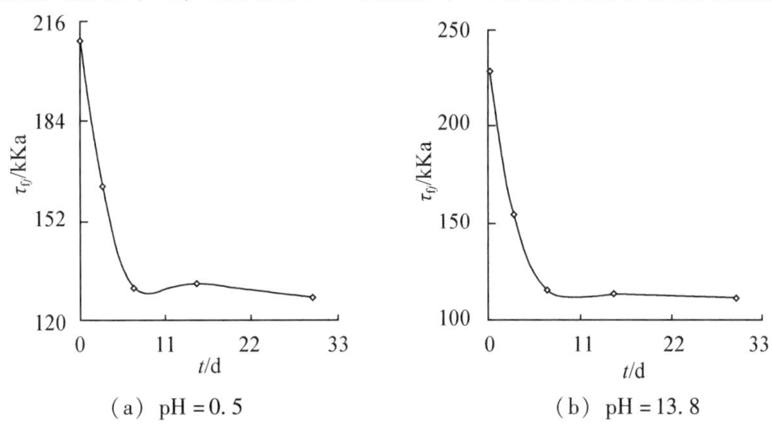

（a）pH＝0.5　　（b）pH＝13.8

图4－11　酸碱污染红土的加权平均抗剪强度随养护时间的变化

图4－11表明：

pH值为0.5的偏酸性条件下和pH值为13.8的偏碱性条件下，随养护时间的延长，酸碱污染红土的加权平均抗剪强度呈逐渐降低的趋势；养护时间小于7 d时，加权平均抗剪强度下降较快；养护时间超过7 d时，加权平均抗剪强度变化平缓。当养护时间由0 d延长至7 d、pH值为0.5时，酸碱污染红土的加权平均抗剪强度由210.2 kPa下降到130.8 kPa；pH值为13.8时，酸碱污染红土的加权平均抗剪强度由227.8 kPa下降到

115.5 kPa。当养护时间由 7 d 延长至 30 d、pH 值为 0.5 时，酸碱污染红土的加权平均抗剪强度由 130.8 kPa 下降到 127.5 kPa；pH 值为 13.8 时，酸碱污染红土的加权平均抗剪强度由 115.5 kPa 下降到 111.2 kPa。这说明养护初期酸碱对红土的侵蚀作用强烈，引起红土的加权平均抗剪强度急剧减小，而养护后期酸碱对红土的侵蚀程度减弱，所以红土的加权平均抗剪强度降低幅度很小。

（3）养护时间对酸碱污染红土加权平均抗剪强度的影响效果。

养护时间对酸碱污染红土加权平均抗剪强度的影响效果以时间影响系数 R_{τ_f-t} 来衡量，它反映了 pH 值一定条件下，酸碱污染红土的加权平均抗剪强度随养护时间的变化程度。时间影响系数是指某一养护时间段前后酸碱污染红土的加权平均抗剪强度之差与该养护时间段之比。

表 4－6 给出了偏酸性和偏碱性条件下，不同养护时间段内酸碱污染红土加权平均抗剪强度的时间影响系数。

表 4－6　酸碱污染红土加权平均抗剪强度的时间影响系数

t/d		0～3	3～7	7～15	15～30
pH＝0.5	$R_{\tau_{fj}-t}$/kPa·d^{-1}	－15.9	－8.0	0.1	－0.3
pH＝13.8	$R_{\tau_{fj}-t}$/kPa·d^{-1}	－24.6	－9.7	－0.3	－0.1

表 4－6 表明：

pH 值为 0.5 的偏酸性条件下和 pH 值为 13.8 的偏碱性条件下，总体上，随养护时间的延长，酸碱污染红土加权平均抗剪强度的时间影响系数绝对值呈逐渐减小的趋势。当养护时间按 0 d、3 d、7 d、15 d、30 d 延长时，各养护时间段内，pH 值为 0.5 时，酸碱污染红土加权平均抗剪强度的时间影响系数分别按 －15.9 kPa·d^{-1}、－8.0 kPa·d^{-1}、0.1 kPa·d^{-1}、－0.3 kPa·d^{-1}的趋势增大；pH 值为 13.8 时，酸碱污染红土加权平均抗剪强度的时间影响系数分别按 －24.6 kPa·d^{-1}、－9.7 kPa·d^{-1}、－0.3 kPa·d^{-1}、－0.1 kPa·d^{-1}的趋势增大；且养护时间在 0～3 d 和 3～7 d 内，酸碱污染红土的加权平均抗剪强度时间影响系数的变化最大。上述试验结果说明，偏酸性和偏碱性条件下，养护初期的影响较大。

（4）不同养护时间下酸碱污染红土的抗剪强度指标。

图 4－12 为 pH 值为 0.5 时，酸碱污染红土的黏聚力 c 和内摩擦角 φ 两个抗剪强度指标随养护时间 t 的变化。

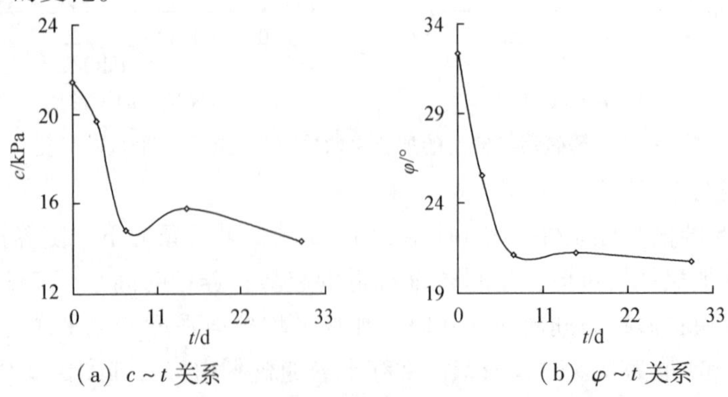

（a）$c \sim t$ 关系　　（b）$\varphi \sim t$ 关系

图 4－12　酸性条件下红土的抗剪强度指标随养护时间的变化（pH＝0.5）

图4－12表明：

pH值为0.5的偏酸性条件下，总体上，随养护时间的延长，酸碱污染红土的黏聚力和内摩擦角呈下降趋势；养护时间为0～7 d时下降较快，养护时间为7～15 d时波动减小。当养护时间由0 d延长至7 d时，酸碱污染红土的黏聚力由21.4 kPa下降到14.8 kPa，内摩擦角由32.3°下降到21.1°；当养护时间由7 d延长至15 d时，黏聚力由14.8 kPa上升到15.8 kPa，内摩擦角由21.1°上升到21.2°；当养护时间由15 d延长至30 d时，黏聚力由15.8 kPa下降到14.3 kPa，内摩擦角由21.2°下降到20.7°。这一试验结果说明，养护初期酸性条件对红土的侵蚀作用强烈，引起红土的黏聚力和内摩擦角2个抗剪强度指标急剧减小，而后期酸性条件对红土的侵蚀程度减弱，所以红土的黏聚力和内摩擦角2个抗剪强度指标降低幅度很小。

图4－13为pH值为13.8时，酸碱污染红土的黏聚力c和内摩擦角φ两个抗剪强度指标随养护时间t的变化。

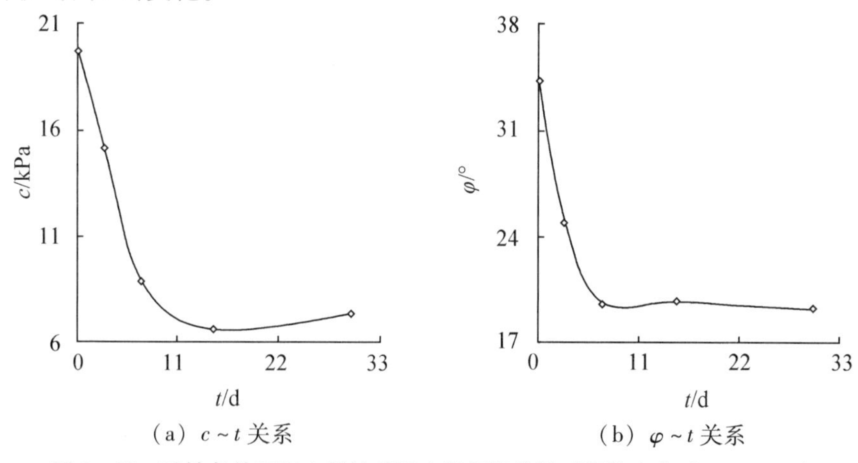

图4－13 碱性条件下红土的抗剪强度指标随养护时间的变化（pH＝13.8）

图4－13表明：

pH值为13.8的偏碱性条件下，总体上，随养护时间的延长，酸碱污染红土的黏聚力和内摩擦角呈下降趋势；养护时间为0～7 d时下降较快，养护时间为7～15 d时下降缓慢。当养护时间由0 d延长至7 d时，酸碱污染红土的黏聚力由19.7 kPa下降到8.9 kPa，内摩擦角由34.7°下降到19.6°；当养护时间由7 d延长至30 d时，黏聚力由8.9 kPa下降到7.4 kPa，内摩擦角由19.6°下降到19.1°。这一试验结果说明，养护初期碱性条件对红土的侵蚀作用强烈，引起红土的黏聚力和内摩擦角2个抗剪强度指标急剧减小，而后期碱性条件对红土的侵蚀程度减弱，所以红土的黏聚力和内摩擦角2个抗剪强度指标降低幅度很小。

（5）养护时间对红土抗剪强度指标的影响效果。

养护时间对酸碱污染红土抗剪强度指标的影响效果以时间影响系数来衡量。它反映了pH值一定条件下，红土的抗剪强度指标随养护时间的变化程度，包括黏聚力时间影响系数R_{c-t}和内摩擦角时间影响系数$R_{\varphi-t}$。这里的时间影响系数是指某一养护时间段前后，酸碱污染红土的黏聚力或内摩擦角之差与该养护时间段之比。

表4－7分别给出了偏酸性和偏碱性条件下，酸碱污染红土黏聚力和内摩擦角2个抗

剪强度指标的时间影响系数。

表 4 -7　酸碱污染红土抗剪强度指标的时间影响系数

t/d		0 ~ 3	3 ~ 7	7 ~ 15	15 ~ 30
pH = 0.5	R_{c-t}/kPa · d^{-1}	-0.6	-1.2	-0.1	-0.1
	$R_{\varphi-t}$/° · d^{-1}	-2.3	-1.1	0.0	0.0
pH = 13.8	R_{c-t}/kPa · d^{-1}	-1.5	-1.6	-0.3	0.1
	$R_{\varphi-t}$/° · d^{-1}	-3.3	-1.3	0.0	0.0

表 4 -7 表明：

pH 值为 0.5 的偏酸性条件下，不同养护时间段内，酸碱污染红土的黏聚力和内摩擦角 2 个抗剪强度指标的时间影响系数小于或等于 0。养护时间为 0 ~ 3 d 时，黏聚力的时间影响系数达 -0.6 kPa · d^{-1}；内摩擦角下降最多，其时间影响系数达 -2.3° · d^{-1}。养护时间为 3 ~ 7 d 时，黏聚力的时间影响系数的绝对值最大，为 1.2 kPa · d^{-1}；内摩擦角的时间影响系数为 -1.1° · d^{-1}。养护时间分别为 7 ~ 15 d、15 ~ 30 d 时，黏聚力的时间影响系数绝对值较小，仅为 0.1 kPa · d^{-1}；内摩擦角基本不变，时间影响系数为 0.0。

pH 值为 13.8 的偏碱性条件下，不同养护时间段内，酸碱污染红土的黏聚力和内摩擦角 2 个抗剪强度指标的时间影响系数小于或等于 0.0。养护时间为 0 ~ 3 d 时，黏聚力的时间影响系数达 -1.5 kPa · d^{-1}；养护时间为 3 ~ 7 d 时，黏聚力的时间影响系数的绝对值最大，为 1.6 kPa · d^{-1}；养护时间为 15 ~ 30 d 时，黏聚力的时间影响系数绝对值最小，为 0.1 kPa · d^{-1}。养护时间为 0 ~ 3 d 时，内摩擦角下降最快，其时间影响系数为 -3.3° · d^{-1}；养护时间分别为 7 ~ 15 d、15 ~ 30 d 时，内摩擦角基本不变，其时间影响系数为 0.0。

以上试验结果说明，不论是偏酸性条件还是偏碱性条件，养护初期，酸、碱对红土颗粒的侵蚀程度较大，致使酸碱污染红土的黏聚力和内摩擦角每天都下降较快，因而时间影响系数的绝对值较大；养护后期，酸、碱对红土颗粒的侵蚀程度减弱，故红土的黏聚力和内摩擦角下降较慢，因而时间影响系数的绝对值较小。

就表 4 -7 中 pH 值为 0.5 和 pH 值为 13.8 的数据进行比较，可见，总体上，偏碱性条件的影响大于偏酸性条件的影响；养护初期的影响大于养护后期的影响。

4.2.3　酸碱污染红土的压缩特性

4.2.3.1　偏酸性条件下的压缩性指标

图 4 -14 给出了 pH 值为 0.5 的偏酸性条件下，酸碱污染红土的孔隙比 e、压缩系数 a_v 随养护时间 t 的变化。

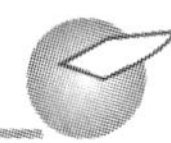

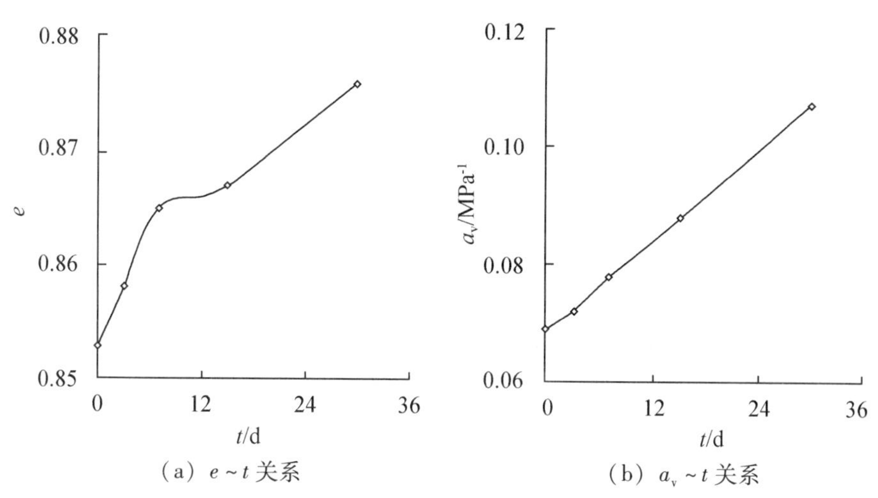

（a）$e \sim t$ 关系　　（b）$a_v \sim t$ 关系

图 4－14　偏酸性条件下酸碱污染红土的压缩性指标随养护时间的变化（pH＝0.5）

图 4－14 表明：

pH 值为 0.5 的偏酸性条件下，随养护时间的延长，酸碱污染红土的孔隙比和压缩系数呈增大趋势。当养护时间由 0 d 延长至 30 d 时，酸碱污染红土的孔隙比由 0.848 增大到 0.871，增大了 2.7%；压缩系数由 0.069 MPa^{-1}增大到 0.107 MPa^{-1}，增大了 55.1%，增大显著。这是因为偏酸性条件下，盐酸侵蚀红土颗粒，导致酸碱污染红土的结构松散，孔隙增大，抵抗压缩的能力减弱，因而压缩性增强。

4.2.3.2　偏碱性条件下的压缩性指标

图 4－15 给出了 pH 值为 13.8 的偏碱性条件下，酸碱污染红土的孔隙比 e、压缩系数 a_v随养护时间 t 的变化。

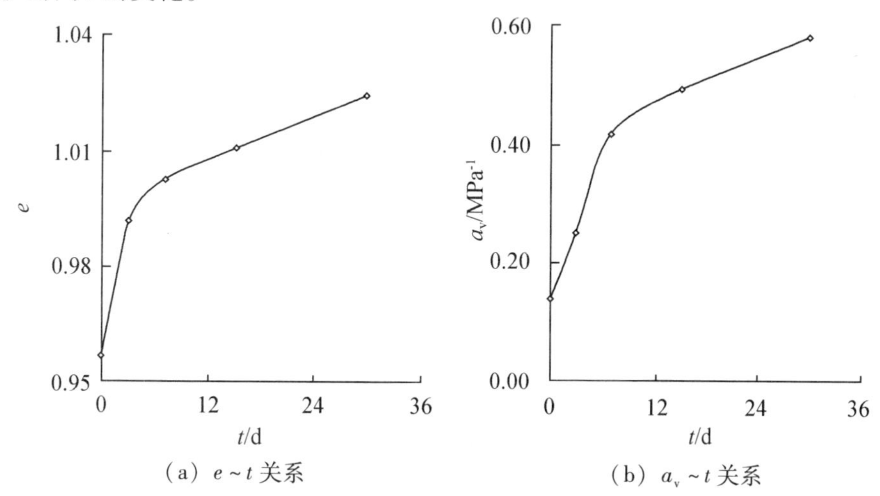

（a）$e \sim t$ 关系　　（b）$a_v \sim t$ 关系

图 4－15　偏碱性条件下酸碱污染红土的压缩性指标随养护时间的变化（pH＝13.8）

图 4－15 表明：

pH 值为 13.8 的偏碱性条件下，随养护时间的延长，酸碱污染红土的孔隙比和压缩系数呈增大趋势。养护时间为 0～7 d 时，酸碱污染红土的压缩性指标急剧增大，孔隙比增大了 4.8%，压缩系数增大了 212.8%；养护时间为 7～30 d 时，其压缩性指标增大缓慢，孔隙比增大了 2.2%，压缩系数增大了 39.4%。这是因为偏碱性条件下，氢氧化钠侵蚀红土颗粒，引起红土的孔隙增大，结构松散，抵抗压缩的能力降低，因而压缩性增强。养护时间较短时，红土颗粒与氢氧化钠反应剧烈，侵蚀作用增强，红土的压缩性较大；养护时间较长时，侵蚀作用减弱，红土压缩性变化缓慢。

4.2.3.3 养护时间对酸碱污染红土压缩系数的影响效果

养护时间对酸碱污染红土压缩系数的影响效果以时间影响系数 R_{a_v-t} 来衡量。它反映了 pH 值一定条件下，酸碱污染红土的压缩系数随养护时间的变化程度，指的是某一养护时间段前后酸碱污染红土的压缩系数之差与该养护时间段之比。

表4-8 给出了偏酸性和偏碱性条件下，不同养护时间段内酸碱污染红土压缩系数的时间影响系数的变化。

表4-8 不同养护时间下酸碱污染红土压缩系数的时间影响系数

t/d		0~3	3~7	7~15	15~30
pH=0.5	R_{a_v-t}/MPa^{-1}·d^{-1}	1.0×10^{-3}	1.5×10^{-3}	1.3×10^{-3}	1.3×10^{-3}
pH=13.8	R_{a_v-t}/MPa^{-1}·d^{-1}	39.7×10^{-3}	41.0×10^{-3}	9.5×10^{-3}	5.9×10^{-3}

表4-8 表明：

酸性条件下，酸碱污染红土压缩系数的时间影响系数相对较小，且随养护时间的增加先增大再减小，养护时间为 3~7 d 时，酸碱污染红土压缩系数的时间影响系数达到最大（1.5×10^{-3} MPa^{-1}·d^{-1}）。碱性条件下，酸碱污染红土压缩系数的时间影响系数相对较大，且随养护时间的增加先增大再减小，养护时间为 3~7 d 时，酸碱污染红土压缩系数的时间影响系数达到最大（41.0×10^{-3} MPa^{-1}·d^{-1}），而且时间影响系数在 7 d 前较大，7 d 以后较小，可见 7 d 以后酸碱污染红土的压缩系数变化不大。碱性条件下的酸碱污染红土压缩系数的时间影响系数比酸性条件下的时间影响系数大，说明碱性条件下的养护对酸碱污染红土压缩系数的影响比酸性条件下的养护影响显著。

4.3 酸碱污染红土的微结构特性

4.3.1 pH 值的影响

4.3.1.1 微结构图像特性

（1）浸润-击实-养护前 pH 值的影响。

图4-16、图4-17 分别给出了浸润时间为 1 d，放大倍数分别为 2000×、5000×下，浸润-击实-养护前酸碱污染红土的微结构图像随 pH 值的变化。

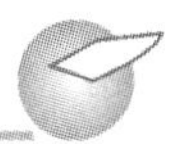

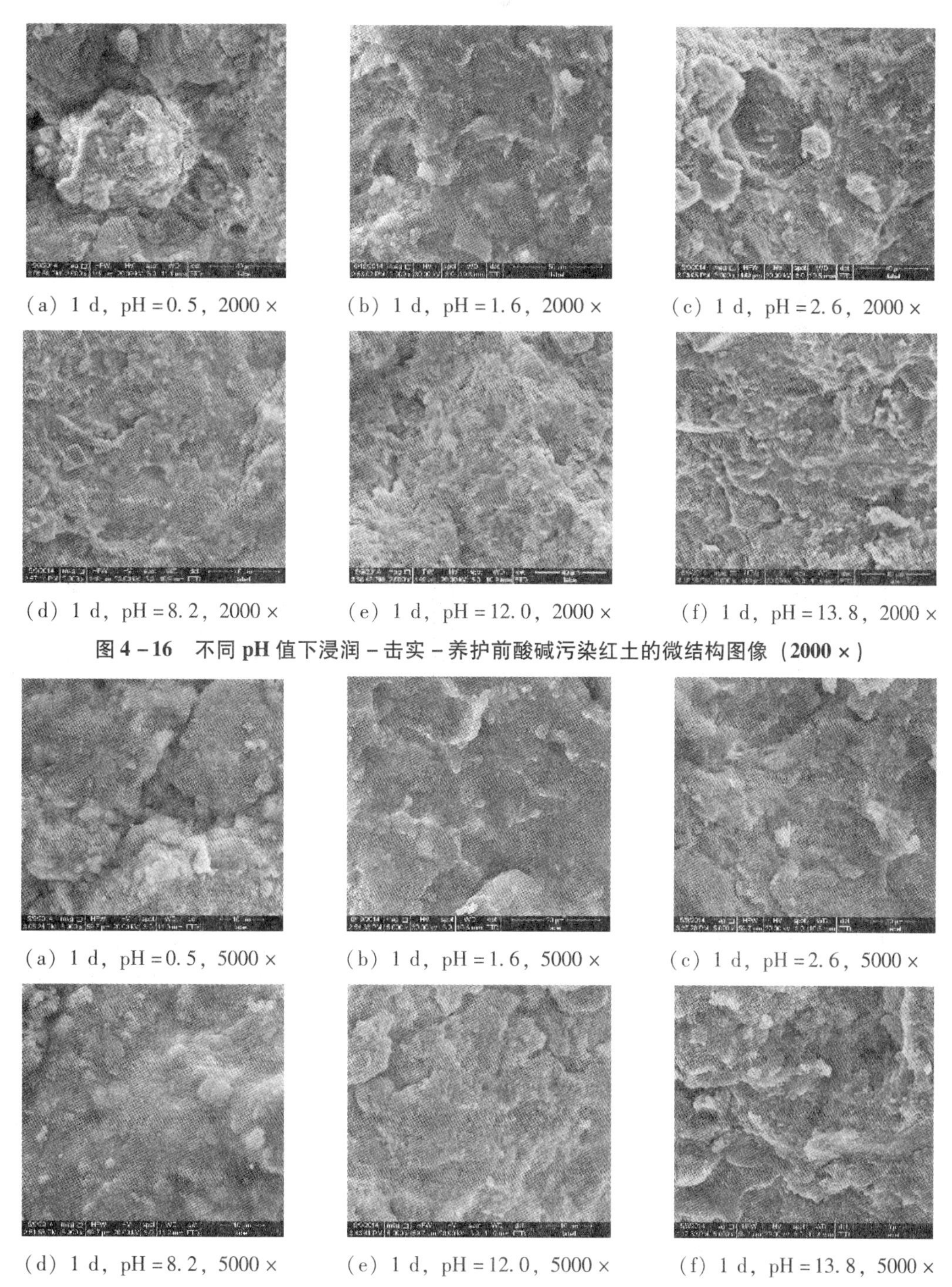

(a) 1 d, pH = 0.5, 2000 ×　(b) 1 d, pH = 1.6, 2000 ×　(c) 1 d, pH = 2.6, 2000 ×

(d) 1 d, pH = 8.2, 2000 ×　(e) 1 d, pH = 12.0, 2000 ×　(f) 1 d, pH = 13.8, 2000 ×

图4-16　不同 pH 值下浸润-击实-养护前酸碱污染红土的微结构图像（2000 ×）

(a) 1 d, pH = 0.5, 5000 ×　(b) 1 d, pH = 1.6, 5000 ×　(c) 1 d, pH = 2.6, 5000 ×

(d) 1 d, pH = 8.2, 5000 ×　(e) 1 d, pH = 12.0, 5000 ×　(f) 1 d, pH = 13.8, 5000 ×

图4-17　不同 pH 值下浸润-击实-养护前酸碱污染红土的微结构图像（5000 ×）

图4-16、4-17 表明：

浸润-击实-未养护的条件，2000 ×、5000 × 的放大倍数下，酸碱污染红土的微结构呈现出松散—密实—松散的变化趋势；2000 × 下微结构呈层状，5000 × 下颗粒粗糙，明显可见酸碱侵蚀红土后的生成物由于击实功的作用受到挤压而覆盖在颗粒表面的现象。pH 值为 8.2 的素红土，微结构图像整体性好，较密实；pH 值小于 8.2 时，随 pH 值减小

(2.6、1.6、0.5)，酸性条件下红土的微结构越发松散；pH 值大于 8.2 时，随 pH 值增大(12.0、13.8)，即碱性条件下红土微结构图像的密实性降低。这一试验结果说明，不同 pH 值溶液的浸润必然对红土产生侵蚀作用，尤其是 pH 值为 0.5 的偏酸性溶液和 pH 值为 13.8 的偏碱性溶液对红土的浸润，侵蚀作用更强，导致酸碱污染红土击实效果变差，呈现出松散、密实性低的微结构特征。

(2) 浸润 - 击实 - 养护后 pH 值的影响。

图 4 - 18 给出了养护时间为 3 d、放大倍数为 2000 × 的条件下，浸润 - 击实 - 养护后酸碱污染红土的微结构图像随 pH 值的变化。

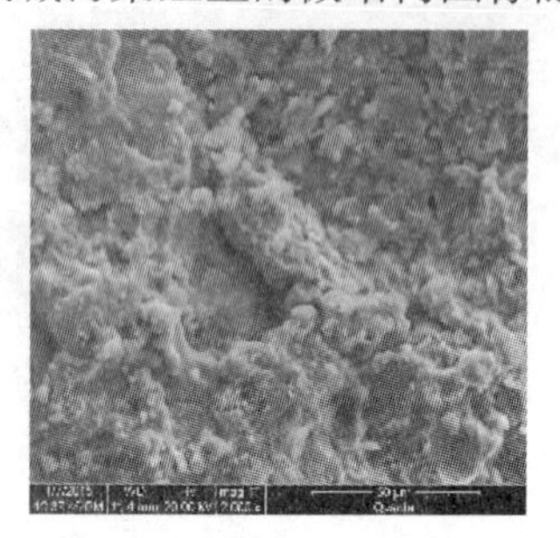
(a) 3 d，pH = 2.6，2000 ×

(b) 3 d，pH = 8.2，2000 ×

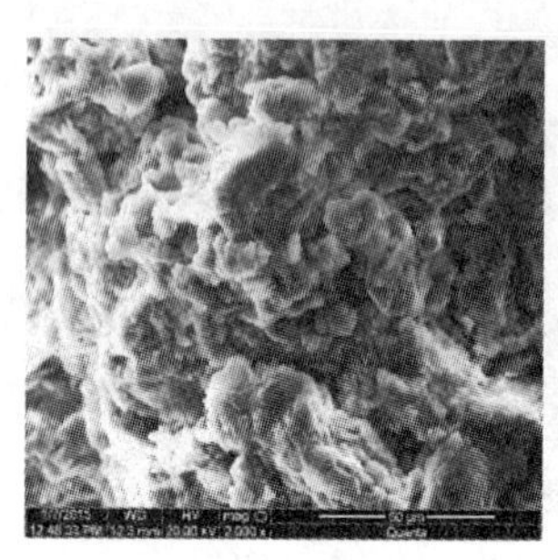
(c) 3 d，pH = 13.8，2000 ×

图 4 - 18　不同 pH 值下浸润 - 击实 - 养护后酸碱污染红土的微结构图像

图 4 - 18 表明：

浸润 - 击实 - 制样后，养护时间 3 d、2000 × 的放大倍数下，pH 值为 8.2 (自来水) 的素红土的微结构最为密实，整体性好；pH 值小于 8.2 或大于 8.2 的酸碱污染红土，微结构松散，明显可见生成物的包裹覆盖，尤其是 pH 值为 2.6 和 13.8 的情况最为突出，这是养护过程中酸碱对红土样侵蚀作用的继续。在 pH 值增大、酸性减弱的过程中，红土微结构图像显示，土颗粒间孔隙减小、颗粒表面逐渐变得光滑且呈分散分布，连结结构更加紧密；在 pH 值增大、碱性增强的过程中，红土微结构图像显示，土颗粒间孔隙增大、颗粒表面逐渐变得粗糙，且团聚在一起，结构连结更加松散。这说明浸润击实后试样的养护进一步加剧了酸碱对红土颗粒的侵蚀作用。

4.3.1.2　微结构参数特性

(1) 浸润 - 击实 - 养护前的微结构图像参数。

图 4 - 19 给出了放大倍数为 2000 × 的条件下，浸润 - 击实 - 养护前酸碱污染红土的孔隙率 n、颗粒数 s、分维数 D 等微结构图像参数随 pH 值的变化。

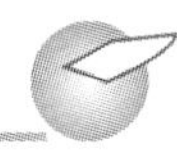

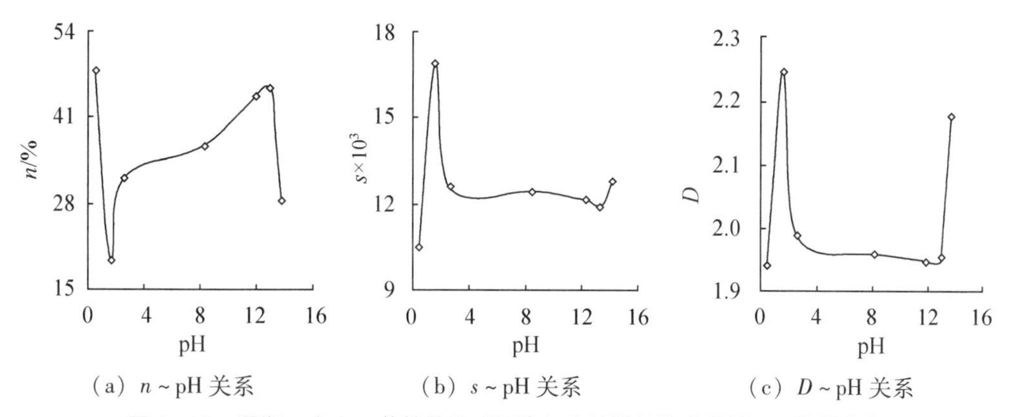

（a）$n \sim$ pH 关系　　（b）$s \sim$ pH 关系　　（c）$D \sim$ pH 关系

图 4－19　浸润－击实－养护前酸碱污染红土的微结构参数随 pH 值的变化

图 4－19 表明：

浸润－击实－养护前，2000×的放大倍数下，随 pH 值的增大，酸碱污染红土微结构图像参数的孔隙率、颗粒数、分维数存在极大值和极小值，而极大值和极小值出现在偏酸性条件和偏碱性条件下，在 pH 值 8.2 左右，各微结构参数的变化比较平缓。pH 值为 1.6 时，酸碱污染红土微结构图像参数的孔隙率存在极小值，颗粒数、分维数存在极大值；pH 值在 12.0～13.0 之间，孔隙率存在极大值，颗粒数、分维数存在极小值。这一试验结果说明，pH 值变化引起的酸碱性变化在浸润过程中对红土产生了侵蚀作用，即使在击实作用下仍然改变了红土的微结构状态，相应引起酸碱污染红土的微结构图像参数发生变化，而孔隙率的变化趋势与最大干密度的变化趋势相反。

（2）浸润－击实－养护后的微结构图像参数。

图 4－20 给出了放大倍数为 2000×的条件下，浸润－击实－养护（3 d）后酸碱污染红土的孔隙率 n、颗粒数 s、分维数 D 等微结构图像参数随 pH 值的变化。

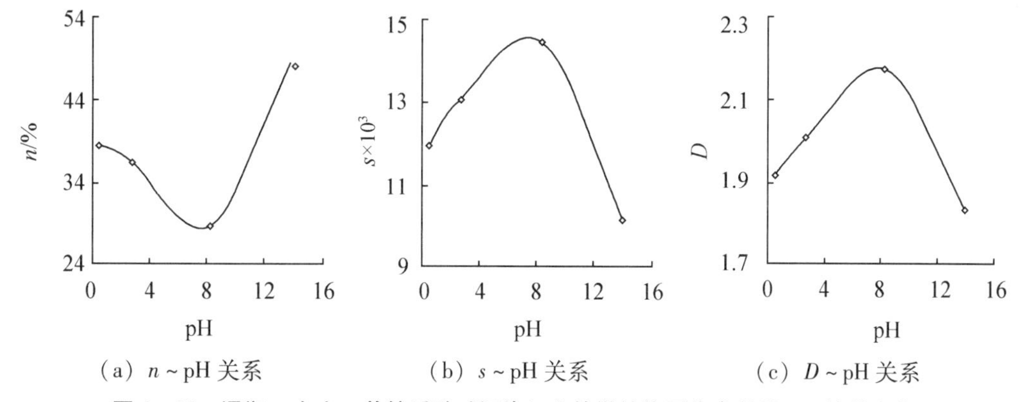

（a）$n \sim$ pH 关系　　（b）$s \sim$ pH 关系　　（c）$D \sim$ pH 关系

图 4－20　浸润－击实－养护后酸碱污染红土的微结构图像参数随 pH 值的变化

图 4－20 表明：

浸润－击实－养护 3 d 后，2000×的放大倍数下，随 pH 值的增大，酸碱污染红土的孔隙率存在极小值，颗粒数、分维数存在极大值；极大值、极小值出现在 pH 值为 8.2（自来水）处，碱性条件下的变化大于酸性条件下的变化。这一试验结果说明，pH 值变化引起的酸碱性变化在浸润过程中对红土产生侵蚀作用，而通过击实养护后进一步侵蚀红土，继续改变红土的微结构状态，相应引起酸碱污染红土的微结构图像参数发生变化，随溶液的酸性增强和碱性增强，养护后酸碱污染红土的孔隙增大，颗粒减少，颗粒密布程度降低。

4.3.2 养护时间的影响

4.3.2.1 微结构图像特性

（1）偏酸性条件下养护时间的影响。

图4－21给出了pH值为0.5、放大倍数为2000×的条件下，酸碱污染击实红土的微结构图像随养护时间的变化。

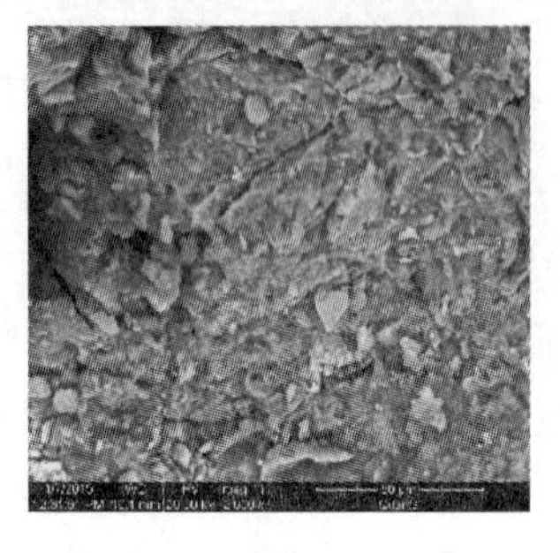

（a）3 d，pH＝0.5，2000×

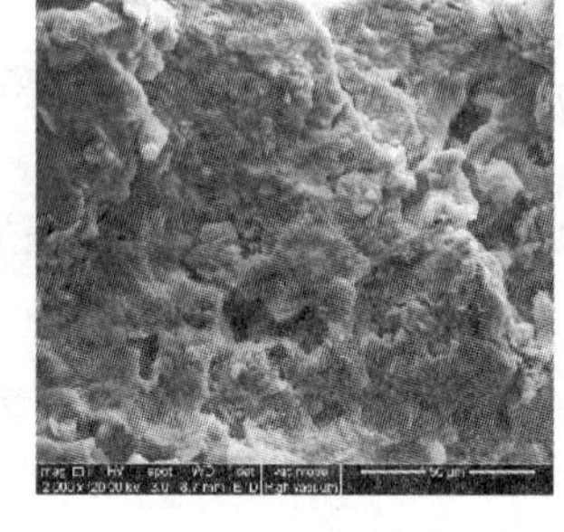

（b）15 d，pH＝0.5，2000×

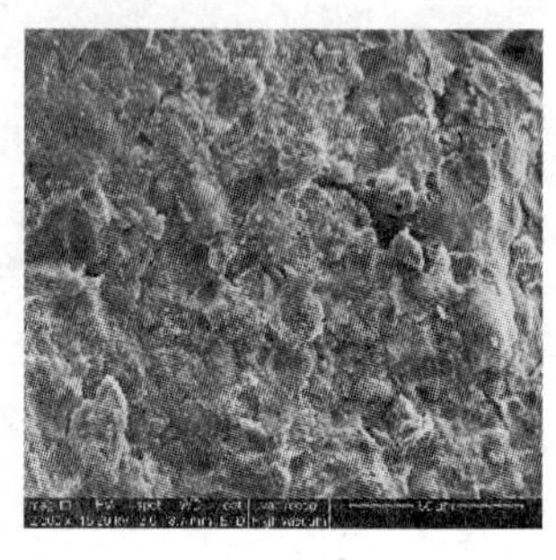

（c）30 d，pH＝0.5，2000×

图4－21　不同养护时间下酸碱污染击实红土的微结构图像（pH＝0.5）

图4－21表明：

pH值为0.5、放大倍数为2000×的条件下，随养护时间的延长，酸碱污染红土的微结构图像呈现微结构表面粗糙、轮廓分明、层状叠聚体逐渐变成团聚体、溶蚀孔洞增大增多、结构疏松的特征。养护时间为3 d时，酸碱污染红土的微结构颗粒排列较紧密，整体性较好，颗粒层状叠聚，不见溶蚀孔洞存在；养护时间为15 d时，出现少量大的溶蚀孔洞，边缘清晰，团聚体较大，边缘被生成物包裹；养护时间达30 d时，颗粒表面粗糙，结构松散，存在大量细小的溶蚀孔洞，团聚体较小，包裹团聚体边缘的生成物减少。这一现象表明，养护时间越长，酸性条件对红土的侵蚀越严重，对微结构的损伤越大。

（2）偏碱性条件下养护时间的影响。

图4－22给出了pH值为13.8、放大倍数为2000×的条件下，酸碱污染击实红土的微结构图像随养护时间的变化。

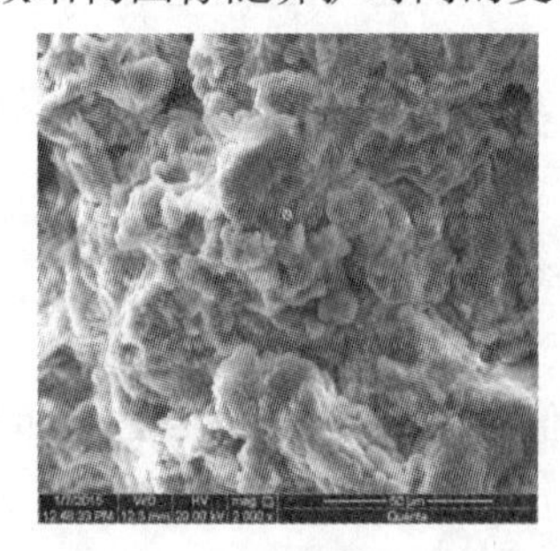

（a）3 d，pH＝13.8，2000×

（b）15 d，pH＝13.8，2000×

（c）30 d，pH＝13.8，2000×

图4－22　不同养护时间下酸碱污染击实红土的微结构图像（pH＝13.8）

图4-22表明：

pH值为13.8、放大倍数为2000×的条件下，随养护时间的延长，酸碱污染红土的微结构图像呈现包裹物减少、密实性减弱、表面粗糙、微结构松散、溶蚀孔洞增大增多的特征。养护时间为3 d时，酸碱污染红土的微结构图像呈现层状团聚体，明显可见碱侵蚀红土后生成物的包裹覆盖；养护时间为15 d时，酸碱污染红土的微结构图像显示，微结构整体性好，较密实，但存在许多溶蚀小孔洞；养护时间为30 d时，酸碱污染红土的微结构图像显示，颗粒粗糙，溶蚀孔洞增大，结构疏松，密实性差。这说明养护时间越长，碱性条件对红土的颗粒侵蚀越严重，对微结构的损伤越大。

4.3.2.2　微结构参数特性

(1) 剪切红土的微结构图像参数。

图4-23给出了偏酸性（pH=0.5）和偏碱性（pH=13.8）的条件下，酸碱污染红土剪切后的微结构图像参数的孔隙率 n、颗粒数 s、分维数 D 随养护时间 t 的变化。

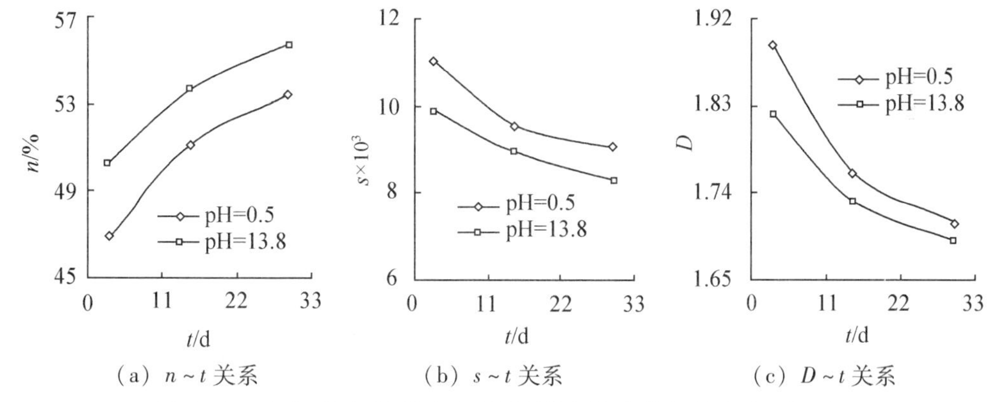

(a) $n \sim t$ 关系　(b) $s \sim t$ 关系　(c) $D \sim t$ 关系

图4-23　剪切后酸碱污染红土的微结构图像参数随养护时间的变化

图4-23表明：

pH值为0.5和13.8时，随养护时间的延长，剪切后酸碱污染红土的微结构图像参数变化规律为孔隙率逐渐增大，颗粒数、分维数逐渐减小。这说明经过酸碱污染的红土，由于受到酸碱的侵蚀，随养护时间的延长，即使剪切后红土中的孔隙仍然增大，对应微结构仍然松散，颗粒减少，颗粒密布程度降低。在pH值为13.8的碱性条件下，酸碱污染红土的微结构图像参数中的孔隙率大于pH值为0.5的酸性条件下孔隙率，颗粒数、分维数小于pH值为0.5的酸性条件下的相应值，说明碱性条件对红土的侵蚀程度比酸性条件的侵蚀更为严重。

(2) 压缩红土的微结构图像参数。

图4-24给出了酸碱污染红土压缩后的微结构图像参数的孔隙率 n、颗粒数 s、分维数 D 随养护时间 t 的变化。

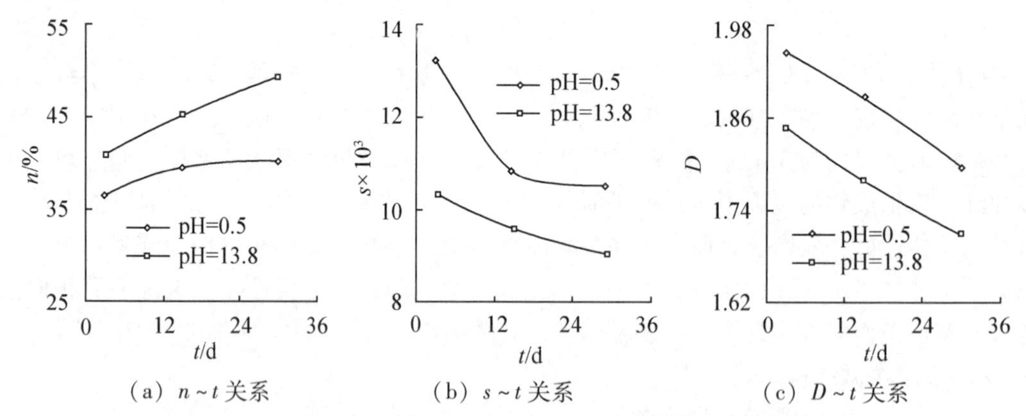

图 4－24　压缩后酸碱污染红土的微结构图像参数随养护时间的变化

图 4－24 表明：

不论是 pH 值为 0.5 的偏酸性条件下，还是 pH 值为 13.8 的偏碱性条件下，压缩后，随养护时间的延长，酸碱污染红土的微结构图像参数变化规律为孔隙率逐渐增大，颗粒数逐渐减少，颗粒分布分维数逐渐减小。这说明酸性条件和碱性条件都会侵蚀红土颗粒，随时间延长，即使压缩后酸碱污染红土的孔隙仍然增大，微结构仍然松散，颗粒减少，颗粒密布程度降低。相同养护时间、pH 值为 13.8 的碱性条件下，酸碱污染红土微结构图像参数中的孔隙率大于 pH 值为 0.5 的酸性条件下的孔隙率，颗粒数、分维数小于 pH 值为 0.5 下的相应值。这说明碱液对红土的侵蚀程度强于酸液的侵蚀程度。

4.4　酸碱污染红土的宏微观响应关系

4.4.1　随 pH 值的变化

总体上，养护时间一定时，随 pH 值的增大，酸碱污染红土的抗剪强度以及黏聚力、内摩擦角 2 个抗剪强度指标呈凸形变化趋势。以自来水的 pH 值 8.2 为基准，在 pH 值小于 8.2 或 pH 值大于 8.2 的条件下，酸碱污染红土的抗剪强度以及抗剪强度指标都呈减小趋势。

pH 值越小，酸性越强；pH 值越大，碱性越强。偏酸性条件和偏碱性条件下，酸碱污染红土受到盐酸（HCl）溶液、氢氧化钠（NaOH）溶液的侵蚀作用越严重，随 $FeCl_3$、$AlCl_3$ 以及 $NaAlO_2$、Na_2SiO_3 等盐类的生成、溶解以及侵蚀作用的不断循环深入，进一步破坏了红土颗粒及其颗粒间的连接，造成红土的微结构松散，颗粒间连接能力减弱，孔隙增大，整体结构的密实性降低，稳定性变差，抵抗剪切破坏的能力减弱。因而，酸碱污染红土的抗剪强度以及抗剪强度指标减小。表 4－9 给出了偏酸性和偏碱性条件下酸碱污染红土的化学组成，可见，pH 值为 0.5 的偏酸性条件下，盐酸（HCl）主要侵蚀了红土中的 Al_2O_3 和 Fe_2O_3；pH 值为 13.8 的偏碱性条件下，氢氧化钠（NaOH）主要侵蚀了红土中的 SiO_2 和 Al_2O_3。

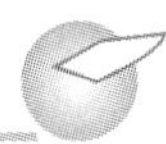

表4-9　酸碱污染红土的主要化学组成

pH值	养护时间 t/d	SiO_2/%	Al_2O_3/%	Fe_2O_3/%
0.5	0	44.49	21.67	18.28
	3	44.49	20.72	17.79
	30	44.49	20.09	17.55
13.8	0	42.23	21.88	18.58
	3	42.55	21.06	18.58
	30	41.61	20.32	18.58

4.4.2　随时间的变化

4.4.2.1　对击实特性的影响

pH值为0.5的偏酸性条件和pH值为13.8的偏碱性条件下，随浸润时间的延长，酸碱污染红土的最大干密度呈增大—减小—增大—减小的波动变化趋势，最优含水率则相反，呈减小—增大—减小—增大的波动变化趋势。

击实制样时，将pH值为0.5的酸液和pH值为13.8的碱液分别均匀喷洒在松散的素红土上，浸润不同时间。这一浸润过程中，首先，酸液（HCl）和碱液（NaOH）侵蚀红土颗粒，HCl与红土中的Fe_2O_3、Al_2O_3反应生成盐类$FeCl_3$、$AlCl_3$，NaOH与红土中的Si_2O_3、Al_2O_3反应生成盐类$NaAlO_2$、Na_2SiO_3；其次，在潮湿环境中，侵蚀作用生成的盐类结晶以及水解，偏酸性条件下生成$Fe(OH)_3$、$Al(OH)_3$胶体，偏碱性条件下生成$Al(OH)_3$、H_2SiO_3胶体，产生胶结作用；再次，原有的酸液和碱液环境，加上盐类水解新生成的HCl和NaOH，会溶解胶体物质，继续生成盐类；最后，进入侵蚀、胶结、溶解的循环过程。浸润时间不同，以上各种作用的程度不同，最终引起酸碱污染红土的最大干密度和最优含水率发生波动性变化。

击实制样的浸润时间较短时，酸液和碱液侵蚀红土的程度较弱，生成的盐类较少，酸碱的侵蚀作用不强，酸碱污染红土颗粒主要以结合水膜包裹为主，击实过程中击实功的作用易于促使酸碱污染红土的颗粒靠拢，吸附水的能力减弱，颗粒间孔隙减小，击实后的酸碱污染红土体变得密实。相应地，引起酸碱污染红土的最大干密度增大，最优含水率减小。浸润时间达到18 h（偏酸性条件）或24 h（偏碱性条件）时，最大干密度达到极大值，最优含水率达到极小值。

随浸润时间的延长，酸液和碱液侵蚀红土的程度逐渐增强，生成的盐类和水逐渐增多，酸碱污染红土颗粒表面变得粗糙，击实过程中颗粒间移动困难，颗粒表面的吸附水膜不容易排除，颗粒难于靠拢，孔隙增大，击实后酸碱污染红土体的密实性较差。相应地，引起酸碱污染红土的最大干密度减小，最优含水率增大。浸润时间达到24 h（偏酸性条件）或72 h（偏碱性条件）时，最大干密度达到极小值，最优含水率达到极大值。

随浸润时间的进一步延长，前期酸液和碱液侵蚀红土生成的易溶盐类，在潮湿的水环境中逐渐溶解，生成胶体包裹红土颗粒，击实过程中击实功的作用易于促使红土颗粒发生胶结，颗粒靠拢，颗粒间孔隙减小，击实后酸碱污染红土体的密实性增强，相应地，引起酸碱污染红土的最大干密度增大。由于溶解盐类消耗了水分，因而酸碱污染红土的最优含水率减小。浸润时间达到 168 h 时，偏酸性条件和偏碱性条件下，最大干密度达到极大值，最优含水率达到极小值。

当浸润时间更长时，随着酸碱侵蚀红土生成的盐类、盐类的结晶及溶解、胶体的生成以及侵蚀过程的不断深入，最终侵蚀作用占优势，致使红土颗粒表面粗糙，吸附水的能力减弱，击实过程中红土颗粒移动困难，击实酸碱污染红土体的密实性降低。相应地，引起酸碱污染红土的最大干密度减小，最优含水率增大。

4.4.2.2　对剪切－压缩特性的影响

不论是 pH 值为 0.5 的偏酸性条件或 pH 值为 13.8 的偏碱性条件，随养护时间的延长，酸碱污染红土的抗剪强度以及黏聚力、内摩擦角抗剪强度指标呈降低趋势，酸碱污染红土的压缩系数呈增大趋势，对应的微结构图像呈现出孔隙增大、结构松散的微结构特征。

养护时间较短时，酸性条件下盐酸的侵蚀作用和碱性条件下氢氧化钠的侵蚀作用占优势，生成的盐类来不及结晶和溶解，胶结作用、溶解作用较弱，红土颗粒及其颗粒间的连接受到侵蚀破坏，导致酸碱污染红土的微结构松散，抵抗剪切破坏的能力减弱，因而抗剪强度降低。随养护时间延长，一方面，原有盐酸（HCl）和氢氧化钠（NaOH）的侵蚀作用还在继续进行，但由于前期的消耗，新的侵蚀程度已逐渐减弱；另一方面，前期侵蚀作用生成的盐类发生结晶和溶解，盐类结晶引起的胶结作用只是暂态过程，而盐类溶解作用属于最终过程。这时由于酸碱的适应性，对红土主要化学组成的消耗减少，表 4－9 中：当养护时间由 0 d 延长至 3 d、pH 值为 0.5 时，Al_2O_3含量减小 1.5% $\cdot d^{-1}$，Fe_2O_3含量减少 0.9% $\cdot d^{-1}$；pH 值为 13.8 时，Al_2O_3含量减小 1.3% $\cdot d^{-1}$。当养护时间由3 d延长至 30 d、pH 值为 0.5 时，Al_2O_3 含量减小 0.1% $\cdot d^{-1}$，Fe_2O_3 含量减少 0.1% $\cdot d^{-1}$；pH 值为 13.8 时，Al_2O_3含量减小 0.2% $\cdot d^{-1}$。

以上试验结果说明，pH 为 0.5 的偏酸性条件下，红土中加入盐酸（HCl）溶液，HCl 水解后的 H^+ 主要与红土中的 Fe_2O_3和 Al_2O_3发生化学反应，生成盐类，消耗了 Fe_2O_3 和 Al_2O_3，引起含量减小；随养护时间的延长，初期反应生成的盐类溶解，生成新的 HCl，继续与红土中的 Fe_2O_3和 Al_2O_3反应，生成新的盐类，盐类继续溶解，如此循环下去，反应不断进行，最终对红土产生侵蚀，致使红土的微结构受到破坏。而 pH 值为 13.8 的偏碱性条件下，红土中加入氢氧化钠（NaOH）溶液，NaOH 水解后的 OH^- 主要与红土中的 Al_2O_3和 SiO_2发生化学反应，生成盐类，消耗了 Al_2O_3和 SiO_2，引起含量减小；随养护时间延长，初期反应生成的盐类溶解，生成新的 NaOH，继续与红土中的 Al_2O_3和 SiO_2反应，生成新的盐类，盐类继续溶解，如此循环下去，反应不断进行，最终对红土产生侵蚀，致使红土的微结构受到破坏。

所以，随养护时间延长，酸碱不断消耗红土中的主要化学成分，引起酸碱污染红土颗粒之间的连接能力减弱，微结构松散，结构稳定性降低，抵抗剪切和压缩的能力减弱，抗剪强度以及黏聚力、内摩擦角抗剪强度指标减小，压缩性增大。而且，养护前期红土中的主要化学成分的消耗大于养护后期，对应微结构的状态前期变化大于后期。因而，较短养护时间抗剪强度及抗剪强度指标的降低程度显著大于较长养护时间的降低程度，而较短养护时间压缩系数的增大程度大于较长养护时间压缩系数的增大程度。

第5章　磷污染红土的宏微观响应

5.1　试验方案

5.1.1　试验材料

5.1.1.1　试验土样

试验土样选用云南昆明黑龙潭地区深红色块状红土（素红土），基本特性见表5－1，化学成分见表5－2。表中数据表明该红土的颗粒组成以粉粒和黏粒为主，塑性指数介于10～17之间，化学组成以SiO_2、Al_2O_3和Fe_2O_3为主，分类属于含硅质铁铝的粉质红土。

表5－1　红土样的基本特性

比重 G_s	颗粒组成/%			最大干密度 ρ_{dmax}/g·cm^{-3}	最优含水率 ω_{op}/%	渗透系数 k/cm·s^{-1}	液限 ω_L/%	塑限 ω_p/%	塑性指数 I_P
	砂粒/mm ≥0.075	粉粒/mm 0.005～0.075	黏粒/mm ≤0.005						
2.69	5.0	42.5	52.5	1.53	25.4	3.03×10^{-6}	35.5	23.5	12.0

表5－2　红土样的化学组成

成分 W/%										烧失量/%	合计/%
SiO_2	Al_2O_3	Fe_2O_3	FeO	CaO	MgO	K_2O	Na_2O	TiO_2	P_2O_5		
44.94	22.26	14.56	0.68	0.48	0.39	0.61	0.06	3.70	0.21	11.91	99.8

5.1.1.2　污染物的选取

污染物采用广泛的水处理剂六偏磷酸钠盐$(NaPO_3)_6$。磷酸钠盐常用于除去化学纤维浆中的铁离子和石油工业中控制石油钻井时泥浆黏度的调节等。现实中的不合理使用导致六偏磷酸钠污染红土的危害程度非常大，因此，选用$(NaPO_3)_6$作为磷污染物，具有一定的代表性。本试验选用分析纯的$(NaPO_3)_6$，白色粉末状，易溶于水。

5.1.2　宏观特性试验方案

以上述土样为污染对象，考虑$(NaPO_3)_6$浓度、试样干密度等因素的影响，配制$(NaPO_3)_6$溶液，制备磷污染红土试样，在室内环境温度（20°C）下，通过土工试验方法，测试分析磷污染红土的物理力学特性。磷溶液浓度控制在0%、0.2%、0.5%、0.9%、2.0%、4.0%，其中，浓度0%代表未污染的素红土。

磷污染红土的宏观物理特性包括比重特性、界限含水特性、颗粒组成特性。比重特性通过比重瓶法测定，界限含水特性通过光电式液塑限联合测定，颗粒组成特性通过密度计法测定。

磷污染红土的宏观受力特性包括击实特性、剪切特性、压缩特性、渗透特性。先通过轻型击实试验确定素红土和磷污染土的最大干密度、最优含水率、最佳浸润时间等最佳击实状态；再以最优含水率、最佳浸润时间、不同干密度作为控制条件，制备不同浓度下磷污染红土的直剪、压缩、渗透试样，通过直剪、压缩、渗透等试验方法，测试分析磷污染红土的宏观受力特性。其中，剪切试验采用应变式直剪仪快剪法测定，压缩试验采用三联固结仪测定，渗透试验采用 T－55 型变水头法测定。

5.1.3　微结构特性试验方案

与磷污染红土的宏观力学试验相对应，控制干密度为 1.40 $g \cdot cm^{-3}$，磷浓度分别为 0%、0.2%、0.5%、0.9%、2.0%、4.0%，选取受力前后的磷污染红土取样，并在 60℃下烘干，制备不同磷浓度下磷污染红土剪切前后、压缩前后、渗透前后的微结构试样。通过扫描电子显微镜等微结构试验方法，获取不同磷浓度、不同放大倍数下磷污染红土的微结构图像，结合 Matmabl 软件进行图像数字化处理，提取磷污染红土的微结构图像特征参数，研究磷污染红土的微结构图像特征、微结构参数特征。

5.2　磷污染红土的宏观特性

5.2.1　比重特性

图 5－1 给出了磷污染红土的比重 G_s 随磷浓度 a 的变化。图中，比重 1、2、3 分别表示对试验指标进行 3 次重复测试。

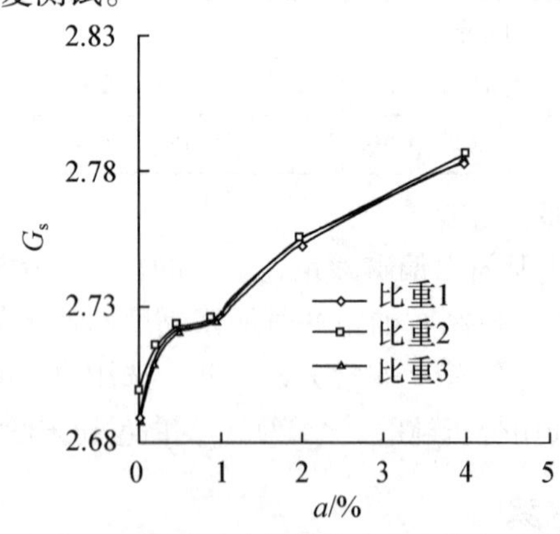

图 5－1　不同磷浓度下磷污染红土的比重变化

图 5－1 表明：

总体上，磷污染增大了红土的比重；随磷浓度的增大，磷污染红土的比重增大；磷浓度较低时，比重增长较快；磷浓度较高时，比重增长程度变缓。相比素红土，当磷浓度由 0.2% 增大到 4.0% 时，磷污染红土的比重增大了 0.9% ~2.6%。磷浓度小于 0.9% 时，比重增大了 3.9%；磷浓度大于 0.9% 达到 4.0% 时，比重仅增大了 1.9%。这说明磷污染增大了红土颗粒的质量。磷浓度越大，磷污染红土的比重越大；低浓度下磷污染红

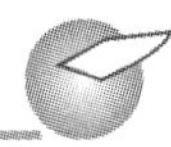

土比重的增长程度大于高浓度下磷污染红土比重的增长程度。

5.2.2　颗粒组成特性

图5-2给出了磷污染红土的砂粒、粉粒、黏粒等颗粒组成 P 随不同磷浓度 a 的变化。

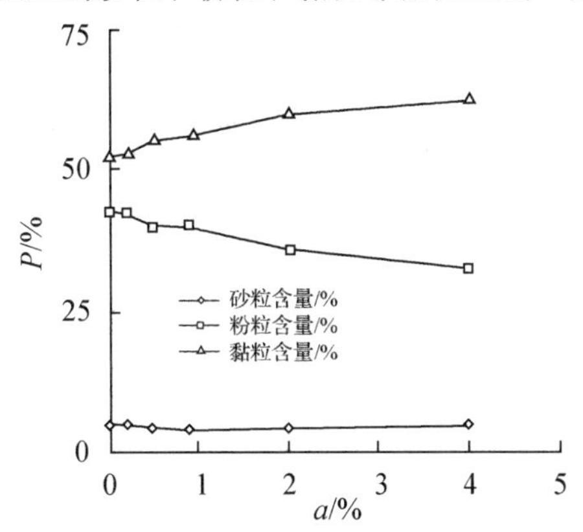

图5-2　不同磷浓度下磷污染红土的颗粒组成

图5-2表明：

磷污染减小了红土的粉粒含量，增大了黏粒含量，砂粒含量稍有减小；随磷浓度的增加，磷污染红土的粉粒含量减小，黏粒含量增加，砂粒含量变化很小。相比素红土，当磷浓度由0.2%增大到4.0%时，磷污染红土的黏粒含量增大了1.3%～18.9%；粉粒含量相应减小。这说明磷污染破坏了红土颗粒之间的连接能力，引起粗颗粒减少，细小颗粒增多，对应的粉粒含量减小，黏粒含量增大；磷浓度越大，对红土颗粒之间连接能力的破坏程度越大，粗颗粒越少，细小颗粒越多，粉粒含量越小，黏粒含量越大。

5.2.3　界限含水特性

图5-3给出了磷污染红土的液限 ω_L、塑限 ω_p 和塑性指数 I_p 随不同磷浓度 a 的变化。

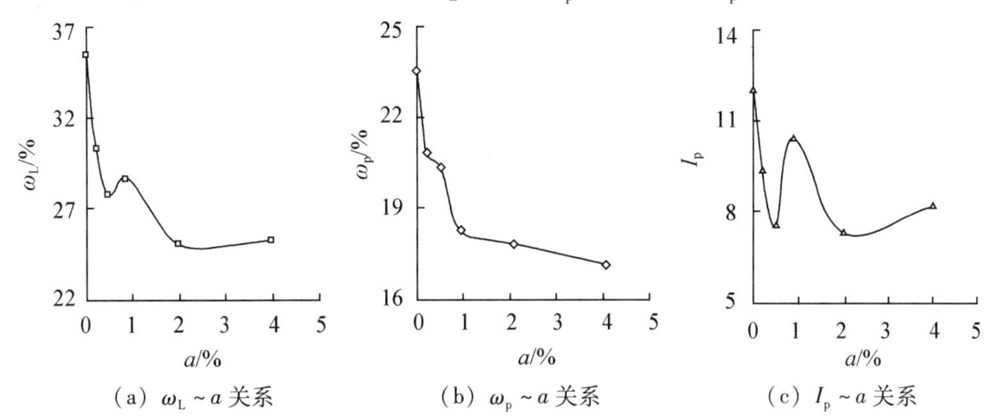

(a) $\omega_L \sim a$ 关系　(b) $\omega_p \sim a$ 关系　(c) $I_p \sim a$ 关系

图5-3　不同磷浓度下磷污染红土的界限含水率

图5-3表明：

总体上，磷污染减小了红土的液限、塑限、塑性指数等界限含水特性。随磷浓度的增大，磷污染红土的液限、塑性指数呈波动减小，在磷浓度为0.5%时出现波谷，磷浓度为0.9%时出现波峰；塑限逐渐减小。相比素红土，当磷浓度由0.2%增大到4.0%时，磷污染红土的液限减小了14.9%～28.7%，塑限减小了11.5%～27.2%，塑性指数减小了21.7%～39.2%。在磷浓度为0.5%的波谷时，液限减小了21.7%，塑性指数减小了37.5%；在磷浓度为0.9%的波峰时，相比波谷，液限增大了3.2%，塑性指数增大了39.3%。这说明磷污染破坏了红土颗粒吸附水的能力；磷浓度越大，对红土颗粒的破坏越强，红土颗粒吸附水的能力越弱，磷污染红土的界限含水率越小；磷污染对红土塑性指数的影响最大，对塑限影响相对较小，对液限影响居中。

5.2.4 击实特性

5.2.4.1 磷浓度的影响

图5-4给出了不同浸润时间 t 下磷污染红土的最佳击实指标——最大干密度 $\rho_{d\max}$ 和最优含水率 ω_{op} 随不同磷浓度 a 的变化。

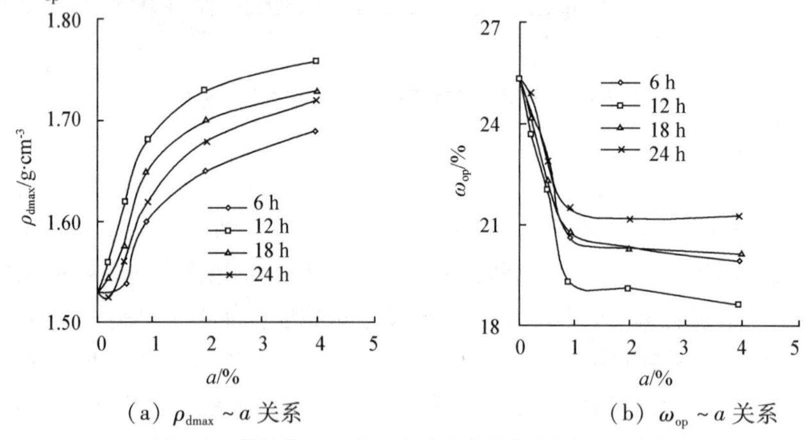

（a）$\rho_{d\max}\sim a$ 关系　　（b）$\omega_{op}\sim a$ 关系

图5-4　磷污染红土的最佳击实指标随磷浓度的变化

图5-5给出了不同浸润时间 t 下磷浓度 a 对磷污染对红土最佳击实指标的影响程度，以浓度影响系数来衡量。浓度影响系数是指磷污染前后红土最佳击实指标的变化与磷污染前素红土的最佳击实指标之比，包括最大干密度浓度影响系数 $R_{\rho_{d\max}-a}$ 和最优含水率浓度影响系数 $R_{\omega_{op-a}}$。

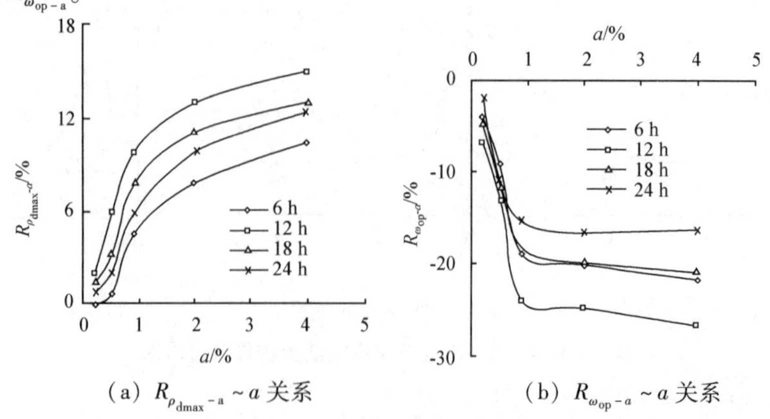

（a）$R_{\rho_{d\max}-a}\sim a$ 关系　　（b）$R_{\omega_{op}-a}\sim a$ 关系

图5-5　磷污染红土最佳击实指标的浓度影响系数随磷浓度的变化

图5－4、图5－5表明：

不同浸润时间下，磷污染增大了红土的最大干密度，减小了红土的最优含水率。随磷浓度的增大，磷污染红土的最大干密度逐渐增大，最优含水率逐渐减小。磷浓度较低时，最大干密度增长较快，最优含水率减小较快；浓度较高时，最大干密度增长变缓，最优含水率减小也变缓。

相比素红土，当磷浓度由0.2%增大到4.0%时，如浸润时间为12 h，磷污染红土的最大干密度增大了2.0%～15.0%，最优含水率减小了6.7%～26.8%；磷浓度小于0.9%时，磷污染红土的最大干密度增大了9.8%，最优含水率减小了24.0%；磷浓度大于0.9%达到4.0%时，相比浓度为0.9%的，最大干密度仅增大了4.8%，最优含水率仅减小了3.6%。由此可见，相同浸润时间下，磷浓度对红土最优含水率的影响大于对最大干密度的影响。就最佳击实指标的时间加权平均值进行比较（这里最佳击实指标的时间加权平均值是指对相同磷浓度、不同浸润时间下磷污染红土的最佳击实指标按时间进行加权平均，用以衡量不同浸润时间的影响），当磷浓度按0%、0.2%、0.5%、0.9%、2.0%、4.0%增大时，相比素红土，磷浓度对红土最大干密度的时间加权平均值的影响程度分别为1.1%、3.0%、7.1%、10.7%、12.9%，对红土最优含水率的时间加权平均值的影响程度分别为－3.9%、－11.0%、－18.3%、－19.5%、－20.2%。由此可见，不考虑时间因素，磷浓度对红土最优含水率的影响大于对最大干密度的影响。

以上试验结果说明，不同浸润时间下，磷污染增强了红土的击实性，磷浓度越大，红土越易击实，即击实效果越好；磷污染红土的最大干密度越大，最优含水率越小。

5.2.4.2　浸润时间的影响

图5－6给出了不同磷浓度 a 下磷污染红土的最大干密度 ρ_{dmax} 和最优含水率 ω_{op} 随不同浸润时间 t 的变化。

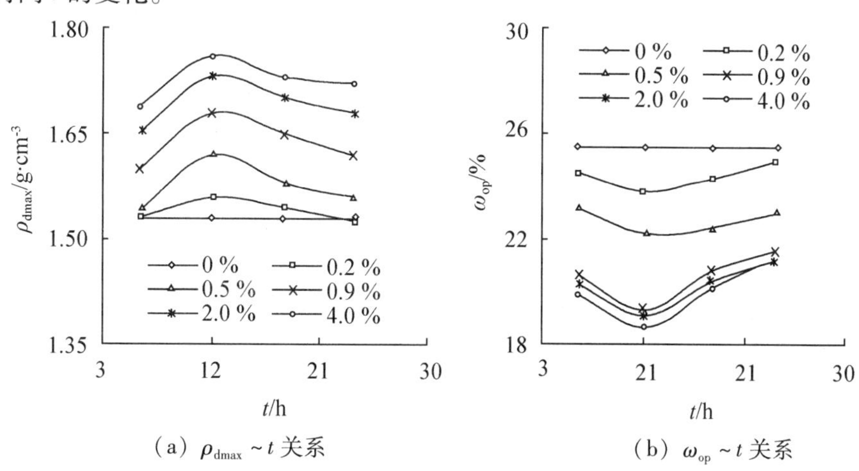

（a）$\rho_{dmax}\sim t$ 关系　　（b）$\omega_{op}\sim t$ 关系

图5－6　磷污染红土的最佳击实指标随浸润时间的变化

图5－7给出了不同磷浓度 a 下浸润时间 t 对磷污染红土最佳击实指标的影响程度，以时间影响系数来衡量。时间影响系数是指某一浸润时间前后磷污染红土最佳击实指标的变化与某一浸润时间下磷污染红土的最佳击实指标之比，这里的某一浸润时间是指6 h，包括最大干密度时间影响系数 $R_{\rho_{dmax}-t}$ 和最优含水率时间影响系数 $R_{\omega_{op}-t}$。

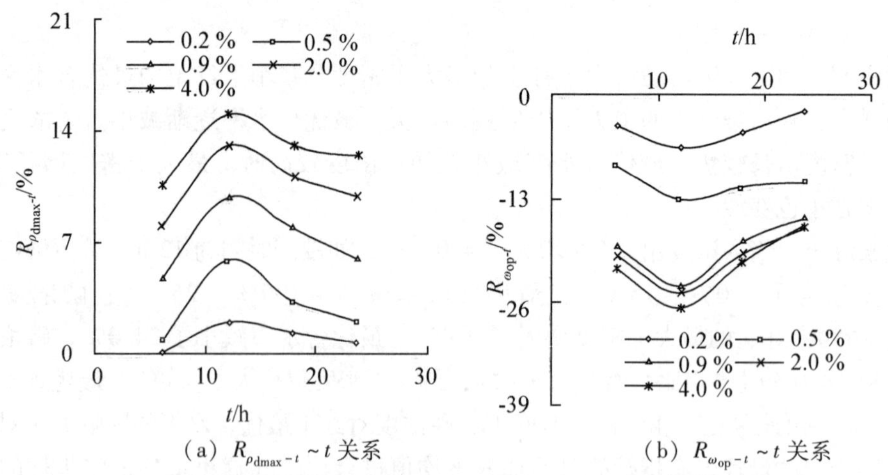

（a）$R_{\rho_{dmax}-t}\sim t$ 关系　　　（b）$R_{\omega_{op}-t}\sim t$ 关系

图5－7　磷污染红土最佳击实指标的时间影响系数随浸润时间的变化

图5－6、图5－7表明：

磷加入红土的浸润时间对红土的击实特性有影响。总体上，随浸润时间的延长，相同浓度下，浸润时间12 h以内，磷污染红土的最大干密度增大，呈凸形变化趋势，在12 h时出现峰值；最优含水率对应减小，呈凹形变化趋势，在12 h时出现谷值。浸润时间超过12 h，磷污染红土的最大干密度减小，最优含水率对应增大。对应最大干密度和最优含水率的浓度加权平均值也呈这一变化趋势。

如磷浓度0.9%，浸润时间由6 h延长到12 h时，最大干密度增大了5.0%，最优含水率减小了6.3%；浸润时间由12 h延长到24 h时，最大干密度减小了3.6%，最优含水率增大了11.4%。其他浓度下的变化也呈这一趋势。可见，相同浓度下，浸润时间对磷污染红土最优含水率的影响大于对最大干密度的影响。就浓度加权平均值进行比较，当浸润时间分别按6 h、12 h、18 h、24 h延长，相比浸润时间6 h的，浸润时间对磷污染红土最大干密度的浓度加权平均值的影响程度分别为4.4%、2.6%、1.6%，对最优含水率的浓度加权平均值的影响程度分别为－6.0%、0.4%、5.3%。可见，不考虑浓度因素，浸润时间对红土最优含水率的影响大于对最大干密度的影响。这说明相同浓度下，磷污染红土浸润时间较短或较长时，红土的击实效果较差，最大干密度较小，最优含水率较大。只有浸润时间适中时，磷污染红土才能够获得较好的击实效果，这时最大干密度较大，最优含水率较小。本试验条件下，适中的浸润时间是12 h，即最佳浸润时间。红土的直剪、固结、渗透试验的制样时间以最佳浸润时间来控制。

5.2.5　抗剪强度特性

5.2.5.1　磷污染红土的抗剪强度线

图5－8给出了不同磷浓度 a、不同干密度 ρ_d 下磷污染红土的抗剪强度 τ_f 与垂直压力 p 的变化关系，即磷污染红土的抗剪强度线。

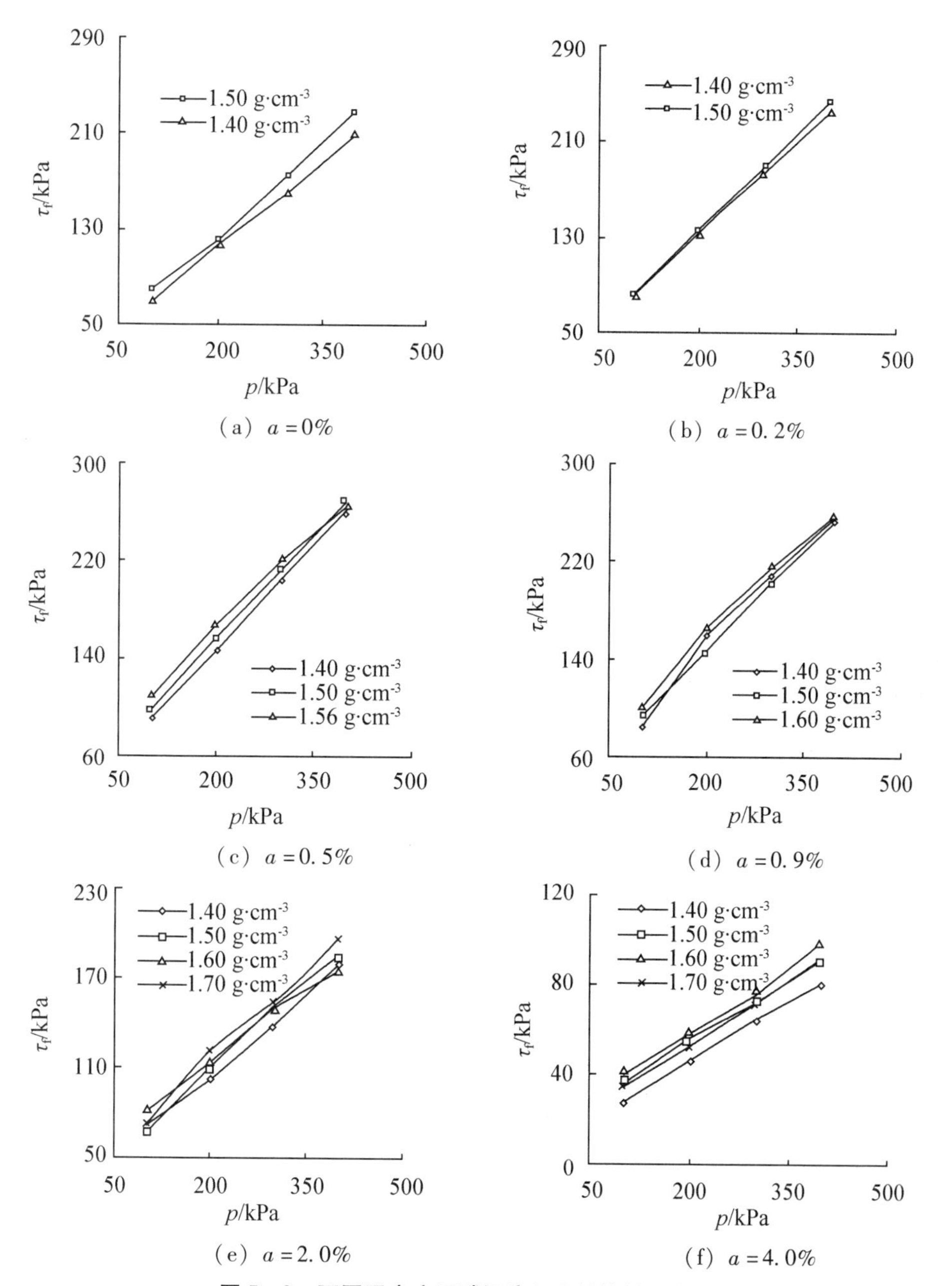

图5-8　不同干密度下磷污染红土的抗剪强度线

图5-8表明：

相同垂直压力、不同磷浓度、不同干密度条件下，素红土和磷污染红土的抗剪强度都随垂直压力的增大而增大。磷浓度相同条件下，随干密度的增大，磷污染红土的抗剪强度增大。

5.2.5.2　磷污染红土的抗剪强度

(1) 磷浓度的影响。

图5-9给出了干密度ρ_d分别为1.40 g·cm^{-3}、1.50 g·cm^{-3}及不同垂直压力p下磷污染红土的抗剪强度τ_f随磷浓度a的变化。

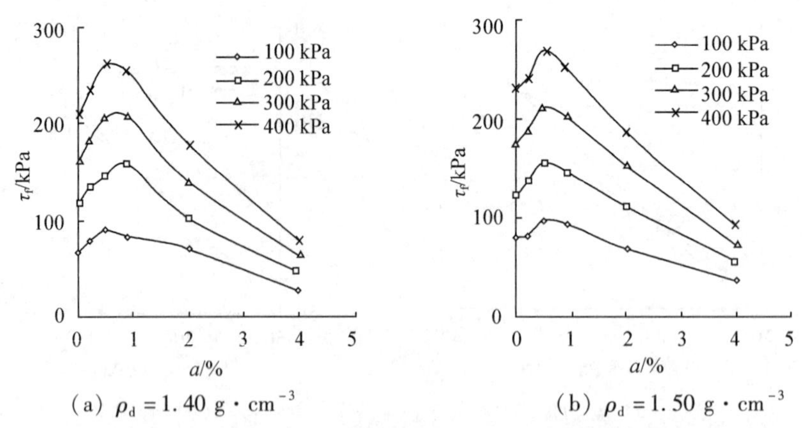

(a) $\rho_d = 1.40\ g \cdot cm^{-3}$　　(b) $\rho_d = 1.50\ g \cdot cm^{-3}$

图 5-9　不同垂直压力下磷污染红土的抗剪强度随磷浓度的变化

图 5-9 表明：

磷污染改变了红土的抗剪强度。相同垂直压力下，磷浓度小于 0.5% ~0.9% 时，磷污染红土的抗剪强度增大，高于素红土的抗剪强度，在 0.5% 或 0.9% 时出现峰值；磷浓度大于 0.5% ~0.9% 时，磷污染红土的抗剪强度减小，磷浓度为 4.0% 时，低于素红土的抗剪强度。干密度为 1.50 g · cm^{-3}，垂直压力 400 kPa 时，磷浓度由 0% 增大到 0.5%，相比素红土，磷污染红土的抗剪强度增大了 17.7%；磷浓度由 0.5% 增大到 4.0%，相比磷浓度为 0.5% 的峰值，磷污染红土的抗剪强度急剧减小，减小了 66.7%，相比素红土（0%）减小了 60.9%。其他垂直压力下的变化情况也是如此。这一试验结果说明，垂直压力相同的情况下，较低的磷浓度（0.5% ~0.9%）有助于提高红土的抗剪强度；较高的磷浓度会导致红土的抗剪强度急剧降低。

图 5-10（a）给出了不同干密度 ρ_d 条件下磷污染红土的垂直压力加权平均抗剪强度 τ_{fj} 随不同磷浓度 a 的变化。这里的垂直压力加权平均抗剪强度是指对不同垂直压力下磷污染红土的抗剪强度进行压力加权平均，用以衡量不同垂直压力对磷污染红土抗剪强度的影响。图 5-10（b）给出了不同干密度 ρ_d 条件下磷污染红土垂直压力加权平均抗剪强度的浓度影响系数 $R_{\tau_f - a}$ 随磷浓度 a 的变化。这里的浓度影响系数是以相同干密度下、浓度变化前后磷污染红土的垂直压力加权平均抗剪强度之差与浓度变化前磷污染红土的垂直压力加权平均抗剪强度之比来衡量的。

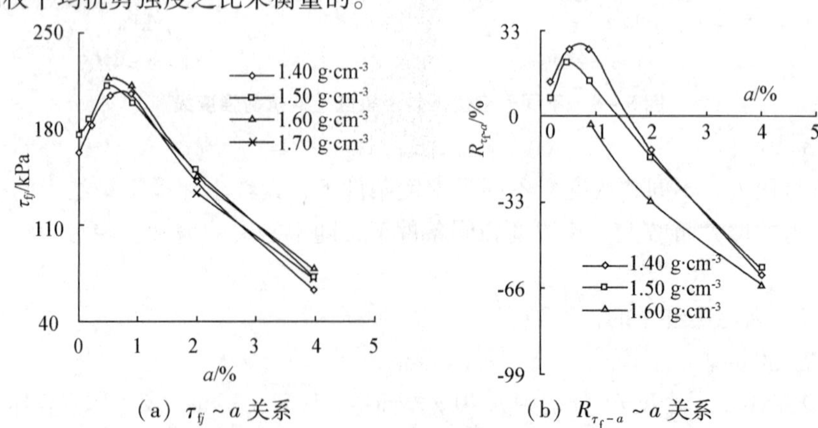

(a) $\tau_{fj} \sim a$ 关系　　(b) $R_{\tau_f - a} \sim a$ 关系

图 5-10　不同干密度下磷污染红土的垂直压力加权平均抗剪强度和浓度影响系数随磷浓度的变化

图 5－11 给出了磷污染红土垂直压力加权平均抗剪强度的密度加权平均值 $\tau_{f\rho}$ 随不同磷浓度 a 的变化。这里的密度加权平均值是指对相同磷浓度、不同干密度下磷污染红土的垂直压力加权平均抗剪强度按干密度进行加权平均，用以衡量不同干密度对磷污染红土抗剪强度的影响。

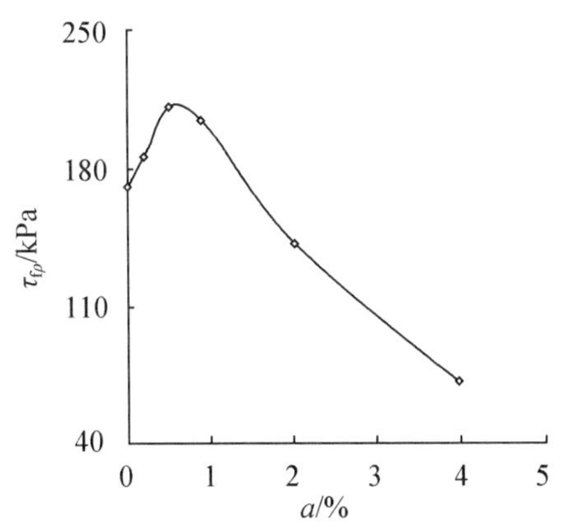

图 5－11　磷污染红土的密度加权平均抗剪强度随磷浓度的变化

图 5－10、图 5－11 表明：

相同干密度条件下，磷浓度小于 0.5% ~0.9% 时，磷污染红土的抗剪强度增大，高于素红土的抗剪强度，在 0.5% 或 0.9% 时出现峰值；磷浓度大于 0.5% ~0.9% 时，磷污染红土的抗剪强度减小；磷浓度为 4.0% 时，其值低于素红土的抗剪强度。干密度为 1.50 $g \cdot cm^{-3}$时，磷浓度由 0% 增大到 0.5%，相比素红土（0%），磷污染红土的抗剪强度增大，其浓度影响系数为 23.1%；磷浓度由 0.5% 增大到 4.0% 时，相比磷浓度 0.5% 的峰值，磷污染红土的抗剪强度急剧减小，其浓度影响系数为 －67.2%；相比素红土（0%）减小了 59.6%。就抗剪强度的密度加权平均值进行比较，随磷浓度的增大，磷污染红土的密度加权平均抗剪强度呈凸形变化趋势，磷浓度为 0.5% 时出现极大值，相比素红土增大了 24.7%；随磷浓度的进一步增大，密度加权平均抗剪强度减小，磷浓度达 2.0%、4.0% 时已经减小到素红土以下，分别减小了 16.0%、58.1%。以上试验结果说明，干密度相同的情况下，较低的磷浓度（0.5% ~0.9%）有助于提高红土的抗剪强度；较高的磷浓度会导致红土的抗剪强度急剧降低。

（2）干密度的影响。

图 5－12（a）给出了不同磷浓度 a 下磷污染红土的垂直压力加权平均抗剪强度 τ_{fj} 随不同干密度 ρ_d 的变化。这里的垂直压力加权平均抗剪强度是指对不同垂直压力下磷污染红土的抗剪强度按压力进行加权平均。图 5－12（b）给出了不同磷浓度 a 下磷污染红土垂直压力加权平均抗剪强度的密度影响系数 $R_{\tau_f - \rho}$ 随干密度 ρ_d 的变化。这里的密度影响系数是以相同磷浓度下、干密度变化前后磷污染红土加权平均抗剪强度之差与干密度变化前磷污染红土的垂直压力加权平均抗剪强度之比来衡量的。

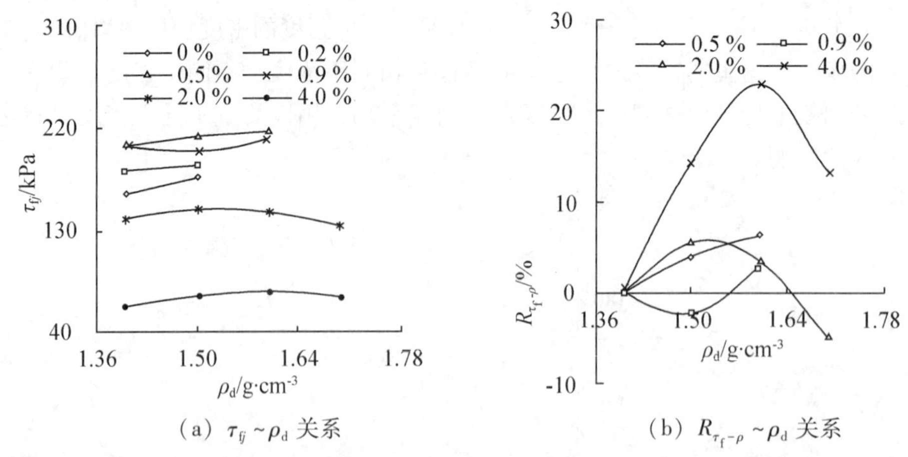

（a）$\tau_{fj} \sim \rho_d$ 关系　　（b）$R_{\tau_f-\rho} \sim \rho_d$ 关系

图 5－12　不同磷浓度下磷污染红土的垂直压力加权平均抗剪强度和密度影响系数随干密度的变化

图 5－12 表明：

总体上，不同磷浓度下，随干密度的增大，磷污染红土的抗剪强度呈增大趋势。当干密度由 1.40 g · cm^{-3}增大到 1.60 g · cm^{-3}时，相比 1.40 g · cm^{-3}的干密度，磷浓度为 0.5% 时磷污染红土的抗剪强度增大，其密度影响系数为 6.3%；磷浓度为 2.0% 时，其密度影响系数为 3.6%；磷浓度 4.0% 时，其密度影响系数为 22.9%。这一试验结果说明，在磷浓度相同的情况下，较高的干密度有助于提高红土的抗剪强度。

5.2.5.3　磷污染红土的抗剪强度指标

（1）磷浓度的影响。

图 5－13 给出了不同干密度 ρ_d 条件下，磷污染红土的黏聚力 c 和内摩擦角 φ 两个抗剪强度指标随不同磷浓度 a 的变化。

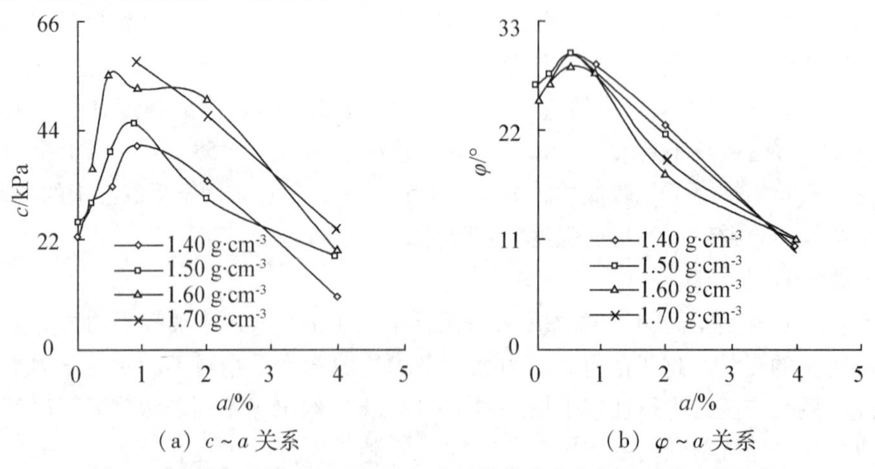

（a）$c \sim a$ 关系　　（b）$\varphi \sim a$ 关系

图 5－13　不同干密度下磷污染红土的抗剪强度指标随磷浓度的变化

图 5－14 给出了不同干密度 ρ_d 条件下，磷污染红土的黏聚力 c 和内摩擦角 φ 两个抗剪强度指标的密度加权平均值随磷浓度 a 的变化。黏聚力的密度加权平均值 c_ρ 是指对相同磷浓度、不同干密度下磷污染红土的黏聚力按干密度进行加权平均，内摩擦角的密度加权平均值 φ_ρ 是指对相同磷浓度、不同干密度下磷污染红土的内摩擦角按干密度进行加权平均，用以衡量不同干密度对磷污染红土黏聚力和内摩擦角两个抗剪强度指标的影响。

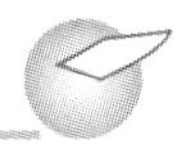

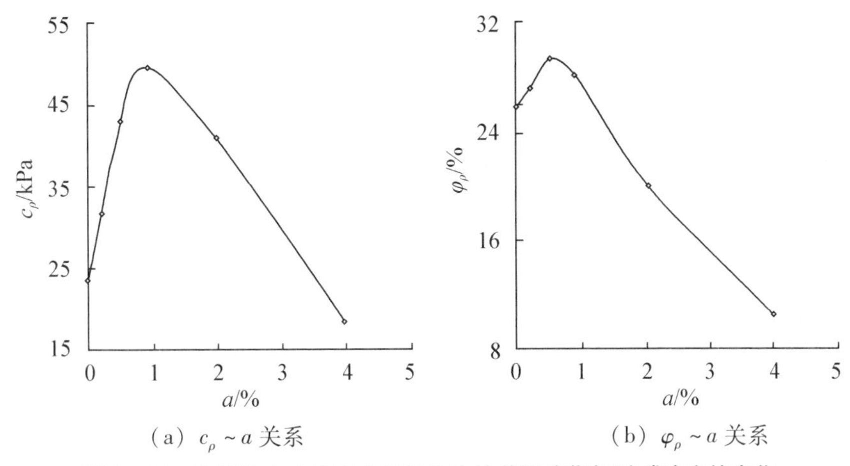

（a）$c_\rho \sim a$ 关系　　（b）$\varphi_\rho \sim a$ 关系

图5-14　磷污染红土的密度加权平均抗剪强度指标随磷浓度的变化

图5-15给出了磷污染红土密度加权平均抗剪强度指标的浓度影响系数随磷浓度 a 的变化。这里的浓度影响系数是以浓度变化前后，磷污染红土的密度加权平均抗剪强度指标之差与浓度变化前磷污染红土的密度加权平均抗剪强度指标之比来衡量的。包括黏聚力浓度影响系数 $R_{c_\rho-a}$ 和内摩擦角浓度影响系数 $R_{\varphi_\rho-a}$。

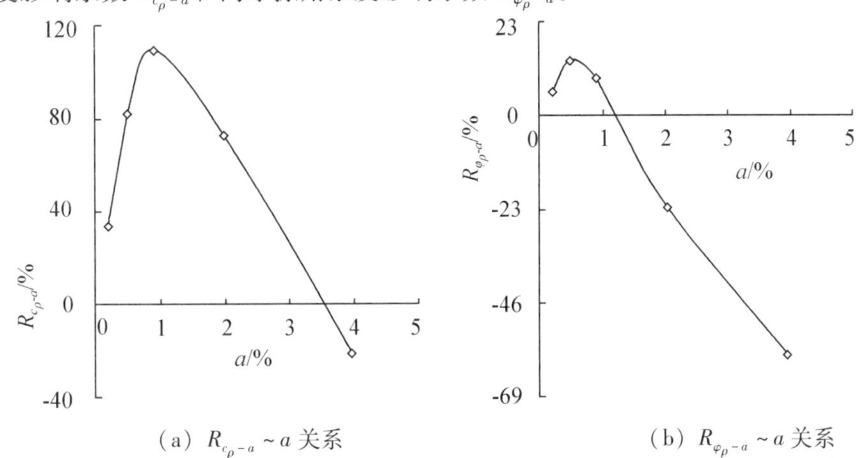

（a）$R_{c_\rho-a} \sim a$ 关系　　（b）$R_{\varphi_\rho-a} \sim a$ 关系

图5-15　磷污染红土密度加权平均抗剪强度指标的浓度影响系数随磷浓度的变化

图5-13、图5-14、图5-15表明：

总体上，不同干密度条件下，磷污染减小了红土的黏聚力和内摩擦角两个抗剪强度指标。磷浓度较小时，黏聚力和内摩擦角增大，即高于素红土的黏聚力和内摩擦角，且存在峰值；随磷浓度的进一步增大，磷污染红土的抗剪强度指标迅速减小，小于素红土的黏聚力和内摩擦角。

如干密度为1.40 $g \cdot cm^{-3}$ 条件下，磷污染红土的黏聚力在磷浓度为0.9%时出现峰值，相比素红土增大了85.6%；内摩擦角在磷浓度为0.5%时出现峰值，相比素红土增大了19.0%。磷浓度达4.0%时，相比峰值，磷污染红土的黏聚力减小了74.7%，内摩擦角减小了66.7%；相比素红土，黏聚力减小了53.0%，内摩擦角减小了60.4%。其他浓度下也呈这一变化趋势。就抗剪强度指标的密度加权平均值进行比较，随磷浓度的增大，磷污染红土的黏聚力和内摩擦角呈凸形变化趋势，磷浓度为0.9%时黏聚力出现极大值，磷浓度为0.5%时内摩擦角出现极大值；相比素红土，黏聚力的浓度影响系数为109.8%，内摩擦角的浓度影响系数为13.7%。随磷浓度的进一步增大，磷污染红土的黏聚力和内摩擦角逐渐减小，当磷浓度达4.0%时，已经减小到素红土以下，这时黏聚力的浓度影响系数为-22.4%，内摩擦角的浓度影响系数为-59.3%。这说明磷浓度对红土黏聚力的影响大于对内摩擦角的影响。磷浓度较低时，磷污染有利于提高红土的黏聚力和内摩擦角，增强了磷污染红土的结构稳定性；磷浓度较高时，磷污染显著减小了红土的黏聚力和内摩擦角，最终减弱了磷污染红土的结构稳定性。

（2）干密度的影响。

图5-16给出了不同磷浓度 a 条件下，磷污染红土的黏聚力 c 和内摩擦角 φ 两个抗剪强度指标随不同干密度 ρ_d 的变化。

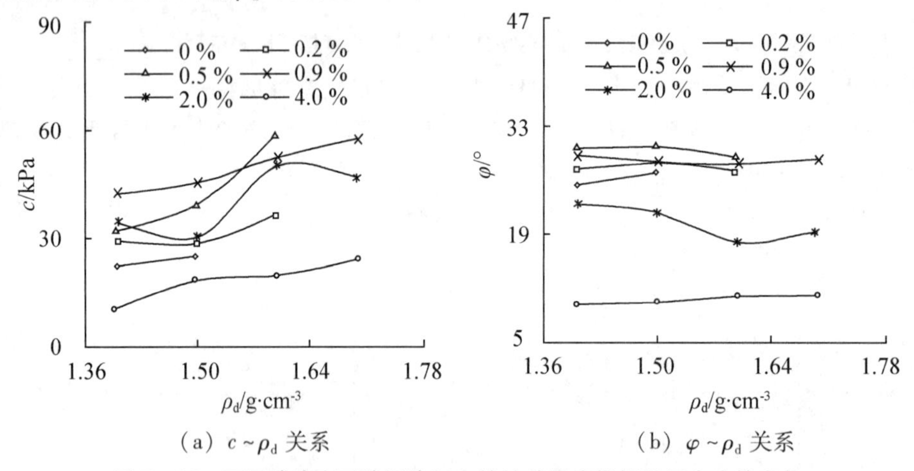

（a）$c \sim \rho_d$ 关系　　（b）$\varphi \sim \rho_d$ 关系

图5-16　不同磷浓度下磷污染红土的抗剪强度指标随干密度的变化

图5-16表明：

总体上，随干密度的增大，磷污染红土的黏聚力抗剪强度指标呈增大趋势，内摩擦角抗剪强度指标呈减小趋势。当干密度由1.40 $g \cdot cm^{-3}$ 增大到1.60 $g \cdot cm^{-3}$，磷浓度分别为0.2%、0.5%、0.9%、2.0%、4.0%时，磷污染红土的黏聚力相应增大了24.5%、80.3%、24.2%、47.6%、88.7%，内摩擦角分别按-1.0%、-3.8%、-3.5%、-21.8%、10.4%的程度变化。这一试验结果说明，干密度对磷污染红土黏聚力的影响大于其对内摩擦角的影响；干密度的增大显著增强了磷污染红土颗粒之间的连接能力，减弱了磷污染红土颗粒之间的摩擦能力。

5.2.6　压缩特性

5.2.6.1　磷污染红土的压缩曲线

图5-17给出了不同磷浓度 a、不同干密度 ρ_d 条件下，磷污染红土的孔隙比 e 随垂直压力 p 的变化关系，即磷污染红土的压缩曲线。

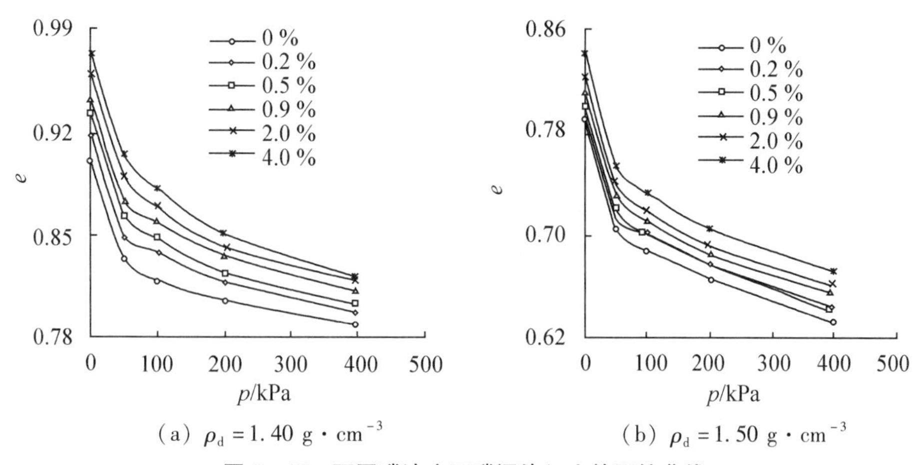

（a）$\rho_d = 1.40\ g\cdot cm^{-3}$　　（b）$\rho_d = 1.50\ g\cdot cm^{-3}$

图5－17　不同磷浓度下磷污染红土的压缩曲线

图5－17表明：

相同磷浓度、不同干密度条件下，磷污染红土压缩曲线的变化趋势与素红土一致，随垂直压力的增大，孔隙比减小。当垂直压力由0 kPa增大到400 kPa、干密度为1.40 g·cm^{-3}时，素红土的孔隙比减小了12.3%；磷浓度分别为0.2%、0.5%、0.9%、2.0%、4.0%的情况下，其对应的磷污染红土的孔隙比分别减小了13.3%、14.0%、13.9%、14.7%、15.6%。其他干密度条件下也呈这一变化趋势。可见，在压缩过程中，磷污染红土孔隙比的减小程度大于素红土孔隙比的减小程度。相同垂直压力、不同磷浓度的下，磷污染红土的压缩曲线位置均高于素红土；随磷浓度的增大，磷污染红土的压缩曲线位置逐步提高，孔隙比增大。这一试验结果说明，压缩后磷污染红土的孔隙比仍然大于素红土的孔隙比，其微结构相比素红土更松散。如垂直压力为200 kPa、干密度为1.40 g·cm^{-3}、磷浓度为4.0%时，压缩后磷污染红土的孔隙比为0.851，大于素红土的孔隙比0.806，即磷污染增大了红土的压缩性。

5.2.6.2　磷污染红土的孔隙比

图5－18给出了不同垂直压力p、不同干密度ρ_d条件下，磷污染红土的孔隙比e随磷浓度a的变化。

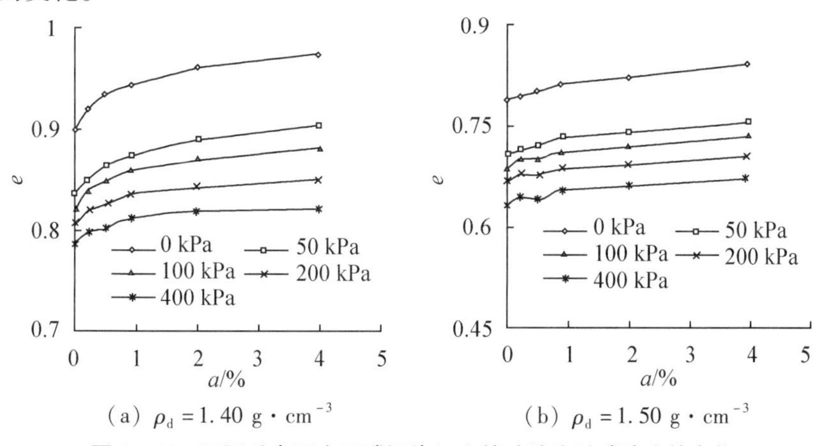

（a）$\rho_d = 1.40\ g\cdot cm^{-3}$　　（b）$\rho_d = 1.50\ g\cdot cm^{-3}$

图5－18　不同垂直压力下磷污染红土的孔隙比随磷浓度的变化

图 5－18 表明：

压缩过程中，不同垂直压力条件下，随磷浓度的增大，磷污染红土的孔隙比增大。当磷浓度由 0%、0.2%、0.5%、0.9%、2.0% 增大到 4.0%，干密度为 1.40 $g \cdot cm^{-3}$ 时，相比素红土，垂直压力为 0 kPa 时，磷污染红土的孔隙比分别增大了 2.2%、3.8%、4.8%、6.7%、8.2%；垂直压力为 400 kPa 时，磷污染红土的孔隙比分别增大了 1.1%、1.8%、2.9%、3.8%、4.2%。其他干密度条件下也呈这一变化趋势。可见，当磷浓度由 0% 增大到 4.0%，低压力时磷污染红土孔隙比增大的程度大于高压力时的孔隙比增大程度，反映出不同垂直压力下磷浓度越大，磷污染红土受压后的孔隙比越大。由此说明，磷污染增大了红土颗粒之间的孔隙，导致磷污染红土易于压缩，即其压缩性增强。

5.2.6.3　磷污染红土的压缩性指标

图 5－19（a）给出了不同干密度 ρ_d 条件下，垂直压力 p 为 100～200 kPa 之间的压缩系数 a_v 随磷浓度 a 的变化，图 5－19（b）给出了对应的压缩模量 E_s 随磷浓度 a 的变化。

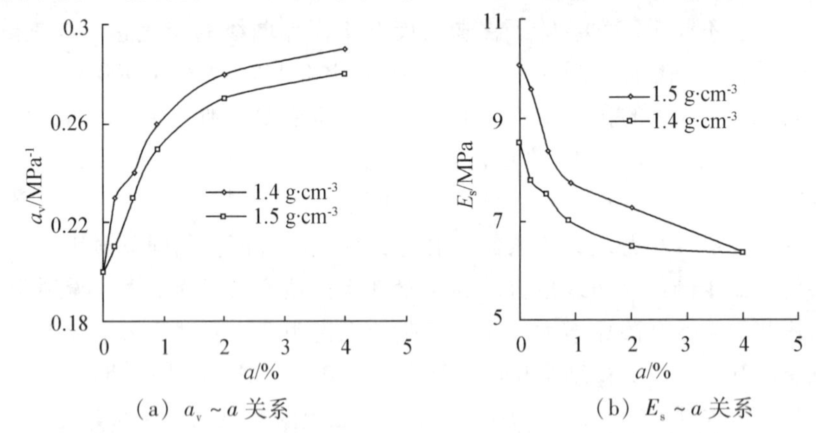

（a）$a_v \sim a$ 关系　　（b）$E_s \sim a$ 关系

图 5－19　不同密度下磷污染红土的压缩性指标随磷浓度的变化

图 5－19 表明：

相比素红土，磷污染红土的压缩系数增大，压缩模量减小；随磷浓度的增大，磷污染红土的压缩系数增大，压缩模量减小；随干密度的增加，磷污染红土的压缩系数减小，压缩模量增大。干密度为 1.40 $g \cdot cm^{-3}$，当磷浓度按 0%、0.2%、0.5%、0.9%、2.0%、4.0% 增大时，相比素红土，磷污染红土的压缩系数分别增大了 15.0%、20.0%、30.0%、40.0%、45.0%，压缩模量分别减小了 8.7%、12.1%、18.3%、23.7%、25.6%。其他干密度条件下也呈这一变化趋势。磷浓度由 0% 增大到 4.0% 时，压缩系数由素红土的 0.20 MPa^{-1} 增大到磷污染红土的 0.29 MPa^{-1}，虽仍划分为中压缩性，但磷污染红土的压缩性增强了 45.0%，增强显著，而压缩模量减小了 25.6%。这说明磷污染降低了红土的结构稳定性。

5.2.7　渗透特性

5.2.7.1　磷污染红土的渗透系数随磷浓度的变化

图 5－20（a）给出了不同干密度 ρ_d 条件下，磷污染红土的渗透系数 k 随不同磷浓度 a 的变化。图 5－20（b）给出了磷浓度 a 对磷污染红土渗透系数 k 的影响程度，以渗透

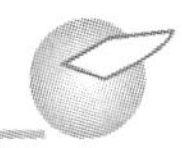

系数的浓度影响系数 R_{k-a} 来衡量。渗透系数的浓度影响系数是指相同干密度下，磷污染前后红土渗透系数的变化与磷污染前素红土的渗透系数之比。

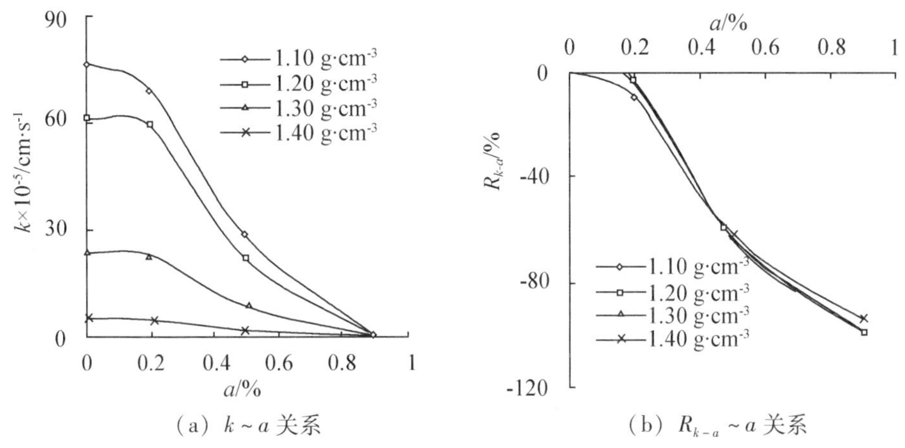

图5－20　不同干密度下磷污染红土渗透系数及其浓度影响系数随磷浓度的变化

图5－20表明：

不同干密度条件下，相比素红土，磷污染红土的渗透系数减小；随磷浓度的增大，磷污染红土的渗透系数逐渐减小。磷浓度较小时，不同干密度下磷污染红土和素红土的渗透系数差异显著；磷浓度较大时，不同干密度下磷污染红土和素红土的渗透系数差异缩小，基本重合。当磷浓度按0%、0.2%、0.5%、0.9%增大，相比素红土，干密度为1.20 g·cm^{-3}时，磷污染红土渗透系数的浓度影响系数分别为－3.2%、－64.2%、－99.5%；干密度为1.30 g·cm^{-3}时，磷污染红土渗透系数的浓度影响系数分别为－3.8%、－64.2%、－98.6%。可见，不同干密度条件下，随磷浓度的增大，磷污染红土的渗透系数减小程度增大。如干密度为1.30 g·cm^{-3}时，素红土的渗透系数为 2.37×10^{-4} cm·s^{-1}；磷浓度分别为0.5%、0.9%时，磷污染红土的渗透系数分别为 8.49×10^{-5} cm·s^{-1}、3.31×10^{-6} cm·s^{-1}，其渗透能力划分为由素红土的中等透水性转变为磷污染红土的弱透水性。就渗透系数的干密度加权平均值进行比较，当磷浓度由0%增大到0.9%时，相比素红土，不同干密度下磷污染红土渗透系数的加权平均值减小了98.8%。这说明磷浓度越大，磷污染红土渗透系数的减小程度越大，即磷污染显著降低了红土的渗透性。

5.2.7.2　磷污染红土的渗透系数随干密度的变化

图5－21（a）给出了不同磷浓度 a 条件下，磷污染红土的渗透系数 k 随不同干密度 ρ_d 的变化。图5－21（b）给出了干密度 ρ_d 对磷污染红土渗透系数 k 的影响程度，以渗透系数的密度影响系数 $R_{k-\rho}$ 来衡量。渗透系数的密度影响系数是指磷污染红土在其他干密度下的渗透系数与干密度为1.10 g·cm^{-3}对应渗透系数之差与干密度1.10 g·cm^{-3}时的渗透系数之比。

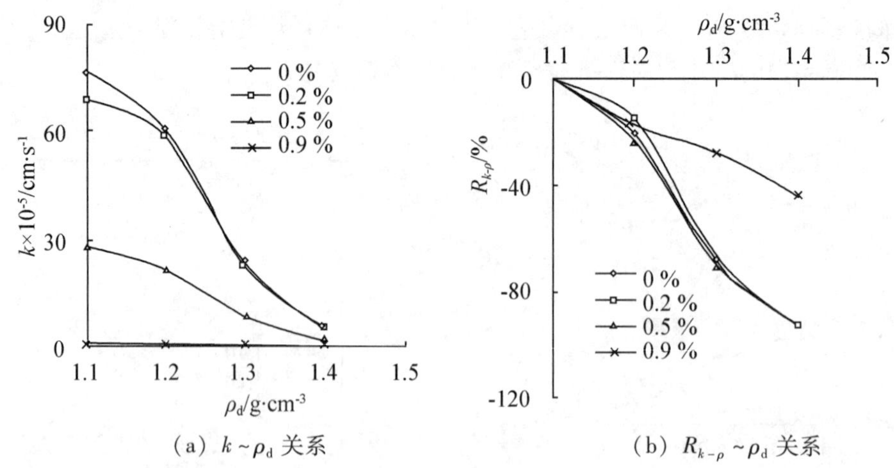

（a）$k\sim\rho_d$ 关系　　（b）$R_{k-\rho}\sim\rho_d$ 关系

图 5－21　不同磷浓度下磷污染红土渗透系数及其密度影响系数随干密度的变化

图 5－21 表明：

不同磷浓度条件下，相比初始干密度 1.10 g·cm^{-3}，磷污染红土的渗透系数减小；随干密度的增大，磷污染红土的渗透系数逐渐减小。干密度较小时，不同磷浓度下磷污染红土和素红土的渗透系数差异显著；干密度较大时，不同磷浓度下磷污染红土和素红土的渗透系数差异缩小。当干密度按 1.10 g·cm^{-3}、1.20 g·cm^{-3}、1.30 g·cm^{-3}、1.40 g·cm^{-3}增大时，相比初始干密度，素红土渗透系数的密度影响系数分别为 -20.7%、-69.1%、-93.4%；当磷浓度为 0.5% 时，磷污染红土渗透系数的密度影响系数分别为 -23.0%、-70.0%、-93.3%。可见，不同磷浓度下，随干密度的增大，素红土和磷污染红土渗透系数的减小程度增大。如磷浓度为 0.5%、干密度为 1.10 g·cm^{-3}时，磷污染红土的渗透系数为 28.3 × 10^{-5} cm·s^{-1}；干密度分别为 1.20 g·cm^{-3}、1.30 g·cm^{-3}、1.40 g·cm^{-3}时，磷污染红土的渗透系数分别为 21.80×10^{-5} cm·s^{-1}、8.49×10^{-5} cm·s^{-1}、1.91×10^{-5} cm·s^{-1}，其渗透能力划分为由低干密度下的中等透水性转变为高干密度下的弱透水性。就渗透系数的浓度加权平均值进行比较，当干密度由 1.10 g·cm^{-3}增大到 1.40 g·cm^{-3}时，相比干密度 1.10 g·cm^{-3}的，不同浓度下磷污染红土渗透系数的浓度加权平均值减小了 92.2%。这一试验结果说明，干密度越大，磷污染红土渗透系数的减小程度越大，干密度的增大显著降低了磷污染红土的渗透性。就磷浓度和干密度对红土渗透系数的加权平均值进行比较，磷浓度对红土渗透系数的干密度加权平均值减小了 98.8%，干密度对磷污染红土渗透系数的浓度加权平均值减小了 92.2%。这说明磷浓度对红土渗透系数的影响程度大于干密度的影响程度。

5.3　磷污染红土的微结构特性

5.3.1　磷浓度的影响

5.3.1.1　微结构图像特性

图 5－22 给出了放大倍数为 2000×、不同磷浓度 a 条件下，剪切后磷污染红土微结

构图像的变化。

(a) 0%，2000× (b) 0.2%，2000× (c) 0.5%，2000×

(d) 0.9%，2000× (e) 2.0%，2000× (f) 4.0%，2000×

图5-22 不同磷浓度下磷污染红土剪切后的微结构图像（2000×）

图5-22表明：

总体上，2000×的放大倍数下，剪切后，素红土颗粒胶结较为密实，真实地展现了素红土的表面整体形态。而磷污染红土剪切后，随磷浓度的增大表现出明显的微结构特征。0.2%浓度条件下，磷污染红土比素红土密实，蜂凝状大块状颗粒增多，结构差异性明显；磷浓度为0.5%时，颗粒形态物理界限不清楚，蜂凝状结块继续扩大，红土颗粒间的孔隙减少，颗粒单元间的胶结程度高；磷浓度为0.9%时，红土颗粒物理界限变得清楚，红土颗粒仍以凝块状为主；磷浓度为2.0%时，红土颗粒表面胶结程度高，空间排列形式紧密，颗粒棱角分明，可辨细颗粒增多；磷浓度为4.0%时，红土凝块状颗粒物理界限变得清楚，颗粒边角形态凹凸分明，连接紧密。

图5-23给出了放大倍数为20000×、不同磷浓度 a 的条件下，剪切后磷污染红土微结构图像的变化。

(a) 0%，20000×

(b) 0.2%，20000×

(c) 0.5%，20000×

(d) 0.9%，20000×

(e) 2.0%，20000×

(f) 4.0%，20000×

图5-23　不同磷浓度下磷污染红土剪切后的微结构图像（20000×）

图5-23表明：

总体上，剪切后，20000×的放大倍数下，随磷浓度的增大，磷污染红土的微结构呈现松散—紧密—松散的特征。剪切后，素红土的黏土矿物堆聚体成片状堆积。磷浓度在0.2%~0.5%之间时，磷污染红土的微结构图像显示，堆聚体由不规则的鳞片状单元堆聚体结构逐渐被钝化成椭圆形蜂窝状堆聚体结构，进而变为紧密的蜂凝状结构单元；氧化铁铝黏土矿物成片状堆积；红土的堆聚密实，颗粒之间的胶结程度高，密实性增强；尤其是磷浓度为0.2%和0.5%时，可见磷污染侵蚀红土新生成的物质受剪切力作用后对红土颗粒的覆盖。磷浓度在0.9%~4.0%之间时，磷污染红土的孔隙间及片状黏土矿物表面形成细小颗粒堆积物，形成新形式的红土结构体，微观结构有所弱化，假堆聚体遭到破坏，密实性减弱。在磷浓度为2.0%时，还可见到生成物的附着；在磷浓度为4.0%时，明显可见微结构松散以及溶蚀孔洞的存在。以上试验结果说明，较低磷浓度下，磷污染可以增强红土微结构的密实性；而较高磷浓度下，磷污染会破坏红土颗粒及其颗粒间的连接，导致其微结构松散，密实性降低。即使受到剪切力的作用，磷浓度越大，其微结构还是越松散，红土颗粒间摩擦力减小，外力作用时容易产生位移和变形。

5.3.1.2　微结构参数特性

图5-24给出了放大倍数为2000×的条件下，剪切后磷污染红土的孔隙率 n、圆形度 Y、分维数 D、定向度 H 等微结构图像参数随磷浓度 a 的变化。

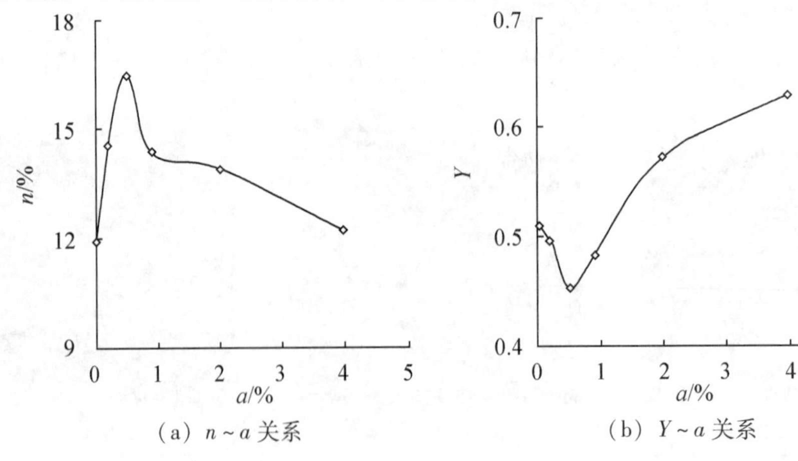

(a) $n \sim a$ 关系　　(b) $Y \sim a$ 关系

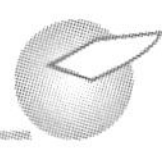

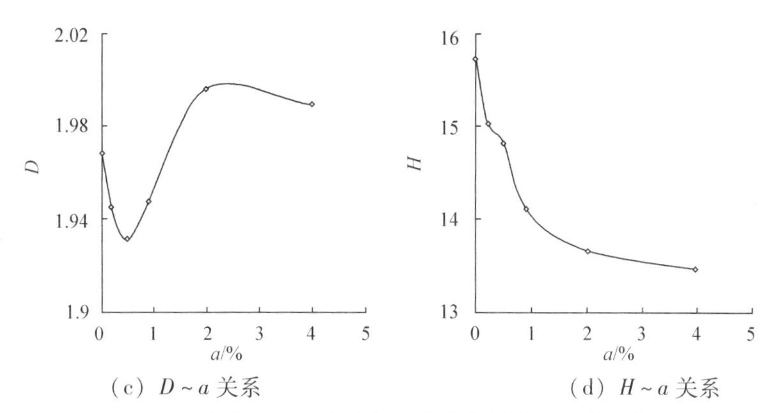

（c） $D \sim a$ 关系　　　（d） $H \sim a$ 关系

图5－24　磷污染剪切红土的微结构图像参数随磷浓度的变化（2000X）

图5－24表明：

在2000×的放大倍数下，随磷浓度的增大，磷污染红土微结构图像参数中，孔隙率呈凸形减小趋势，在磷浓度为0.5%时出现极大值，随后明显减小；红土颗粒的定向度呈凹形增大趋势，在磷浓度为0.5%时出现极小值，随后明显增大；红土颗粒的分维数呈凹形增大趋势，在磷浓度为0.5%时出现极小值，随后明显减小。这一试验结果说明，磷污染破坏了红土颗粒及颗粒间的连接，增大了红土颗粒间的孔隙；颗粒形状接近圆形，其排列的有序性增强，密布程度提高。

5.3.2　受力条件的影响

5.3.2.1　微结构图像特性

图5－25、图5－26给出了磷浓度为4.0%、放大倍数分别为2000×和20000×的条件下，受力前后磷污染红土微结构图像的变化。

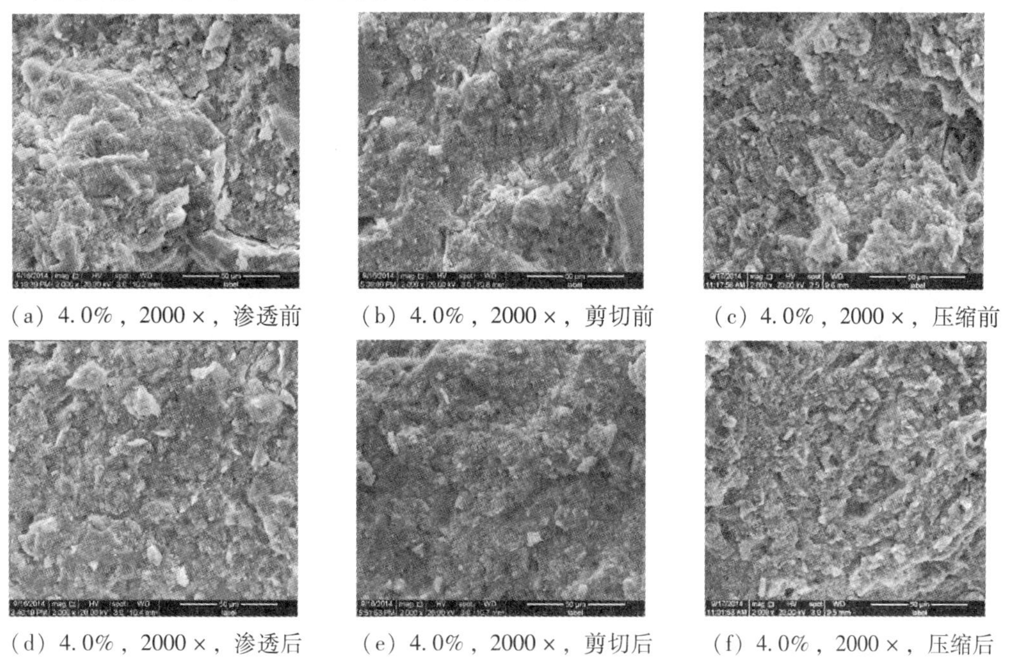

（a）4.0%，2000×，渗透前　（b）4.0%，2000×，剪切前　（c）4.0%，2000×，压缩前

（d）4.0%，2000×，渗透后　（e）4.0%，2000×，剪切后　（f）4.0%，2000×，压缩后

图5－25　受力前后磷污染红土的微结构图像（2000×）

(a) 4.0%，20000×，渗透前　(b) 4.0%，20000×，剪切前　(c) 4.0%，20000×，压缩前
(d) 4.0%，20000×，渗透后　(e) 4.0%，20000×，剪切后　(f) 4.0%，20000×，压缩后

图5-26　受力前后磷污染红土的微结构图像（20000×）

图5-25、图5-26表明：

（1）渗透试验前后。

在2000×的放大倍数下，渗透前，磷污染红土的基本单元体形态分明，界限清楚，单元体本身的胶结程度较高，单元间的联结程度较低，红土的孔隙较大，形状较不规则；渗透后，红土的基本单元体形态变得模糊，单元体本身的胶结程度增强，单元间的联结程度也增强，红土的孔隙较小，形状较规则。在20000×的放大倍数下，磷污染红土孔隙间形成细小颗粒堆积物，形成新形式的红土结构体，在渗透试验水分充足的情况下，细小土颗粒悬浮在土体孔隙间，形成泥浆胶体，阻塞了红土中的孔隙，使其渗透性降低；在磷污染红土的密实度、压缩性增大的同时，大孔隙减少，渗透性降低。

（2）剪切试验前后。

在2000×的放大倍数下，剪切前，磷污染红土颗粒形状分明，红土的孔隙较大，形状较不规则；剪切后，红土的基本单元体形态模糊，红土的孔隙较小，形状较规则。在20000×的放大倍数下，红土黏土矿物的孔隙间形成了许多细小颗粒堆积物，形成新形式的红土结构堆聚体。磷污染对红土的微观结构有所弱化，破坏了红土的假堆聚体，使红土的单元间联结程度降低，红土颗粒间摩擦力减小，在受到外力作用时产生位移，抗剪强度降低。

（3）压缩试验前后。

在2000×的放大倍数下，压缩前，磷污染红土的基本单元体形态清楚，红土的孔隙较大，形状较不规则；压缩后，红土的基本单元体形态物理界限模糊，单元体本身的胶结程度增强，单元间的联结程度也增强，红土的孔隙较小。在20000×的放大倍数下，相比素红土，压缩前后磷污染红土孔隙间形成细小颗粒堆积物，形成新形式的红土结构体，压缩后图像大孔隙减少，定向性变好，红土颗粒间的摩擦力减小，在受到外力作用时更容易产滑动，压缩性增大。

5.3.2.2　微结构参数特性

表5－3给出了磷浓度为4.0%、放大倍数为2000×的条件下，磷污染红土受力前后微结构图像参数的变化。

表5－3　受力前后磷污染红土的微结构图像参数（2000×）

受力条件	孔隙比 e	圆形度 R	定向度 H	分维数 D
渗透前	0.153	0.4114	17.704	1.987
渗透后	0.152	0.4870	15.285	1.945
剪切前	0.155	0.4515	17.602	1.991
剪切后	0.123	0.5731	15.380	1.984
压缩前	0.154	0.4094	16.570	2.006
压缩后	0.059	0.4920	13.609	1.987

表5－3表明：

相比渗透、剪切、压缩等受力前，受力后磷污染红土的孔隙比减小，颗粒圆形度增大，定向度减小，分维数减小。相比受力前，渗透、剪切、压缩后磷污染红土的孔隙比分别减小了0.7%、20.7%、61.7%，颗粒圆形度分别增大了18.4%、26.9%、20.2%，定向度分别减小了13.7%、12.6%、17.9%，分维数分别减小了2.1%、0.4%、1.0%。这一试验结果说明，受力后磷污染红土颗粒间的孔隙减小，颗粒棱角破碎，形状接近圆形，颗粒排列有序性增强，密实性提高。

5.3.3　放大倍数的影响

图5－27给出了磷浓度为4.0%的条件下，磷污染红土的微结构图像随不同放大倍数的变化。

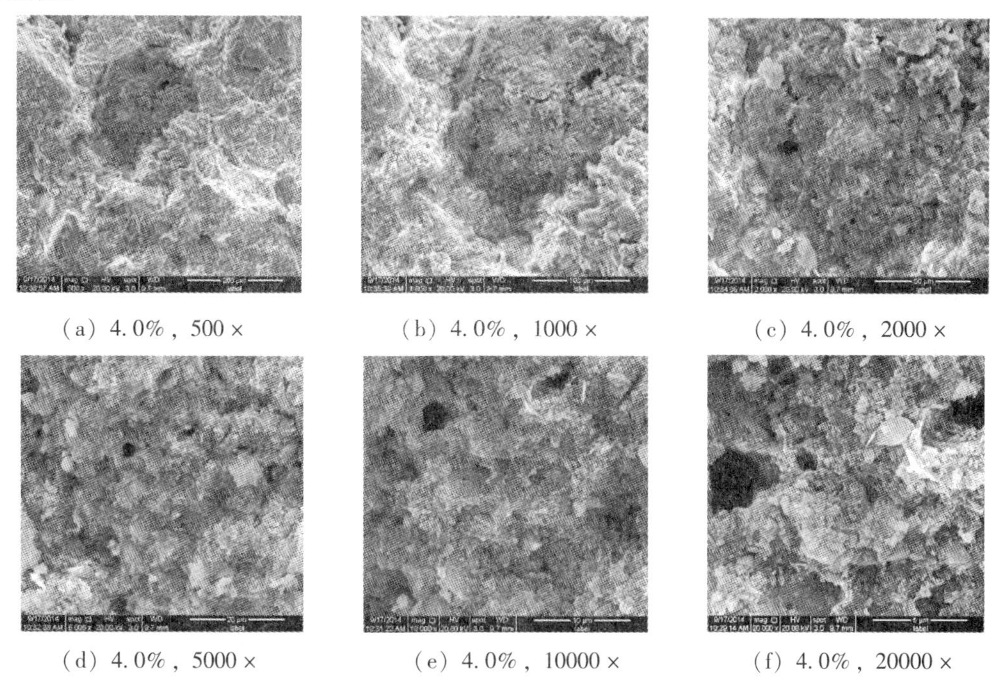

（a）4.0%，500×　（b）4.0%，1000×　（c）4.0%，2000×

（d）4.0%，5000×　（e）4.0%，10000×　（f）4.0%，20000×

图5－27　不同放大倍数下磷污染红土的微结构图像

图5－27表明：

总体上，磷浓度为4.0%的条件下，随放大倍数的增大，磷污染红土的微结构呈现出粗糙、松散、孔洞增大的特征。1000×的放大倍数下，磷污染红土仍然呈现出较为密实的状态，几乎没有明显的大孔隙，随着放大倍数的增大，磷污染红土细小的孔隙被放大，颗粒和孔隙的边缘逐渐清晰分辨开来。2000×的放大倍数下，较为真实地展现了磷污染红土整体的表面形态，孔隙明显，红土中原本看不见的孔隙和颗粒也变得清楚可见，比素红土密实，结构差异性最为明显。5000×的放大倍数下，观察到的是红土的几个颗粒或孔隙的图像，微结构图像获取的微观结构信息逐渐减少，只是局部信息，较大的放大倍数易导致覆盖或忽略红土的真实结构。10000×的放大倍数下，主要看到的是红土黏土矿物的堆聚，原来在2000×图像中较小的孔隙被放大，占据整幅图像的面积比例也增大，相比素红土，磷污染红土黏土矿物堆聚清晰可见。20000×的放大倍数下，可以看到磷污染红土颗粒更细部的特征，这时的孔隙并非真实的孔隙，而是磷污染红土颗粒间片状氧化铁铝矿物的联结情况。这说明放大倍数越大，观测到的是磷污染红土团粒内部愈发松散的微结构状态。

5.4　磷与红土间的相互作用

磷与红土间的相互作用包括六偏磷酸钠的水解、吸附络合、还原氧化和成盐4个作用过程。

5.4.1　磷污染红土的作用机理

5.4.1.1　水解作用

$(NaPO_3)_6$属于强碱弱酸盐，溶于水，在水中首先发生水解作用，生成NaOH和HPO_3结构单元，其水解反应为：

$$(NaPO_3)_6+6H_2O \longrightarrow 6NaOH+6HPO_3 \tag{5-1}$$

水解生成的NaOH使得溶液呈碱性，磷溶液加入到红土中，红土中的两性物质$Al(OH)_3$与NaOH发生化学反应，生成$NaAlO_2$和H_2O，初期对红土造成一定程度的侵蚀作用。而另一种水解产物HPO_3结构单元的性质不稳定，在NaOH与红土中的两性物质$Al(OH)_3$反应的同时促使水解生成的HPO_3结构单元进一步水解成正磷酸盐。其作用过程如下：

$$HPO_3+H_2O \longrightarrow H_3PO_4 \tag{5-2}$$

$$H_3PO_4 \longrightarrow H^+ + H_2PO_4^- \tag{5-3}$$

$$H_2PO_4^- \longrightarrow H^+ + HPO_4^{2-} \tag{5-4}$$

$$HPO_4^{2-} \longrightarrow H^+ + PO_4^{3-} \tag{5-5}$$

而在$(NaPO_3)_6$溶液中，随着pH值的变化，磷酸根离子的类型随着质子的解离和缔合而在动态变化。在温度为20℃、溶液pH值为8.6、磷浓度为4.0%的$(NaPO_3)_6$水溶液中，主要为HPO_4^{2-}，少量的$H_2PO_4^-$和微量的PO_4^{3-}。

5.4.1.2　吸附络合作用

吸附络合作用是指在库伦力、范德华力、化学键能的作用下，红土中的矿物表面和游离氧化物对阴阳离子的配位吸附和阴阳离子交换的过程。

红土中的游离氧化物最先发生阴阳离子交换反应，以表面交换量最大。$(NaPO_3)_6$溶液加入到红土中主要随着水分作溶质迁移，填充于土体颗粒间的空隙中，在与红土矿物表面和游离氧化物接触的同时发生着吸附络合作用，主要形成 P—O—Al 和 P—O—Fe 高稳定性的单双基配位吸附，随着时间的延长，吸附和交换达到动态平衡。三水铝石对磷酸根离子的单、双基配位吸附过程，主要形成 P—O—Al 键；而针铁矿对磷酸根离子的双基配位吸附过程，主要形成 P—O—Fe 键。其作用过程如下：

$$Al—OH_2]^+ + HPO_4^{2-} \longrightarrow Al—OPOO(OH)]^- + H_2O \tag{5-6}$$

$$Al—OH_2]^+ + H_2PO_4^- \longrightarrow Al—OPO(OH)_2]^0 + H_2O \tag{5-7}$$

$$OH_2FeOH_2]^+ + HPO_4^{2-} \longrightarrow OH_2Fe—OPOO(OH)]^- + H_2O \tag{5-8}$$

$$OH_2FeOH_2]^+ + H_2PO_4^- \longrightarrow OH_2Fe—OPO(OH)_2]^0 + H_2O \tag{5-9}$$

在 NaOH 存在的碱性条件下，游离态 Fe_2O_3最先转化为针铁矿，针铁矿不稳定，进而又与钠离子交换，转化为钠铁矿，钠铁矿又发生水解反应生成针铁矿，最终达到动态平衡。试验过程中表现为红土颜色由亮红色变为浅黄色。

作用过程如下：

$$Fe_2O_3\text{（游离态）} + H_2O \longrightarrow 2FeOOH \tag{5-10}$$

$$NaOH + FeOOH \longrightarrow NaFeO_2 + H_2O \tag{5-11}$$

$$NaFeO_2 + H_2O \longrightarrow NaOH + FeOOH \tag{5-12}$$

三水铝石矿物表面与 NaOH 反应生成 $NaAlO_2$和 H_2O，其作用过程如下：

$$Al(OH)_3 + NaOH \longrightarrow NaAlO_2 + 2H_2O \tag{5-13}$$

其中偏铝酸钠的化学性质不稳定且易容于水，吸湿极易潮解。

红土中的赤铁矿和三水铝石对磷酸根阴离子的配位吸附和离子交换，降低了红土矿物表面的动电位的绝对值，提高了红土矿物表面颗粒间的静电，使排斥力增大，从而增强了红土矿物表面与水的接触面积，在红土表面形成亲水性吸附膜，降低了水和红土中黏土矿物表面的界面张力，致其液限、塑限和塑性指数减小。同时，在碱性条件下，红土颗粒处于分散状态，细小的粉粒和黏粒被分散破坏为更小的黏粒和胶粒，导致磷污染红土的黏粒含量增加。

5.4.1.3　还原氧化作用

还原氧化作用是指六偏磷酸钠污染红土，电子在红土氧化铁矿物表面的传递引起铁元素价态改变的作用。红土中的还原氧化作用影响磷在红土的形态变化趋势。

$(NaPO_3)_6$溶液加入红土中，随着时间的增加，其与红土颗粒充分接触，当磷酸根与红土中的黏土矿物吸附络合作用达到动态平衡时，红土中的黏土矿物表面还发生着还原氧化作用，破坏了红土原有的胶结结构，$(NaPO_3)_6$与红土接触的同时改变了红土中不活跃的铁元素，黏土矿物表面发生了二价铁的还原后又发生了二价铁的氧化作用。其作用过程如下：

$$FeOOH + e^- + 3H^+ \longrightarrow Fe^{2+} + 2H_2O \tag{5-14}$$

$$\frac{1}{2}Fe_2O_3 + e^- + 3H^+ \longrightarrow Fe^{2+} + \frac{3}{2}H_2O \tag{5-15}$$

$$2Fe^{2+} - 2e^- + O_2 + 4H_2O \longrightarrow 2Fe(OH)_3 \downarrow + 2H^+ \tag{5-16}$$

5.4.1.4　成盐作用

成盐作用是指随着时间的延长，六偏磷酸钠与红土之间发生化学反应生成的可溶性盐类脱水转化为相对稳定的胶体盐类，附着在黏土矿物表面最终生成稳定难容的盐类的过程。

$(NaPO_3)_6$溶液加入红土中，随着时间的延长，可溶性铁铝盐类转化为胶体铁铝盐类，而后脱水转化为稳定的铁铝盐类，附着在黏土矿物表面最终生成稳定的 $AlPO_4$ 和 $FePO_4$盐类。微结构图像可看出黏土矿物表面颗粒变得圆滑，磷污染红土的比重增加等。其作用过程如下：

$$Al(OH)HPO_4 \longrightarrow AlPO_4 \downarrow + H_2O \tag{5-17}$$

$$Al(OH)_2H_2PO_4 \longrightarrow AlPO_4 \downarrow + 2H_2O \tag{5-18}$$

$$Fe(OH)HPO_4 \longrightarrow FePO_4 \downarrow + H_2O \tag{5-19}$$

$$Fe(OH)_2H_2PO_4 \longrightarrow FePO_4 \downarrow + 2H_2O \tag{5-20}$$

5.4.1.5　溶解作用

溶解作用是指随着时间的延长，六偏磷酸钠与红土之间发生化学反应生成的可溶性盐类发生溶解的过程。

以上过程反映出六偏磷酸钠污染红土的化学反应过程十分复杂，受自身浓度、湿度及土壤微环境酸碱度等的影响。

实际上，磷土作用并没有严格的时空界限，其综合作用的结果改变了磷污染红土的宏微观变化特性。表 5-4 给出了六偏磷酸钠与红土相互作用过程中不同作用阶段的磷土作用产物。

表 5-4　磷土作用产物

作用名称	水解作用	吸附络合作用	还原氧化作用	成盐作用
反应物	$(NaPO_3)_6$ 粉末	$OH_2FeOH_2]^+$ $Al-OH_2]^+$ $H_2PO_4^-$ HPO_4^{2-}	$FeOOH$，e^-，H^+ $\frac{1}{2}Fe_2O_3$ $2Fe^{2+}-2e^-$ O_2	$Al(OH)HPO_4$ $Fe(OH)_2H_2PO_4$ $Fe(OH)HPO_4$ $Al(OH)_2H_2PO_4$
生成物	$NaOH$， HPO_3单元	$Al-OPOO(OH)]^-$ $Al-OPO(OH)_2]^0$ $OH_2Fe-OPOO(OH)]^-$ $OH_2Fe-OPO(OH)_2]^0$	Fe^{2+} $Fe(OH)_3\downarrow$	$AlPO_4\downarrow$ $FePO_4\downarrow$
生成物性质	碱性，还原性	不稳定性，黏性	不稳定性	碱性，稳定性

5.5 磷污染红土的宏微观响应关系

5.5.1 物理特性的变化

5.5.1.1 对比重的影响

本试验红土为含硅质铁铝的粉质红土，比重较小，仅为2.69。磷污染红土后，改变了红土的pH值，红土的pH值由6.9增大到9.2，使得红土由弱酸性变为碱性。磷污染红土初期，红土表面的游离氧化铁铝和黏土矿物与磷反应生成磷酸铁铝化合物，这些物质起到包裹填充作用，游离氧化铁铝向着结晶态转化，使得红土颗粒连接紧密而不易被分散，土颗粒的比重增加；Na^+进入扩散层，吸附在红土颗粒表面，也使得红土颗粒的比重增加。随着磷浓度的增大，反应程度加深，生成的磷酸铁磷酸铝的包裹作用增强，同时磷污染红土导致红土中生成了比重较大的$\alpha-Fe_2O_3$和$\beta-NaFeO_2$，导致磷污染红土的比重增大。

5.5.1.2 对颗粒组成的影响

试验所选的污染源$(NaPO_3)_6$作为分散剂的一种，磷污染红土后对红土的颗粒组成有影响，磷污染破坏了红土粉粒集合体间的联结，使得粉粒分散为黏粒，黏粒分散为胶粒，从而导致磷污染红土的黏粒含量增大，矿化成分的改变，同时生成的胶粒状盐类也使红土的黏粒含量增加。随着磷浓度的增加，红土的黏粒含量增加，粉粒含量减小。

5.5.1.3 对界限含水的影响

试验所选的污染源$(NaPO_3)_6$作为减水剂的一种，磷污染红土后对红土的界限含水率有影响。红土的颗粒组成、矿化成分和土中水的化学成分综合反映了红土的可塑性。磷土作用改变了红土的颗粒组成和矿化成分，黏粒含量增大，可塑性增强；由于红土中发生了吸附络合反应，Na^+进入扩散层，导致红土颗粒表面的弱结合水厚度增加，红土颗粒间的联结被削弱，红土颗粒在外力作用下较容易发生位移，使其流动性变好，液塑限降低。

5.5.1.4 对物质组成的影响

$(NaPO_3)_6$溶液在接触红土矿物表面和游离氧化物时发生着吸附络合作用。三水铝石对磷酸根离子的单、双基配位吸附过程，主要形成P—O—Al键。针铁矿对磷酸根离子的双基配位吸附过程，主要形成P—O—Fe键。磷污染红土导致红土中生成了新的$\alpha-Fe_2O_3$和$\beta-NaFeO_2$，在NaOH存在的碱性条件下，游离态Fe_2O_3最先转化为针铁矿，进而又与钠离子交换，转化为钠铁矿，钠铁矿又发生水解反应生成针铁矿。三水铝石矿物表面与NaOH反应生成$NaAlO_2$和H_2O，对红土造成一定程度的侵蚀作用。因而，磷污染改变了红土的物质组成。

5.5.2 力学特性的变化

5.5.2.1 对击实特性的影响

试验结果表明，磷污染红土的最优含水率减小，最大干密度增大。磷污染对红土的最优含水率的影响，关键在于磷污染增强了红土矿物表面与水的接触面积，在红土表面形成亲水性吸附膜，结合水膜变厚，封闭了磷污染红土中的部分孔隙，阻塞了水分子进入颗粒内部的通道，基质吸力和表面张力的减小，也造成了磷污染红土的最优含水率减小。实际上，磷污染对红土的最大干密度的影响，关键在于磷与红土之间的作用引起红土的物质成分、基质吸力和表面张力的变化，结合水膜变厚，红土颗粒间的联结被削弱，红土颗粒在外力作用下较容易发生位移，红土颗粒间原有的胶结结构遭到破坏，磷污染红土单元体本身的胶结作用增强，密实性增强，最大干密度逐渐增大，击实性能提高。

5.5.2.2 对抗剪强度的影响

试验结果表明，磷污染红土的抗剪强度降低。在 NaOH 存在的碱性条件下，游离态 Fe_2O_3最先转化为针铁矿，进而又与钠离子交换，转化为钠铁矿，钠铁矿又发生水解反应生成针铁矿，钠铁矿和针铁矿的生成表明磷污染红土的胶结能力弱，抗剪强度降低。三水铝石矿物表面与 NaOH 反应生成 $NaAlO_2$和 H_2O，对红土造成一定程度的侵蚀作用，劣化了红土的力学性质。$NaAlO_2$的化学性质不稳定且易容于水，吸湿极易潮解，也造成红土胶结能力减弱，抗剪强度降低。此外，磷污染红土增强了红土矿物表面与水的接触面积，在红土表面形成亲水性吸附膜，结合水膜先变薄后变厚，磷污染红土的黏聚力和内摩擦角减小。

$(NaPO_3)_6$溶液在红土黏土矿物表面发生了还原氧化作用，改变了红土中不活跃的铁元素。氧化铁首先发生还原氧化作用，磷污染过程中红土中的黏土矿物表面发生了二价铁的还原，而后又发生二价铁的氧化作用，破坏了红土原有的胶结结构，导致红土的抗剪强度降低。

5.5.2.3 对压缩特性的影响

试验结果表明，磷污染红土的压缩性增大。红土中的赤铁矿和三水铝石对磷酸根阴离子的配位吸附和离子交换，降低了红土矿物表面的动电位的绝对值，提高了红土矿物表面颗粒间的静电，使排斥力增大。由于红土中发生了吸附络合反应，Na^+进入扩散层，导致弱结合水厚度增加，红土颗粒间的联结被削弱，红土颗粒在外力作用下较容易发生位移，红土间的孔隙减少较快，压缩变形增大。磷污染红土降低了水和红土中黏土矿物表面的界面张力，细微颗粒容易进入液相，黏聚力降低的同时，压缩性增大。

5.5.2.4 对渗透特性的影响

试验结果表明，磷污染红土的渗透性降低。$(NaPO_3)_6$溶液加入红土中，磷土作用的吸附络合反应，改变了矿物表面的电位，导致双电层的厚度不同，透水空间减小，进而渗透系数减小；渗透试验水分充足的条件下，形成黏稠度大于水的泥浆胶体，渗透系数降低；磷溶液的运动黏度大于水也致使渗透系数减小。磷污染导致红土的堆聚体遭到破坏，在 NaOH 存在的碱性条件下，红土颗粒处于被分散状态，细小的粉粒和黏粒被分散破坏为更小的黏粒和胶粒，细小的红土颗粒悬浮在土体孔隙间，阻塞了红土中的微小孔

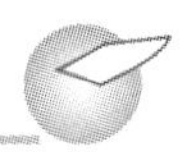

隙，导致磷污染红土的渗透性降低，渗透系数减小。磷与红土之间发生化学反应生成的可溶性铁铝盐类转化为胶体铁铝盐类，堵塞了水分子的通道，使渗透性降低，而后胶体铁铝盐类脱水转化为稳定的铁铝盐类，附着在黏土矿物表面，最终生成稳定的 $AlPO_4$ 和 $FePO_4$ 盐类。从磷污染红土的微结构图像可看出，黏土矿物表面生成了许多细小颗粒的结晶盐类矿物。

磷对红土力学特性的影响十分复杂，受磷自身浓度、红土的土性、红土的微环境和试验条件等的影响。其综合作用的结果改变了磷污染红土的宏观特性。

第6章　硫酸亚铁侵蚀红土的宏微观响应

6.1　试验方案

6.1.1　试验材料

6.1.1.1　试验土样

本试验土样选用昆明市阳宗海红土，该红土的比重为2.89，塑限为31.2%，液限为53.8%（高于50.0%），塑性指数为22.6（大于17.0），粉粒含量为42.5%，黏粒含量为55.0%，分类属于高液限红黏土。

6.1.1.2　污染物的选取

污染物选用在自来水和废水处理中广泛应用的硫酸亚铁（$FeSO_4$）。硫酸亚铁是一种单斜晶体，主要用作自来水和废水处理的絮凝剂，易溶于水，相对密度为1.8987。

6.1.2　宏观特性试验方案

以昆明阳宗海红土为被污染土样，选取硫酸亚铁作为污染物，考虑硫酸亚铁浓度和试样养护时间的影响，将硫酸亚铁溶于水，配制成不同浓度的硫酸亚铁溶液，浸润素红土，制备硫酸亚铁侵蚀红土试样，测试分析硫酸亚铁侵蚀对红土的击实、剪切、压缩、渗透等宏观特性的影响。硫酸亚铁浓度控制为0%、0.5%、0.75%、1.0%、2.0%、4.0%，试样养护时间控制为4 h、8 h、12 h、18 h、24 h、2 d、6 d、10 d、23 d。其中，浓度0%代表硫酸亚铁未侵蚀的素红土。

试验过程中，干密度控制范围为1.15～1.42 $g\cdot cm^{-3}$，含水率控制范围为28.0%～37.0%。先通过击实试验，确定硫酸亚铁侵蚀红土的最佳击实状态以及最佳浸润时间；再根据最佳浸润时间和控制的含水率，将硫酸亚铁溶液分层均匀喷洒在素红土上进行浸润，采用分层击样法制备干密度为1.20 $g\cdot cm^{-3}$的直剪、固结、渗透试样；最后将制好的试样放在保湿恒温箱中，控制20℃的养护温度进行养护，达到不同养护时间后取出试样进行直剪、固结、渗透试验，测试分析硫酸亚铁侵蚀红土的宏观受力特性。

6.1.3　微结构特性试验方案

与硫酸亚铁侵蚀红土的宏观特性试验方案相对应，考虑硫酸亚铁浓度、试样养护时间的影响，制备不同影响因素下硫酸亚铁侵蚀红土的微结构试样，运用扫描电镜（SEM）获取不同影响因素下硫酸亚铁侵蚀红土的微结构图像，测试分析硫酸亚铁侵蚀红土的微结构特性。

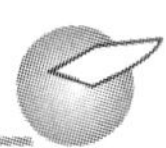

6.2　硫酸亚铁侵蚀红土的宏观特性

6.2.1　击实特性

6.2.1.1　硫酸亚铁侵蚀红土的最佳击实指标

图 6－1 给出了不同浸润时间下硫酸亚铁侵蚀红土的最大干密度 ρ_{dmax} 和最优含水率 ω_{op} 两个最佳击实指标随硫酸亚铁浓度 a 的变化，其中浓度 0% 代表硫酸亚铁未侵蚀的素红土，取 24 h 浸润时间下的最佳击实指标进行对比。

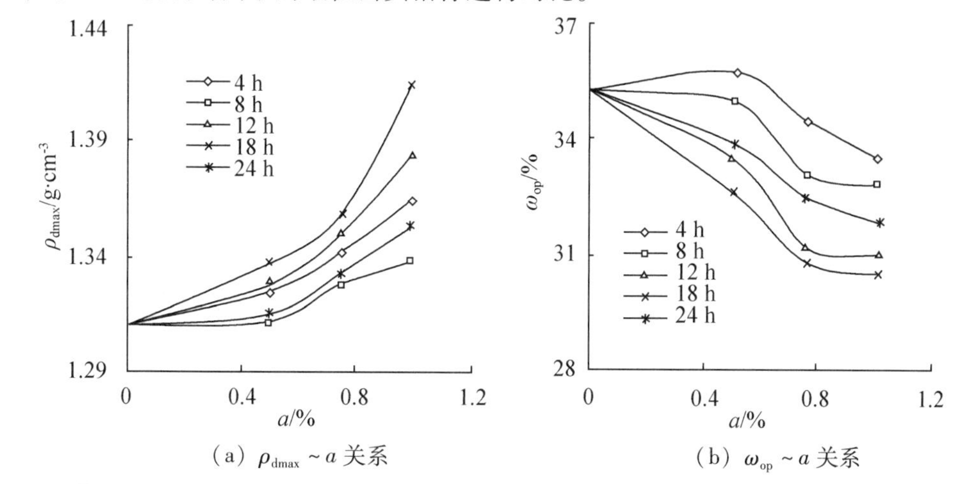

（a）$\rho_{dmax} \sim a$ 关系　　（b）$\omega_{op} \sim a$ 关系

图 6－1　不同浸润时间下硫酸亚铁侵蚀红土的最佳击实指标随硫酸亚铁浓度的变化

图 6－2 给出了对应的硫酸亚铁侵蚀红土的最大干密度和最优含水率的时间加权平均值随硫酸亚铁浓度的变化。这里的时间加权平均值是指对相同浓度、不同浸润时间下的硫酸亚铁侵蚀红土的最佳击实指标按时间进行加权平均，用以衡量不同浸润时间对硫酸亚铁侵蚀红土最佳击实指标的影响，包括最大干密度的时间加权平均值 ρ_{dmax-t} 和最优含水率的时间加权平均值 ω_{op-t}。

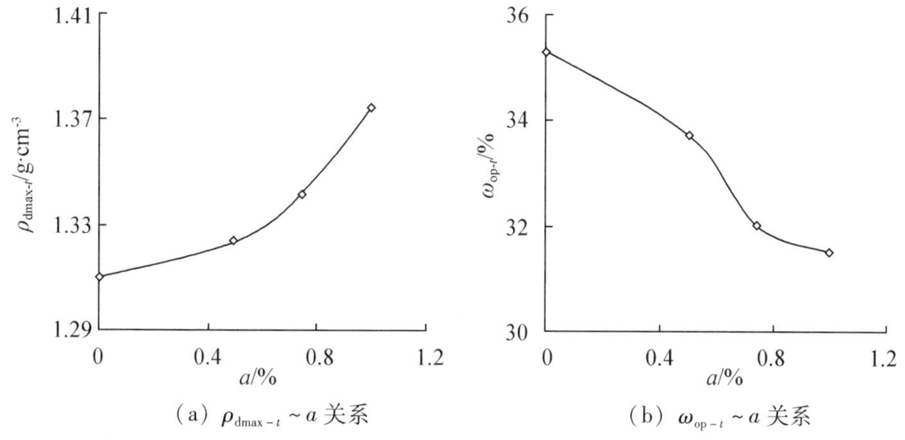

（a）$\rho_{dmax-t} \sim a$ 关系　　（b）$\omega_{op-t} \sim a$ 关系

图 6－2　不同浓度下硫酸亚铁侵蚀红土最佳击实指标的时间加权平均值

图 6－1、6－2 表明：

硫酸亚铁的加入改变了红土的击实特性。相比素红土，相同浸润时间下，总体上，硫酸亚铁侵蚀红土的最大干密度增大，最优含水率减小。硫酸亚铁浓度为1.0%时，浸润时间为18 h的红土，其最大干密度增大了8.0%，最优含水率减小了13.6%；浸润时间为24 h的红土，其最大干密度增大了3.3%，最优含水率减小了9.9%。随硫酸亚铁浓度的增大，红土的最大干密度逐渐增大，最优含水率逐渐减小。浸润时间为18 h，硫酸亚铁浓度由0%增大到0.5%时，最大干密度增大了1.0%、最优含水率减小了4.5%；硫酸亚铁浓度由0.5%增大到0.75%时，最大干密度增大了1.5%、最优含水率减小了5.1%；硫酸亚铁浓度由0.75%增大到1.0%时，最大干密度增大了2.4%、最优含水率减小了1.5%。就最佳击实指标的时间加权平均值进行比较，随硫酸亚铁浓度的增大，硫酸亚铁侵蚀红土最大干密度的时间加权平均值增大，最优含水率的时间加权平均值减小。当硫酸亚铁浓度按0%、0.5%、0.75%、1.0%增大时，相比素红土，硫酸亚铁侵蚀红土最大干密度的时间加权平均值分别增大了1.3%、2.4%、5.0%，最优含水率的时间加权平均值分别减小了4.5%、9.4%、10.7%。可见，硫酸亚铁浓度对红土最优含水率的影响大于对最大干密度的影响。

上述试验结果说明，相同浸润时间下，硫酸亚铁加入越多，红土越容易击实，即击实效果越好，最大干密度越大，最优含水率越小；硫酸亚铁浓度对红土最优含水率的影响大于对最大干密度的影响。

6.2.1.2　硫酸亚铁侵蚀红土的最佳浸润时间

图6-3给出了不同硫酸亚铁浓度条件下，硫酸亚铁侵蚀红土的最大干密度ρ_{dmax}和最优含水率ω_{op}随浸润时间t的变化。

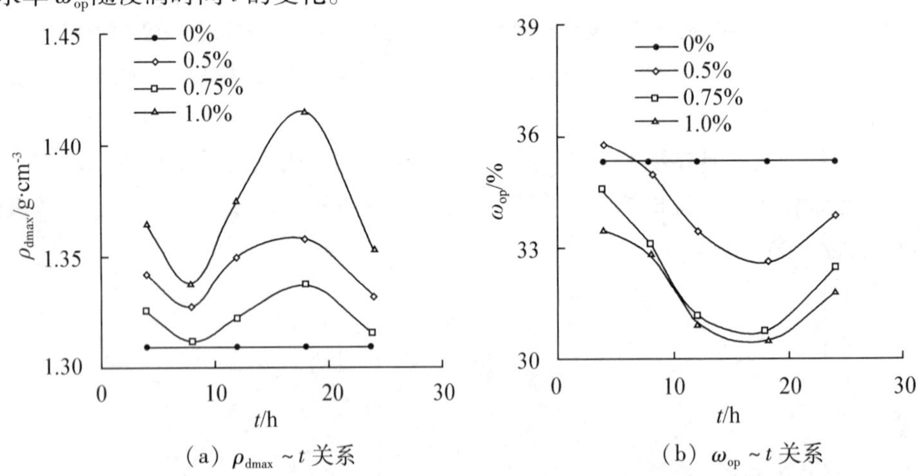

图6-3　不同浓度下硫酸亚铁侵蚀红土的最佳击实指标随浸润时间的变化

图6-4给出了对应的硫酸亚铁侵蚀红土最大干密度和最优含水率的浓度加权平均值随浸润时间的变化。这里的浓度加权平均值是指对相同浸润时间、不同浓度下的硫酸亚铁侵蚀红土的最佳击实指标按浓度进行加权平均，用以衡量不同硫酸亚铁浓度对侵蚀红土最佳击实指标的影响。包括最大干密度的浓度加权平均值ρ_{dmax-a}和最优含水率的浓度加权平均值ω_{op-a}。

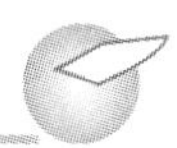

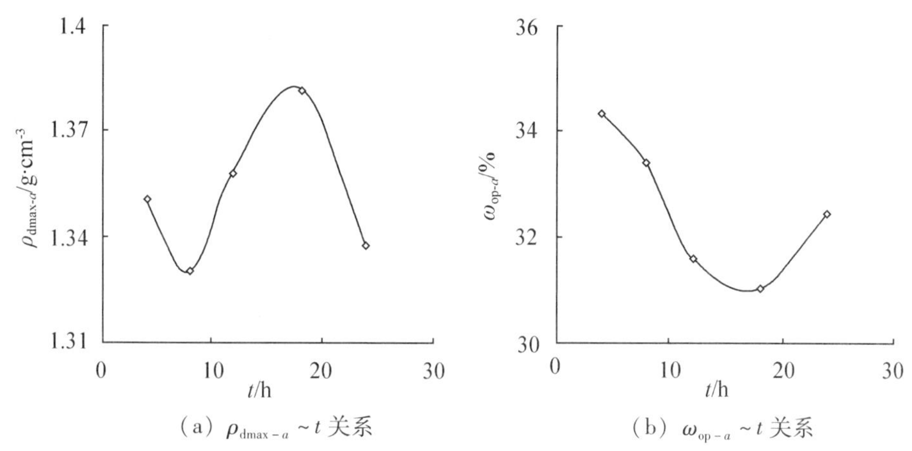

（a）ρ_{dmax-a} ~ t 关系　　（b）ω_{op-a} ~ t 关系

图 6－4　不同浸润时间下硫酸亚铁侵蚀红土最佳击实指标的浓度加权平均值

图 6－3、6－4 表明：

硫酸亚铁加入红土的浸润时间对红土的击实特性有影响。随浸润时间的延长，相同硫酸亚铁浓度下，红土的最大干密度呈波动变化趋势，分别在浸润时间为 8 h 和 18 h 时出现谷值和峰值，而最优含水率呈凹形变化趋势，在浸润时间为 18 h 时出现极小值。对应的最大干密度和最优含水率的浓度加权平均值也呈这一变化趋势。如硫酸亚铁浓度为 1.0% 的情况下，浸润时间由 4 h 延长到 8 h 时，硫酸亚铁侵蚀红土的最大干密度减小了 2.0%，最优含水率减小了 2.1%；浸润时间由 8 h 延长到 18 h 时，最大干密度增大了 5.8%，最优含水率减小了 7.0%；浸润时间由 18 h 延长到 24 h 时，最大干密度减小了 4.4%，最优含水率增大了 4.3%。就最佳击实指标的浓度加权平均值进行比较，当浸润时间按 4 h、8 h、12 h、18 h、24 h 延长，相比浸润时间 4 h 的，硫酸亚铁侵蚀红土最大干密度的浓度加权平均值的变化程度分别为 －1.6%、0.6%、2.3%、－1.0%，最优含水率的浓度加权平均值的变化程度分别为 －2.8%、－7.9%、－9.5%、－5.4%。可见，浸润时间对红土最优含水率的影响大于对最大干密度的影响。

以上试验结果说明，相同浓度下，硫酸亚铁加入后浸润时间较短或较长时，红土都不容易击实，即击实效果较差，且最大干密度较小，最优含水率较大。只有浸润时间适中时，硫酸亚铁侵蚀红土才能够获得较好的击实效果，这时最大干密度较大，最优含水率较小。本试验条件下，这一适中的浸润时间为 18 h，即最佳浸润时间。红土的直剪、压缩、渗透试验的制样时间以最佳浸润时间来控制。

6.2.1.3　最佳浸润时间下硫酸亚铁侵蚀红土的击实效果

表 6－1 给出了最佳浸润时间为 18 h 时，硫酸亚铁浓度对红土最佳击实指标的影响效果，以浓度影响系数来衡量。浓度影响系数是以相同浸润时间、不同浓度下，硫酸亚铁侵蚀前后红土的最佳击实指标之差与侵蚀前素红土的最佳击实指标之比来衡量的。包括最大干密度浓度影响系数 $R_{\rho_{dmax-a}}$ 和最优含水率浓度影响系数 $R_{\omega_{op-a}}$。

表 6－1　硫酸亚铁浓度对红土最佳击实指标的影响（$t=18$ h）

硫酸亚铁浓度	最大干密度		最优含水率	
a/%	ρ_{dmax}/g·cm^{-3}	$R_{\rho_{dmax}-a}$/%	ω_{op}/%	$R_{\omega_{op}-a}$/%
0	1.31	0	35.3	0
0.5	1.34	2.1	32.6	－7.6
0.75	1.36	3.7	30.8	－12.7
1.0	1.42	8.0	30.5	－13.6

表 6－1 表明：

在最佳浸润时间为 18 h 的条件下，相比素红土，随硫酸亚铁浓度的增大，硫酸亚铁侵蚀红土的最大干密度逐渐增大，最优含水率逐渐减小。当硫酸亚铁浓度由 0% 增大到 1.0% 时，硫酸亚铁侵蚀红土的最大干密度增大了 8.0%，最有含水率减小了 13.6%。这说明在最佳浸润时间下，硫酸亚铁的加入，增强了红土的击实性，减弱了红土的含水能力。

6.2.2　抗剪强度特性

6.2.2.1　硫酸亚铁浓度对抗剪强度的影响

图 6－5（a）给出了垂直压力为 200 kPa、不同养护时间 t 的条件下，硫酸亚铁侵蚀红土的抗剪强度 τ_f 随硫酸亚铁浓度 a 的变化，图 6－5（b）给出了对应的硫酸亚铁侵蚀红土抗剪强度的时间加权平均值 τ_{ft} 随硫酸亚铁浓度 a 的变化。这里的时间加权平均值是指对相同浓度、不同养护时间下的硫酸亚铁侵蚀红土的抗剪强度按时间进行加权平均，用以衡量不同养护时间对硫酸亚铁侵蚀红土抗剪强度的影响。

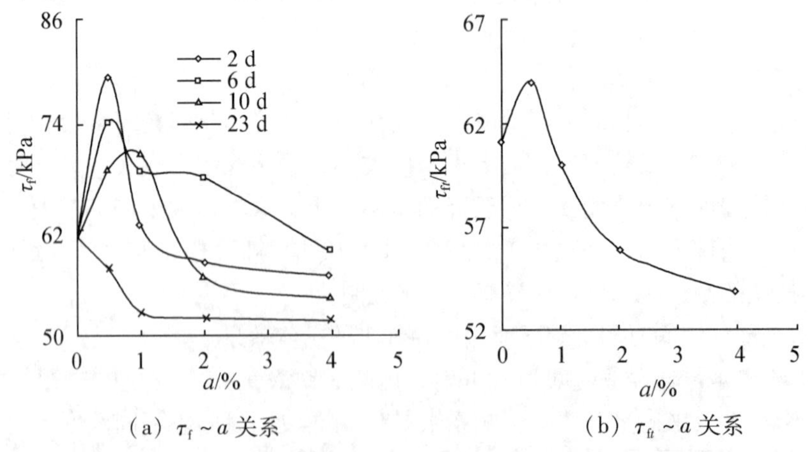

（a）$\tau_f \sim a$ 关系　（b）$\tau_{ft} \sim a$ 关系

图 6－5　硫酸亚铁侵蚀红土的抗剪强度及其时间加权平均值随浓度的变化（$p=200$ kPa）

图 6－5 表明：

相比素红土，硫酸亚铁的加入可引起红土的抗剪强度增大或减小。硫酸亚铁浓度较低、养护时间较短时，侵蚀红土的抗剪强度高于素红土的抗剪强度，存在峰值；硫酸亚铁浓度较高、养护时间较长时，侵蚀红土的抗剪强度低于素红土的抗剪强度。总体上表现出随硫酸亚铁浓度增大抗剪强度减小的趋势。养护时间为 2 d、6 d、10 d，当硫酸亚铁

浓度分别小于0.5%、0.5%、1.0%时，硫酸亚铁侵蚀红土的抗剪强度增大，在浓度0.5%和1.0%时出现峰值，相比素红土，峰值处抗剪强度分别增大了30.5%、21.9%、15.6%；当硫酸亚铁浓度分别大于0.5%、0.5%、1.0%达到4.0%时，硫酸亚铁侵蚀红土的抗剪强度减小，相比峰值，分别减小了28.6%、20.1%、23.2%。养护时间23 d，随硫酸亚铁浓度的增大，红土的抗剪强度减小，相比素红土，浓度达到4.0%时减小了15.1%。就抗剪强度的时间加权平均值进行比较，当硫酸亚铁浓度按0%、0.5%、1.0%、2.0%、4.0%增大时，相比素红土，硫酸亚铁侵蚀红土抗剪强度的时间加权平均值的变化程度分别为4.8%、-1.8%、-8.5%、-12.0%。

以上试验结果说明，相比素红土，在硫酸亚铁浓度较低的情况下，较短的养护时间有助于提高硫酸亚铁侵蚀红土的抗剪强度；而硫酸亚铁浓度较高的情况下，无论养护时间的长短都会降低硫酸亚铁侵蚀红土的抗剪强度。

6.2.2.2 养护时间对抗剪强度的影响

图6-6（a）给出了垂直压力为200 kPa的条件下，硫酸亚铁侵蚀红土的抗剪强度τ_f随养护时间t的变化，图6-6（b）给出了对应的硫酸亚铁侵蚀红土抗剪强度的浓度加权平均值τ_{fa}随养护时间t的变化。这里的浓度加权平均值是指对相同养护时间、不同浓度下的硫酸亚铁侵蚀红土的抗剪强度按浓度进行加权平均，用以衡量不同硫酸亚铁浓度对侵蚀红土抗剪强度的影响。

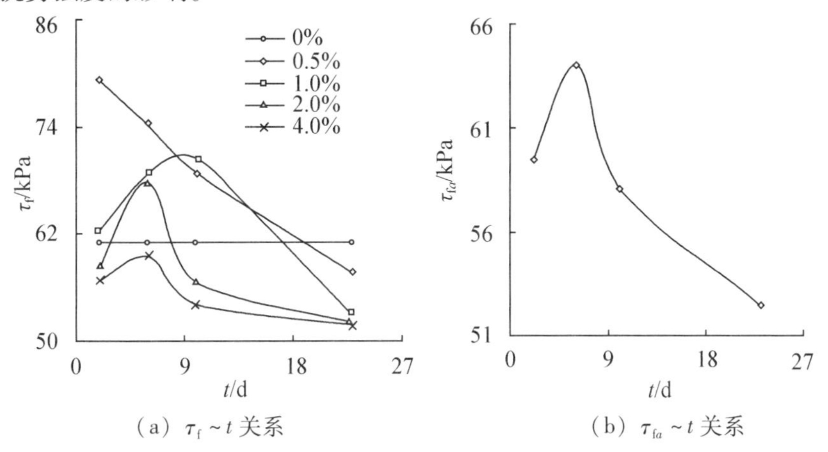

（a）$\tau_f \sim t$关系　（b）$\tau_{fa} \sim t$关系

图6-6 硫酸亚铁侵蚀红土的抗剪强度及其浓度加权平均值随养护时间的变化（p=200 kPa）

图6-6表明：

随养护时间的延长，总体上，硫酸亚铁浓度为0.5%时，硫酸亚铁侵蚀红土的抗剪强度减小；而硫酸亚铁浓度为1.0%、2.0%、4.0%时，抗剪强度呈先增大后减小的变化趋势，在养护时间6~10 d时出现峰值。当养护时间由2 d延长到23 d，相比2 d的，硫酸亚铁浓度为0.5%时，硫酸亚铁侵蚀红土的抗剪强度减小了27.3%。硫酸亚铁浓度为1.0%时，养护时间10 d，抗剪强度达到峰值，相比2 d的，增大了13.2%；养护时间23 d，相比10 d的峰值，抗剪强度减小了25.2%。硫酸亚铁浓度分别为2.0%、4.0%时，养护时间6 d，抗剪强度达到峰值，相比2d的，分别增大了16.4%、4.9%；养护时间23 d，相比6 d的峰值，抗剪强度分别减小了23.7%、12.8%。就抗剪强度的浓度加权平均值进行比较，当养护时间按2 d、6 d、10 d、23 d延长时，相比2 d的，硫酸亚铁侵蚀红土抗剪强度的浓度加权平均值的变化程度分别为7.7%、-2.4%、-11.6%。

以上试验结果说明，相比养护时间2 d的，硫酸亚铁浓度过低的情况下，养护时间越长，硫酸亚铁侵蚀红土的抗剪强度越低；而较高浓度下，较短的养护时间有助于提高硫酸亚铁侵蚀红土的抗剪强度，较长的养护时间下抗剪强度会降低。就硫酸亚铁浓度和养护时间对红土抗剪强度的影响程度进行比较，当硫酸亚铁浓度由0%增大到4.0%时，硫酸亚铁侵蚀红土的时间加权平均抗剪强度影响程度的变化范围在4.8% ~ -12.0%之间；当养护时间由2 d延长到23 d时，硫酸亚铁侵蚀红土的浓度加权平均抗剪强度影响程度的变化范围在7.7% ~ -11.6%之间。这说明在本试验条件下养护时间的影响稍大于硫酸亚铁浓度的影响。

6.2.3 压缩特性

6.2.3.1 硫酸亚铁侵蚀红土的压缩系数

(1) 硫酸亚铁浓度的影响。

图6-7 (a) 给出了不同养护时间下，硫酸亚铁侵蚀红土的压缩系数 a_v 随硫酸亚铁浓度 a 的变化，图6-7 (b)给出了对应的硫酸亚铁侵蚀红土压缩系数的时间加权平均值 a_{vt} 随硫酸亚铁浓度 a 的变化。这里的时间加权平均值是指对相同浓度、不同养护时间下的硫酸亚铁侵蚀红土的压缩系数按时间进行加权平均，用以衡量不同养护时间对硫酸亚铁侵蚀红土压缩系数的影响。

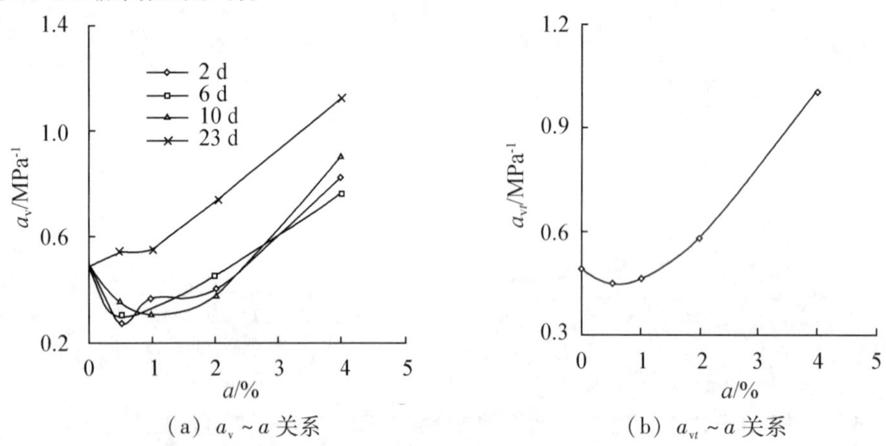

(a) $a_v \sim a$ 关系　　(b) $a_{vt} \sim a$ 关系

图6-7 硫酸亚铁侵蚀红土的压缩系数及其时间加权平均值随浓度的变化

图6-7表明：

总体上，随硫酸亚铁浓度的增大，硫酸亚铁侵蚀红土的压缩系数增大。除养护时间23 d外，相比素红土，硫酸亚铁浓度较低、养护时间较短时，硫酸亚铁侵蚀红土的压缩系数减小，低于素红土的压缩系数，存在极小值；硫酸亚铁浓度较低、养护时间较长时，硫酸亚铁侵蚀红土的压缩系数增大，高于素红土的压缩系数。养护时间小于10 d，硫酸亚铁浓度小于0.5% ~1.0%，硫酸亚铁侵蚀红土的压缩系数减小，养护时间为2 d和6 d时，硫酸亚铁浓度在0.5%处压缩系数出现极小值，相比素红土其值分别减小了43.0%、38.1%；养护时间为10 d时，在硫酸亚铁浓度1.0%处压缩系数出现极小值，相比素红土其值减小了35.9%。硫酸亚铁浓度大于0.5% ~1.0%，硫酸亚铁侵蚀红土的压缩系数增大，硫酸亚铁浓度为4.0%时，相比极小值，养护时间2 d、6 d、10 d的分别增大了198.2%、154.0%、190.4%。养护时间23 d，硫酸亚铁浓度为4.0%时，压缩系数增大，相比素红土值增大了130.3%。就压缩系数的时间加权平均值进行比较，当硫酸亚铁浓度按0%、0.5%、1.0%、2.0%、4.0%增大，相比素红土，相应的硫酸亚铁侵蚀红土压缩系数的时间加权平均值的变化程度分别为－8.0%、－4.7%、19.3%、105.9%。这一试验结果说明，在硫酸亚铁浓度较低的情况下，较短的养护时间有助于减小红土的压缩系数；而浓度较高的情况下，养护时间不论长短都会引起硫酸亚铁侵蚀红土的压缩系数显著增大，从而使其压缩性增强。

（2）养护时间的影响。

图6－8（a）给出了不同硫酸亚铁浓度 a 下，硫酸亚铁侵蚀红土的压缩系数 a_v 随养护时间 t 的变化，图6－8（b）给出了对应的硫酸亚铁侵蚀红土压缩系数的浓度加权平均值 a_{va} 随养护时间 t 的变化。这里的浓度加权值是指对相同养护时间、不同浓度下的硫酸亚铁侵蚀红土的压缩系数按浓度进行加权平均，用以衡量不同硫酸亚铁浓度对侵蚀红土压缩系数的影响。

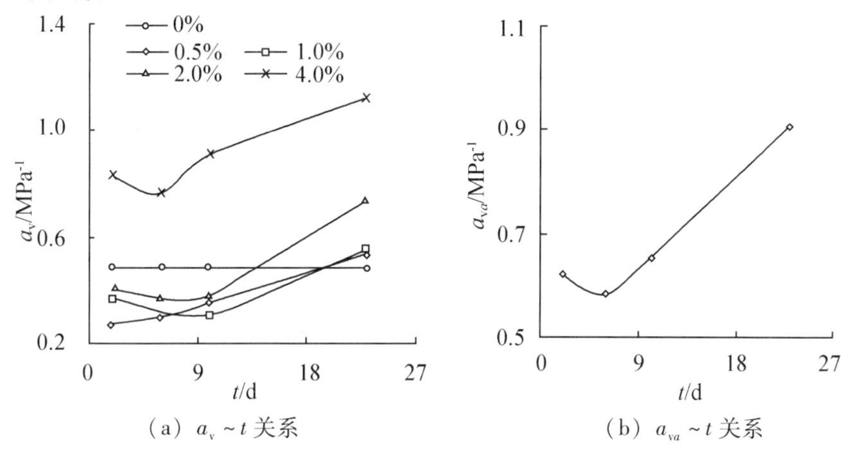

（a）$a_v \sim t$ 关系　　（b）$a_{va} \sim t$ 关系

图6－8　硫酸亚铁侵蚀红土的压缩系数及其浓度加权平均值随养护时间的变化

图6－8表明：

总体上，相同浓度下，随养护时间的延长，硫酸亚铁侵蚀红土的压缩系数增大。除硫酸亚铁浓度为0.5%外，相比2 d的，养护时间较短时，硫酸亚铁侵蚀红土的压缩系数减小，存在极小值；养护时间较长时，硫酸亚铁侵蚀红土的压缩系数增大。养护时间小于6 d，各浓度下硫酸亚铁侵蚀红土的压缩系数减小，分别在6～10 d时出现极小值。如硫酸亚铁浓度为4.0%，相比2 d的，压缩系数减小了7.5%；养护时间超过6～10 d延长至23 d时，压缩系数增大，相比6 d的，增大了46.5%，相比2 d的，增大了35.6%。就压缩系数的浓度加权平均值进行比较，当养护时间按2 d、6 d、10 d、23 d延长，相比2 d的，硫酸亚铁侵蚀红土压缩系数的浓度加权平均值的变化程度为－6.0%、5.5%、46.8%。

以上试验结果说明，较短的养护时间有助于减小红土的压缩系数；养护时间较长的情况下，不论硫酸亚铁浓度大小，硫酸亚铁侵蚀红土的压缩系数显著增大，压缩性增强。就硫酸亚铁浓度和养护时间对红土压缩系数的影响程度进行比较，当硫酸亚铁浓度由

0% 增大到 4.0% 时，硫酸亚铁侵蚀红土的时间加权平均压缩系数影响程度的变化范围在 -8.0% ~105.9% 之间；当养护时间由 2 d 延长到 23 d 时，硫酸亚铁侵蚀红土的浓度加权平均压缩系数影响程度的变化范围在 -6.0% ~46.8% 之间。这说明在本试验条件下硫酸亚铁浓度的影响大于养护时间的影响。

6.2.3.2　硫酸亚铁侵蚀红土的压缩模量

（1）硫酸亚铁浓度的影响。

图 6-9（a）给出了不同养护时间 t 下，硫酸亚铁侵蚀红土的压缩模量 E_s 随硫酸亚铁浓度 a 的变化，图 6-9（b）给出了对应的硫酸亚铁侵蚀红土压缩模量的时间加权平均值 E_{st} 随硫酸亚铁浓度 a 的变化。这里，压缩模量的时间加权平均值是指对相同浓度、不同养护时间下的硫酸亚铁侵蚀红土的压缩模量按时间进行加权平均，用以衡量不同养护时间对硫酸亚铁侵蚀红土压缩模量的影响。

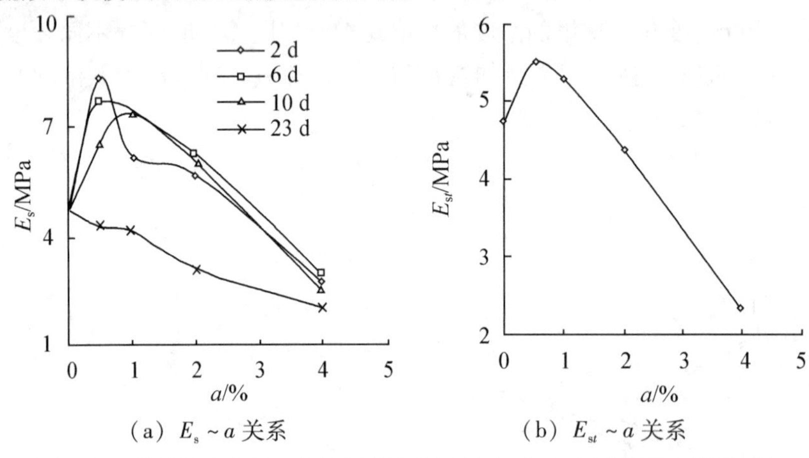

（a）$E_s \sim a$ 关系　　（b）$E_{st} \sim a$ 关系

图 6-9　硫酸亚铁侵蚀红土的压缩模量及其时间加权平均值随浓度的变化

图 6-9 表明：

总体上，随硫酸亚铁浓度的增大，硫酸亚铁侵蚀红土的压缩模量减小。除养护时间 23 d 外，相比素红土，硫酸亚铁浓度较低、养护时间较短时，硫酸亚铁侵蚀红土的压缩模量增大，高于素红土的压缩模量，且存在极大值；硫酸亚铁浓度较低、养护时间较长时，硫酸亚铁侵蚀红土的压缩模量减小，低于素红土的压缩模量。养护时间小于 10 d，硫酸亚铁浓度小于 0.5% ~1.0%，硫酸亚铁侵蚀红土的压缩模量增大，养护时间 2 d 和 6 d时，在硫酸亚铁浓度为 0.5% 处压缩模量出现极大值，相比素红土其值分别增大了 75.9%、62.3%；养护时间 10 d 时，在硫酸亚铁浓度为 1.0% 处压缩模量出现极大值，相比素红土其值增大了 55.7%。浓度大于 0.5% ~1.0%，硫酸亚铁侵蚀红土的压缩模量减小，硫酸亚铁浓度为 4.0% 时，与 2 d、6 d、10 d 的极大值相比，分别减小了 67.1%、61.5%、66.1%，相比素红土其值分别减小了 42.2%、37.5%、47.3%。养护时间 23 d，硫酸亚铁浓度为 4.0% 时，压缩模量减小，相比素红土其值减小了 57.2%。就压缩模量的时间加权平均值进行比较，当硫酸亚铁浓度按 0%、0.5%、1.0%、2.0%、4.0% 增大，相比素红土，硫酸亚铁侵蚀红土压缩模量的时间加权平均值的变化程度分别为 16.7%、11.7%、-7.0%、-51.1%。这一试验结果说明，在硫酸亚铁浓度较低的情况下，较短的养护时间有助于提高红土的压缩模量；而在浓度较高的情况下，养护时间不

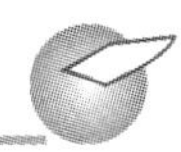

论长短都会引起硫酸亚铁侵蚀红土的压缩模量显著降低，抵抗压缩的能力减弱。

（2）养护时间的影响。

图6－10（a）给出了不同浓度 a 下硫酸亚铁侵蚀红土的压缩模量 E_s 随养护时间 t 的变化，图6－10（b）给出了对应的硫酸亚铁侵蚀红土压缩模量的浓度加权平均值 E_{sa} 随养护时间 t 的变化。这里，压缩模量的浓度加权平均值是指对相同养护时间、不同浓度下硫酸亚铁侵蚀红土的压缩模量按浓度进行加权平均，用以衡量不同硫酸亚铁浓度对侵蚀红土压缩模量的影响。

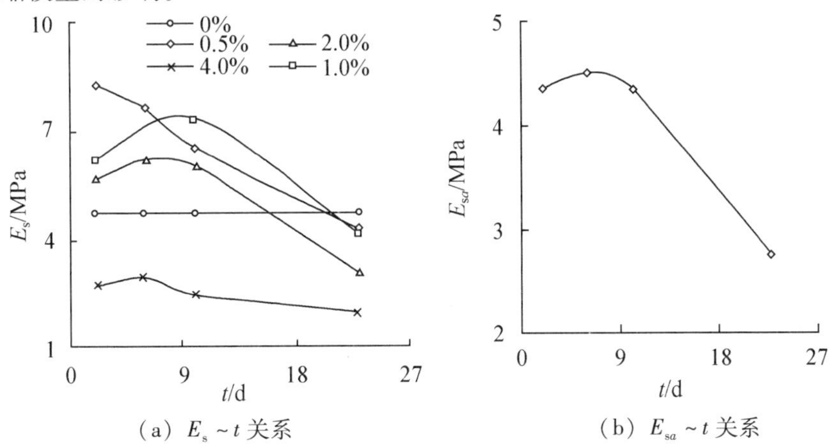

（a）$E_s \sim t$ 关系 （b）$E_{sa} \sim t$ 关系

图6－10 硫酸亚铁侵蚀红土的压缩模量及其浓度加权平均值随养护时间的变化

图6－10表明：

总体上，相同硫酸亚铁浓度下，随养护时间的延长，硫酸亚铁侵蚀红土的压缩模量减小。除浓度0.5%外，相比2 d的，养护时间较短时，硫酸亚铁侵蚀红土的压缩模量增大，且存在极大值；养护时间较长时，硫酸亚铁侵蚀红土的压缩模量减小。养护时间小于6 d，硫酸亚铁侵蚀红土的压缩模量增大，随硫酸亚铁浓度的不同分别在6～10 d出现极大值，如硫酸亚铁浓度2.0%时，相比2 d的，养护6 d压缩模量增大了9.4%。养护时间分别超过6～10 d延长至23 d时，压缩模量减小，对于硫酸亚铁浓度为2.0%的情况，相比6 d的，减小了49.8%，相比2 d的，还是减小了45.1%。就压缩模量的浓度加权平均值进行比较，当养护时间按2 d、6 d、10 d、23 d延长，相比2 d的，硫酸亚铁侵蚀红土压缩模量的浓度加权平均值的变化程度分别为3.5%、0%、－37.0%。

以上试验结果说明，硫酸亚铁的加入显著降低了红土的刚度。较短的养护时间有助于提高红土的压缩模量，在养护时间较长的情况下，不论硫酸亚铁浓度大小，硫酸亚铁侵蚀红土的压缩模量均会显著减小，使抵抗压缩的能力减弱。就硫酸亚铁浓度和养护时间对红土压缩模量的影响程度进行比较，当硫酸亚铁浓度由0%增大到4.0%时，硫酸亚铁侵蚀红土的时间加权平均压缩模量影响程度的变化范围在16.7%～－51.1%之间；当养护时间由2 d延长到23 d时，硫酸亚铁侵蚀红土的浓度加权平均压缩模量影响程度的变化范围在3.5%～－37.0%之间。这说明在本试验条件下硫酸亚铁浓度的影响大于养护时间的影响。

6.2.4 渗透特性

6.2.4.1 硫酸亚铁浓度的影响

图6－11（a）给出了不同养护时间 t 下，硫酸亚铁侵蚀红土的渗透系数 k 随硫酸亚铁浓度 a 的变化，图6－11（b）给出了对应渗透系数的时间加权平均值 k_t 随硫酸亚铁浓度 a 的变化。渗透系数的时间加权平均值是指对相同浓度、不同养护时间下的硫酸亚铁侵蚀红土的渗透系数按时间进行加权平均，用以衡量不同养护时间对硫酸亚铁侵蚀红土渗透系数的影响。

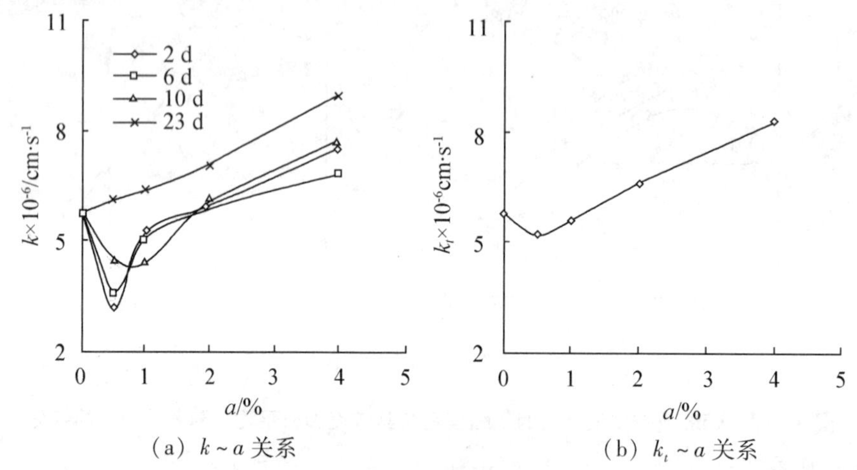

（a）$k\sim a$ 关系　　（b）$k_t\sim a$ 关系

图6－11　硫酸亚铁侵蚀红土的渗透系数及其时间加权平均值随浓度的变化

图6－11表明：

总体上，随硫酸亚铁浓度的增大，硫酸亚铁侵蚀红土的渗透系数增大。相比素红土，硫酸亚铁浓度较低、养护时间较短时，硫酸亚铁侵蚀红土的渗透系数减小，低于素红土的渗透系数，且存在极小值；硫酸亚铁浓度较低、养护时间较长时，硫酸亚铁侵蚀红土的渗透系数增大，高于素红土的渗透系数。养护时间小于10 d，硫酸亚铁浓度小于0.5%～1.0%，硫酸亚铁侵蚀红土的渗透系数减小，养护时间2 d和6 d时，在硫酸亚铁浓度为0.5%处渗透系数出现极小值，相比素红土其值分别减小了45.2%、37.1%；养护时间10 d时，在浓度1.0%处渗透系数出现极小值，相比素红土其值减小了24.5%。养护时间分别为2 d、6 d、10 d，当硫酸亚铁浓度分别大于0.5%、0.5%、1.0%时，硫酸亚铁侵蚀红土的渗透系数增大，当硫酸亚铁浓度达4.0%时，相比极小值，2 d、6 d、10 d下的渗透系数分别增大了138.1%、88.0%、77.4%。养护时间为23 d，浓度达4.0%时，渗透系数增大，相比素红土其值增大了55.5%。就渗透系数的时间加权平均值进行比较，当硫酸亚铁浓度按0%、0.5%、1.0%、2.0%、4.0%增大，相比素红土，硫酸亚铁侵蚀红土渗透系数的时间加权平均值的变化程度分别为－10.0%、－2.8%、14.31%、43.6%。这一试验结果说明，硫酸亚铁的加入显著改变了红土的渗透性。在硫酸亚铁浓度较低的情况下，较短的养护时间有助于减小红土的渗透系数；而在浓度较高的情况下，养护时间不论长短都会引起硫酸亚铁侵蚀红土的渗透系数显著增大，渗透性增强。

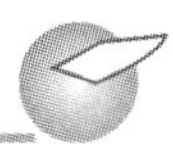

6.2.4.2 养护时间的影响

图6-12（a）给出了不同硫酸亚铁浓度 a 下，硫酸亚铁侵蚀红土的渗透系数 k 随养护时间 t 的变化，图6-12（b）给出了对应渗透系数的浓度加权平均值 k_a 随养护时间 t 的变化。渗透系数的浓度加权平均值是指对相同养护时间、不同浓度下的硫酸亚铁侵蚀红土的渗透系数按浓度进行加权平均，用以衡量不同硫酸亚铁浓度对侵蚀红土渗透系数的影响。

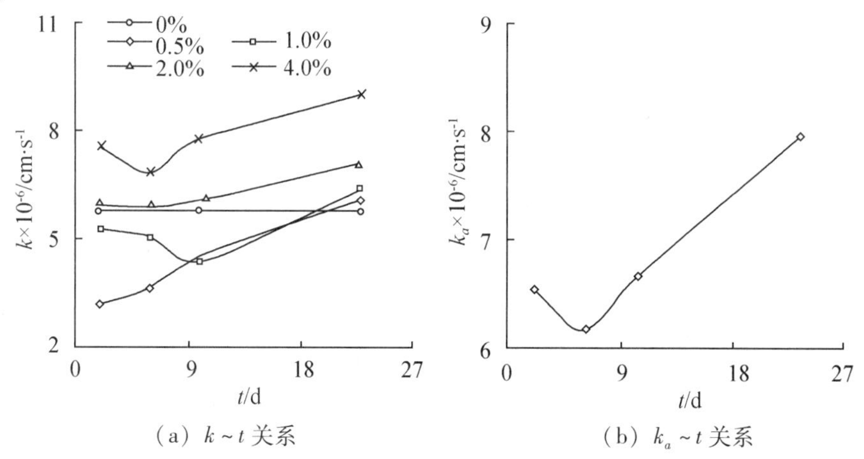

（a）$k \sim t$ 关系　　（b）$k_a \sim t$ 关系

图6-12　硫酸亚铁侵蚀红土的渗透系数及其浓度加权平均值随养护时间的变化

图6-12表明：

当硫酸亚铁浓度为0.5%时，随养护时间的延长，硫酸亚铁侵蚀红土的渗透系数增大。当硫酸亚铁浓度为1.0%、2.0%、4.0%，对应的养护时间分别小于10 d、6 d、6 d时，硫酸亚铁侵蚀红土的渗透系数减小，且存在极小值；当养护时间分别大于10 d、6 d、6 d时，硫酸亚铁侵蚀红土的渗透系数增大。当养护时间由2 d延长到23 d，相比2 d的，硫酸亚铁浓度为0.5%时，硫酸亚铁侵蚀红土的渗透系数增大了92.5%。硫酸亚铁浓度为1.0%时，10 d养护时间下的渗透系数达到极小值，相比2 d的，减小了16.6%；养护时间达23 d，相比10 d的极小值，渗透系数增大了45.7%。硫酸亚铁浓度为2.0%、4.0%时，6 d养护时间下的渗透系数达到极小值，相比2 d的，分别减小了1.3%、9.4%；养护时间达23 d，相比6 d的极小值，渗透系数分别增大了20.7%、31.5%。就渗透系数的浓度加权平均值进行比较，当养护时间按2 d、6 d、10 d、23 d延长，相比2 d的，硫酸亚铁侵蚀红土渗透系数的浓度加权平均值的变化程度分别为-6.0%、1.6%、21.8%。这说明硫酸亚铁的加入显著提高了红土的渗透性。相比2 d时间，在硫酸亚铁浓度过低的情况下，养护时间越长，硫酸亚铁侵蚀红土的渗透性越强；而较高浓度下，较短的养护时间有助于降低硫酸亚铁侵蚀红土的渗透性；但在较长的养护时间下其渗透性都会增大。就硫酸亚铁浓度和养护时间对红土渗透系数的影响程度进行比较，当硫酸亚铁浓度由0%增大到4.0%时，硫酸亚铁侵蚀红土的时间加权平均渗透系数影响程度的变化范围在-10.0%～43.6%之间；当养护时间由2 d延长到23 d时，硫酸亚铁侵蚀红土的浓度加权平均渗透系数影响程度的变化范围在-6.0%～21.8%之间。这说明在本试验条件下硫酸亚铁浓度的影响大于养护时间的影响。

6.3 硫酸亚铁侵蚀红土的微结构特性

6.3.1 硫酸亚铁浓度的影响

6.3.1.1 硫酸亚铁侵蚀前后的影响

图6－13给出了素红土（0%）和硫酸亚铁浓度为2.0%，养护时间为23 d，放大倍数分别为200×、500×、2000×时硫酸亚铁侵蚀红土前后的微结构图像。

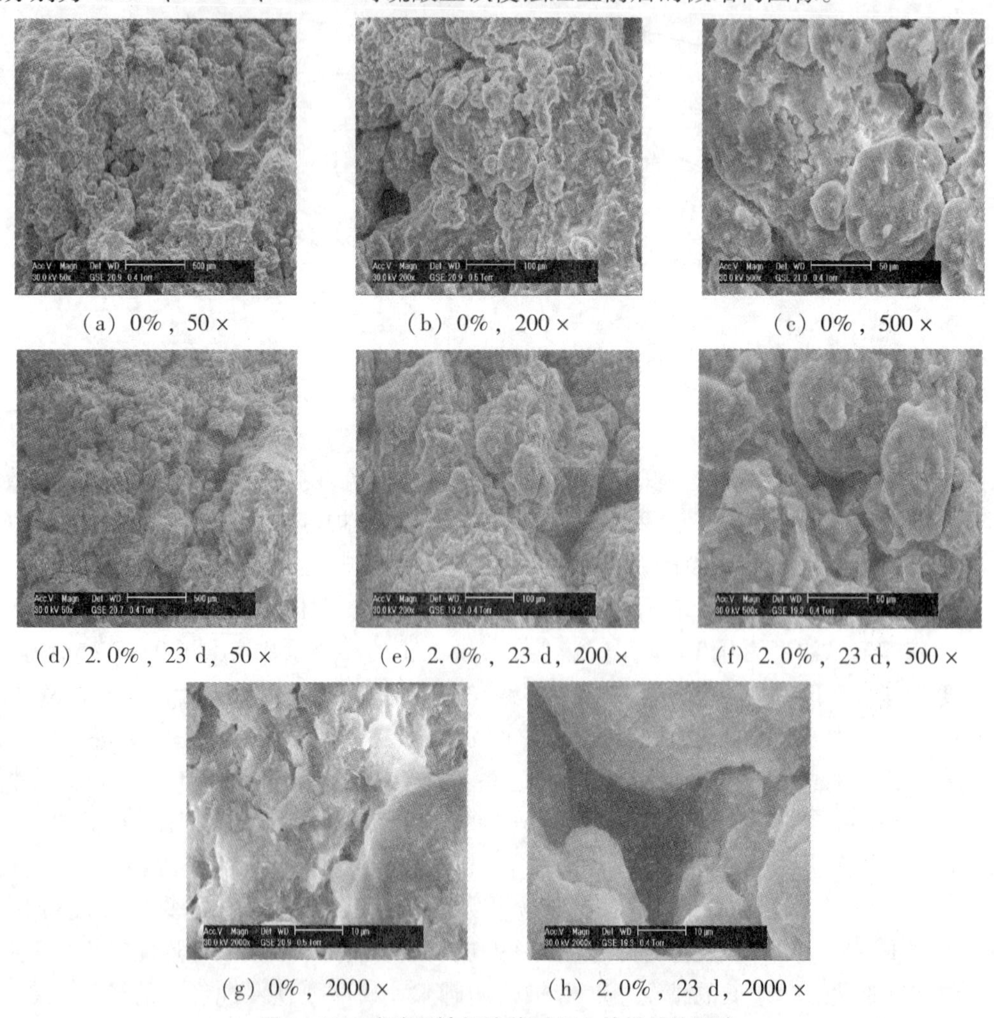

（a）0%，50×　（b）0%，200×　（c）0%，500×

（d）2.0%，23 d，50×　（e）2.0%，23 d，200×　（f）2.0%，23 d，500×

（g）0%，2000×　（h）2.0%，23 d，2000×

图6－13　硫酸亚铁侵蚀前后红土的微结构图像

图6－13表明：

硫酸亚铁侵蚀前后比较，不同放大倍数下，侵蚀前，红土的微结构图像色泽分明，团粒轮廓清晰，层次感较好，团粒间的胶结物质明显，孔隙较小，密实性较强；养护侵蚀后，红土的微结构图像显示，红土团粒色泽灰暗，轮廓模糊，层次感不强，团粒间胶结物质减少，孔隙较大，密实性较差。50×、200×的放大倍数下，素红土颗粒边缘被胶结物质包裹，而硫酸亚铁浓度为2.0%、养护侵蚀后23 d，包裹素红土颗粒的胶结物质被

硫酸亚铁侵蚀；500×的放大倍数下，包裹素红土颗粒边缘只有少量的胶结物质，而侵蚀红土被胶膜覆盖，这是侵蚀过程中生成胶结物质的缘故；2000×的放大倍数下，可见硫酸亚铁侵蚀后的溶蚀孔洞。这说明硫酸亚铁的侵蚀破坏了红土的微结构状态。硫酸亚铁侵蚀红土呈现出胶结物被破坏、颗粒粗糙、色泽灰暗、层次感差、孔隙增大、密实程度降低、微结构松散的微结构图像特征。

6.3.1.2 硫酸亚铁浓度的影响

图6-14给出了养护时间为10 d，放大倍数分别为200×、1000×、2000×条件下，硫酸亚铁侵蚀红土的微结构图像随硫酸亚铁浓度的变化。

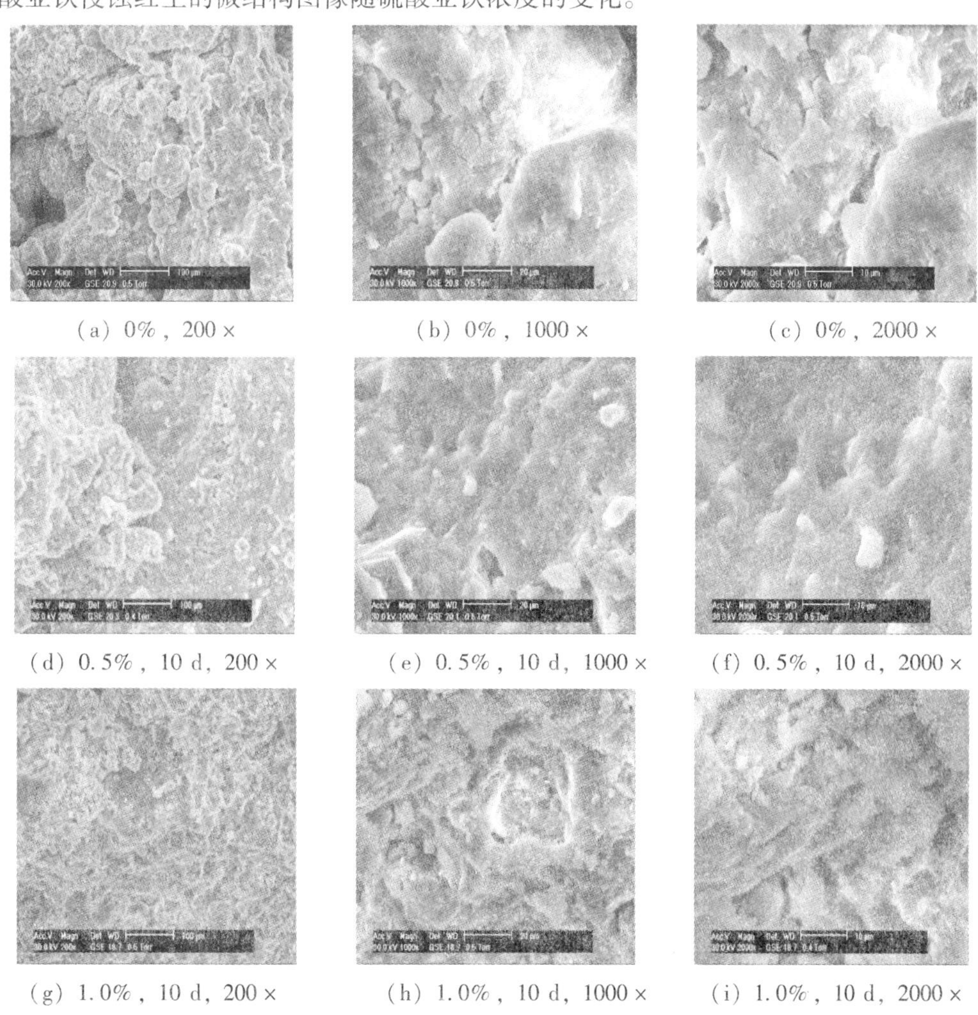

(a) 0%，200×　(b) 0%，1000×　(c) 0%，2000×

(d) 0.5%，10 d，200×　(e) 0.5%，10 d，1000×　(f) 0.5%，10 d，2000×

(g) 1.0%，10 d，200×　(h) 1.0%，10 d，1000×　(i) 1.0%，10 d，2000×

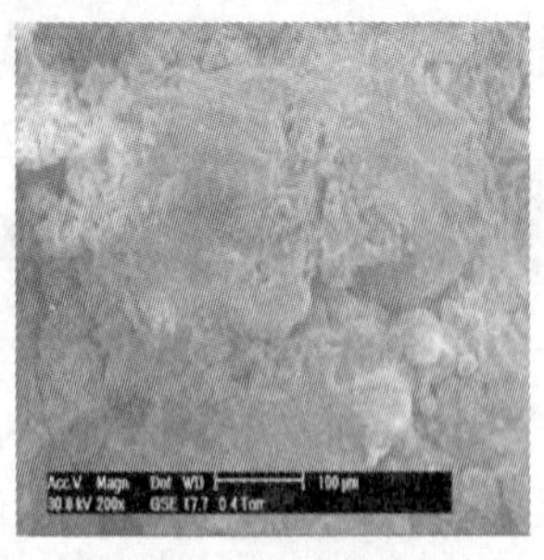
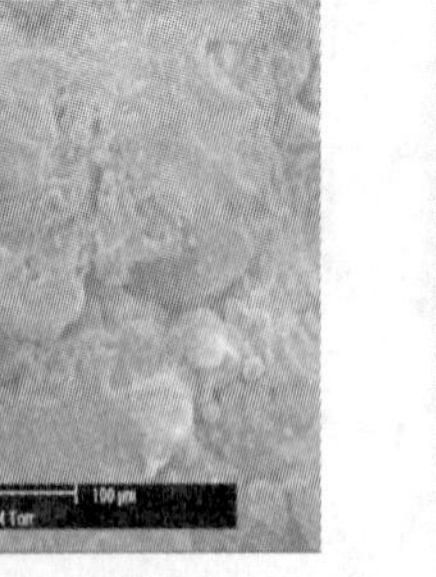

(j) 4.0%，10 d，200 ×

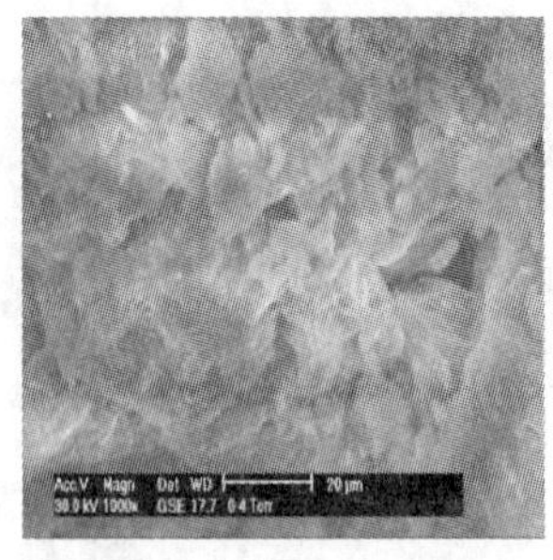

(k) 4.0%，10 d，1000 ×

(l) 4.0%，10 d，2000 ×

图 6－14　不同浓度下硫酸亚铁侵蚀红土的微结构图像（10 d）

图 6－14 表明：

养护时间为 10 d，200 × 的放大倍数下，素红土团粒结构明显，层次清晰，颗粒边缘包裹有胶结物质，颗粒松散。随硫酸亚铁浓度的增大，团粒化程度减弱，层状结构明显，硫酸亚铁侵蚀胶结物质后颗粒边缘模糊，硫酸亚铁浓度为 0.5% 时密实性好，硫酸亚铁浓度为 1.0% 时密实性最好，与抗剪强度在养护时间 10 d、硫酸亚铁浓度为 1.0% 时达到极大值相对应；硫酸亚铁浓度为 4.0% 时，看不出颗粒，可见胶膜的覆盖，结构相对松散。1000 × 的放大倍数下，相比素红土，硫酸亚铁浓度为 0.5% 时，硫酸亚铁侵蚀红土的整体性、密实性都好于素红土，明显可见胶膜的包裹，且存在溶蚀小孔洞；硫酸亚铁浓度为 1.0% 时，呈层状架叠结构，叠聚体边缘模糊，明显可见溶蚀大孔洞，整体性、密实性低于硫酸亚铁浓度为 0.5% 的情况；硫酸亚铁浓度达 4.0% 时，呈层状架叠结构，溶蚀孔洞大而深，整体性、密实性相对较低。2000 × 的放大倍数下，硫酸亚铁浓度为 0.5% 时，微结构整体性较好，呈层状，存在溶蚀孔洞；硫酸亚铁浓度为 1.0% 时，层状架叠结构明显，叠聚体边缘不清，较松散，孔隙较多；硫酸亚铁浓度达 4.0% 时，层状架空明显，存在大的溶蚀孔洞。以上微结构图像说明，随硫酸亚铁浓度的增大，总体上，硫酸亚铁侵蚀红土呈现出密实性降低、溶蚀孔洞增大的微结构特征。

图 6－15 给出了养护时间为 10 d，放大倍数分别为 1000 ×、2000 × 的条件下，硫酸亚铁侵蚀红土的孔隙比 e、圆形度 Y、分维数 D、定向度 H 四个微结构图像参数随硫酸亚铁浓度的变化。

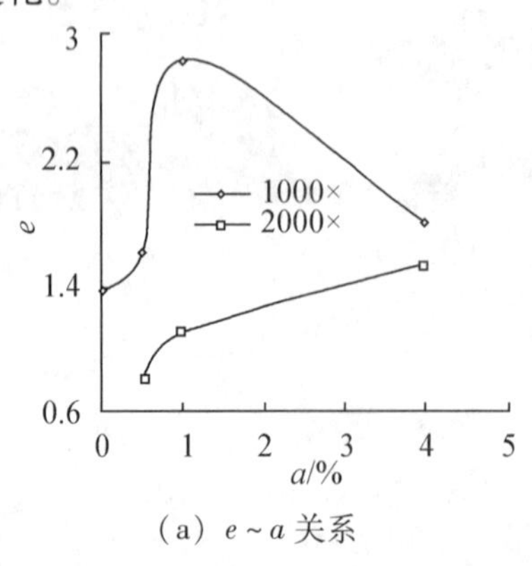

(a) $e \sim a$ 关系

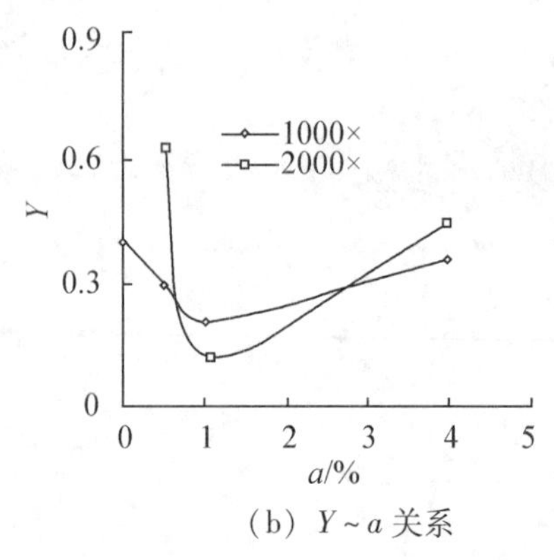

(b) $Y \sim a$ 关系

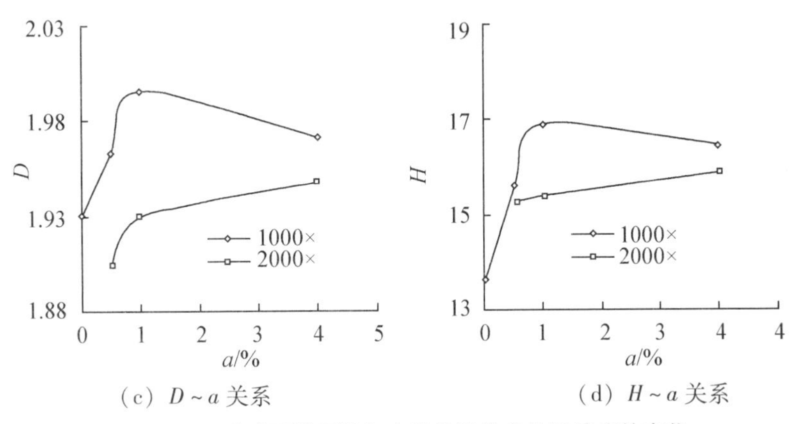

(c) $D \sim a$ 关系　　(d) $H \sim a$ 关系

图 6－15　硫酸亚铁侵蚀红土的微结构参数随浓度的变化

图 6－15 表明：

总体上，养护时间 10 d，不同放大倍数下，随硫酸亚铁浓度的增大，硫酸亚铁侵蚀红土微结构图像参数的孔隙比、分维数、定向度呈凸形增大的变化趋势，在硫酸亚铁浓度约 1.0% 处存在极大值；圆形度呈凹形增大的变化趋势，在硫酸亚铁浓度约 1.0% 处存在极小值。放大倍数为 1000×时，微结构图像参数的孔隙比、分维数、定向度大于放大倍数为 2000×时所对应的参数。这说明硫酸亚铁的侵蚀，增大了红土颗粒间的孔隙，颗粒密布程度提高，颗粒排列的有序性减弱。

6.3.1.3　放大倍数的影响

图 6－16、6－17 分别给出了素红土（0%）和硫酸亚铁浓度为 2.0%、养护时间为 23 d 时，不同放大倍数下硫酸亚铁侵蚀红土的微结构图像。

(a) 0%，50×　　(b) 0%，100×　　(c) 0%，200×

(d) 0%，500×　　(e) 0%，1000×　　(f) 0%，2000×

图 6－16　不同放大倍数下素红土的微结构图像（0%）

(a) 2.0%，23 d，50 ×　(b) 2.0%，23 d，100 ×　(c) 2.0%，23 d，200 ×

(d) 2.0%，23 d，500 ×　(e) 2.0%，23 d，1000 ×　(f) 2.0%，23 d，2000 ×

图 6－17　不同放大倍数下硫酸亚铁侵蚀红土的微观结构图像（2.0%）

图 6－16、图 6－17 表明：

对于素红土，50 ×、100 × 的放大倍数下的微结构图像显示，红土颗粒较分散，微结构较松散，密实性低，呈团粒状；在 200 ×、500 × 的放大倍数下，团粒结构更为明显；在 1000 ×、2000 × 的放大倍数下，红土的微结构密实性增强。这说明低倍数下观察到的素红土局部呈松散结构，而在较高倍数下观察其内部结构反而致密。随放大倍数的增大，素红土的微结构图像呈现由松散状转向致密状的变化特性。对于硫酸亚铁浓度为 2.0%、养护时间为 23 d 的硫酸亚铁侵蚀红土，50 ×、100 × 的放大倍数下，微结构图像呈现松散、粗糙的状态；200 ×、500 × 的放大倍数下，可见孔隙和团粒结构的存在，但相比素红土，团粒边缘模糊；1000 ×、2000 × 的放大倍数下，存在溶蚀大孔洞。这说明随放大倍数的增大，硫酸亚铁侵蚀红土的微结构松散。

6.3.2　养护时间的影响

图 6－18、图 6－19 分别给出了硫酸亚铁浓度为 0.5%、1.0%，放大倍数为 500 ×、1000 ×、2000 × 条件下，硫酸亚铁侵蚀红土的微结构图像随养护时间的变化。

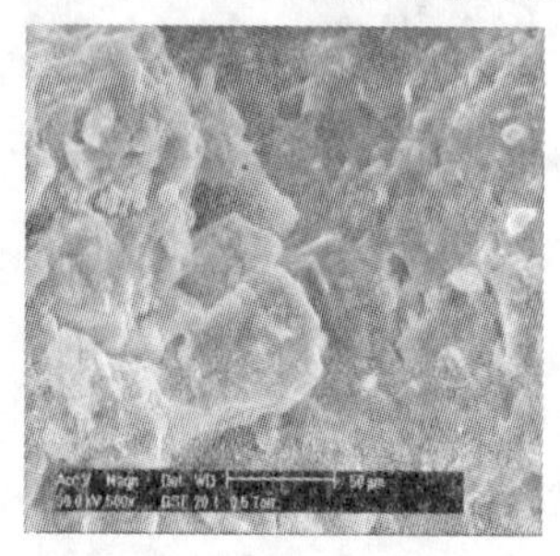

(a) 0.5%，10 d，500 ×

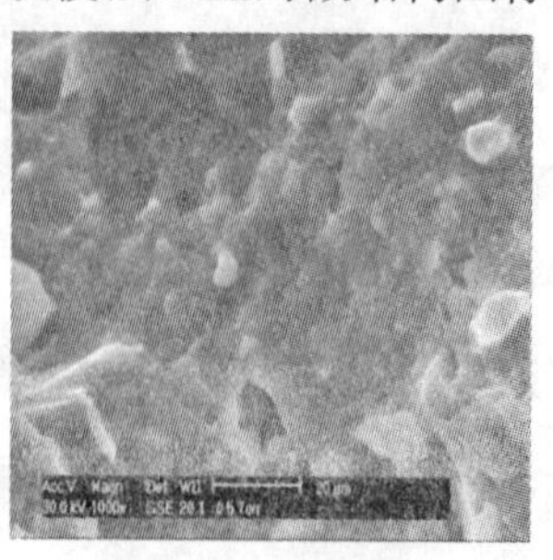

(b) 0.5%，10 d，1000 ×

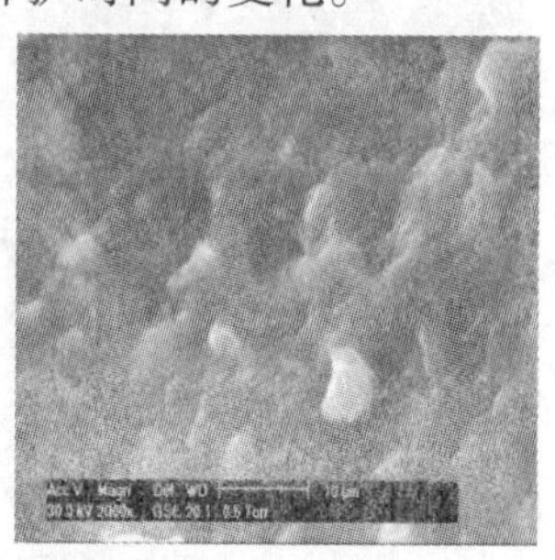

(c) 0.5%，10 d，2000 ×

(d) 0.5%，23 d，500 ×

(e) 0.5%，23 d，1000 ×

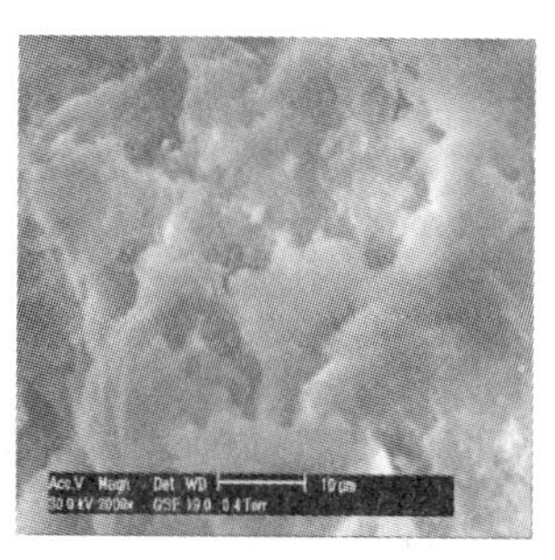

(f) 0.5%，23 d，2000 ×

图 6－18 不同养护时间下硫酸亚铁侵蚀红土的微结构图像（0.5%）

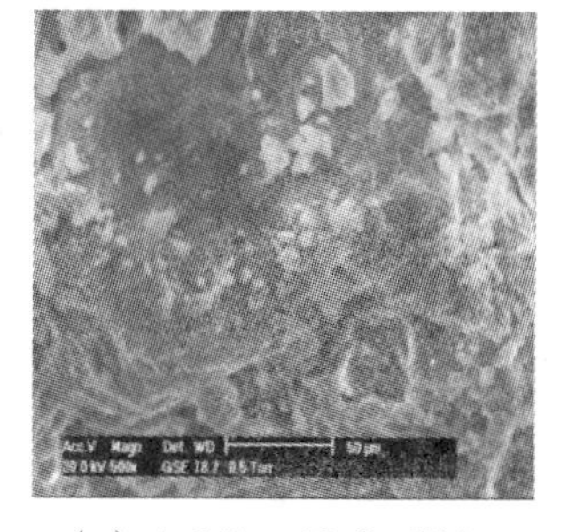

(a) 1.0%，10 d，500 ×

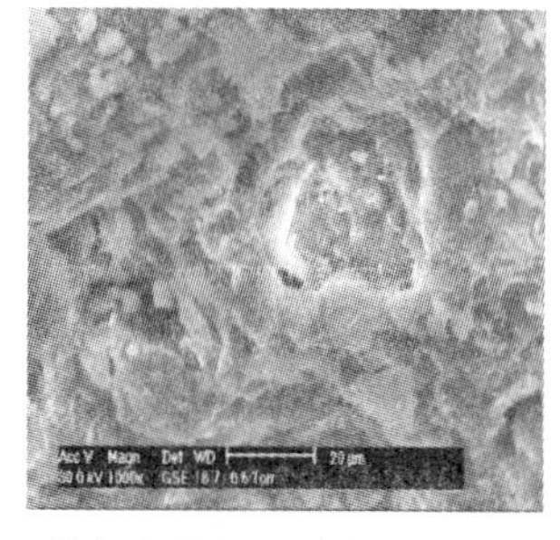

(b) 1.0%，10 d，1000 ×

(c) 1.0%，10 d，2000 ×

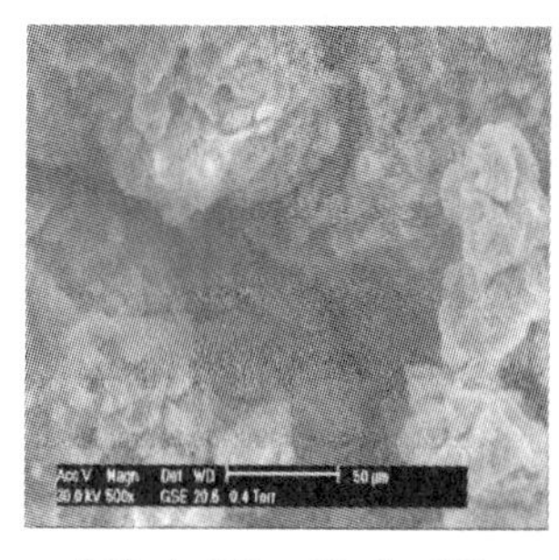

(d) 1.0%，23 d，500 ×

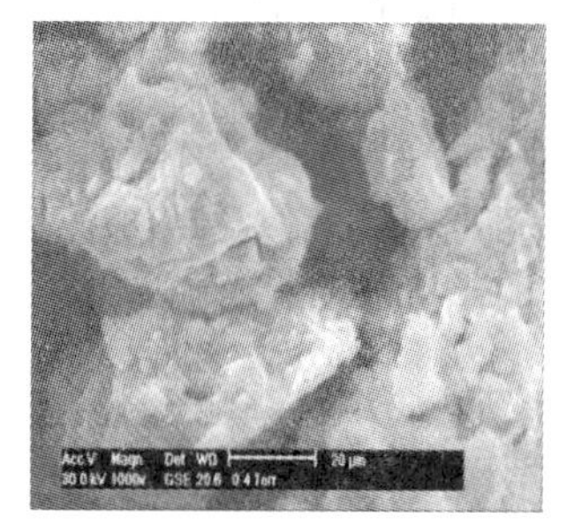

(e) 1.0%，23 d，1000 ×

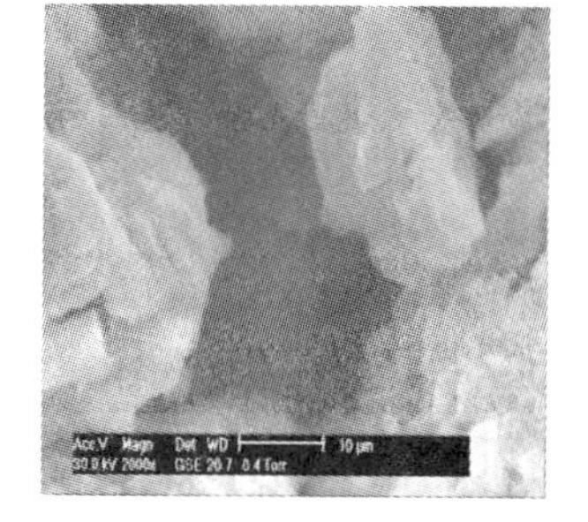

(f) 1.0%，23 d，2000 ×

图 6－19 不同养护时间下硫酸亚铁侵蚀红土的微结构图像（1.0%）

图 6－18、图 6－19 表明：

放大倍数为 500 ×，硫酸亚铁浓度为 0.5%、1.0% 的条件下，养护时间为 10 d 时，可见盐类结晶颗粒的附着，胶膜厚度小，层状结构，且较紧密，整体性好；养护时间延长到 23 d 时，层状叠聚体边缘模糊，硫酸亚铁浓度为 0.5% 时微结构的密实性稍有降低，而硫酸亚铁浓度为 1.0% 时微结构松散，孔隙大。放大倍数为 1000 ×，硫酸亚铁浓度为 0.5%、1.0% 的条件下，养护时间为 10 d 时，胶结物质覆盖较紧密，呈层状结构，存在小溶蚀孔洞；养护时间达 23 d 时，微结构松散，呈架空状态，溶蚀孔洞明显增大。尤其是硫酸亚铁浓度为 1.0% 的变化更为明显。放大倍数为 2000 × 下，硫酸亚铁浓度为 0.5%、养护时间为 10 d 时，微结构较致密，整体性好，存在溶蚀孔洞，边缘较清晰；养护时间达 23 d 时，微结构较松散，溶蚀孔洞增大，边缘模糊不清。放大倍数为 2000 × 下，硫酸亚铁浓度为 1.0%、养护时间为 10 d 时，硫酸亚铁侵蚀红土呈层状结构，且结构较紧密；养护时间达 23 d 时，呈架空结构，溶蚀大孔洞明显。上述微结构图像说明，试样的养护显著改变了硫酸亚铁侵蚀红土的微结构形态。随养护时间的延长，硫酸亚铁侵蚀红土呈现出结构松散、边缘模糊、溶蚀孔洞增大、密实性变差等微结构特征。

6.4　硫酸亚铁与红土间的相互作用

硫酸亚铁的侵蚀显著改变了红土的击实、强度、压缩、渗透等受力特性，浓度不同，养护时间不同，硫酸亚铁侵蚀红土的受力特性也不同，其实质在于硫酸亚铁侵蚀对红土产生的蚀变作用。硫酸亚铁侵蚀红土的蚀变作用包括蚀变作用机理、蚀变作用过程和蚀变作用模式3个方面。

6.4.1　作用机理

硫酸亚铁侵蚀红土的蚀变作用机理可以分为水解氧化作用、侵蚀作用、胶结作用、溶解作用和循环作用5种来阐明。

6.4.1.1　水解氧化作用

水解氧化作用是指硫酸亚铁与水作用并进一步氧化的过程。硫酸亚铁（$FeSO_4$）粉末易溶解于水，与水作用生成硫酸（H_2SO_4）和不稳定的氢氧化亚铁［$Fe(OH)_2$］，$Fe(OH)_2$经氧化形成较稳定的$Fe(OH)_3$胶体。其化学反应式如下：

$$FeSO_4 + 2H_2O \longrightarrow Fe(OH)_2 + H_2SO_4 \tag{6-1}$$

$$4Fe(OH)_2 + 2H_2O + O_2 \longrightarrow 4Fe(OH)_3 \tag{6-2}$$

制样前，先将硫酸亚铁粉末溶于水，制成不同浓度的硫酸亚铁溶液。硫酸亚铁浓度越低，生成的硫酸和氢氧化铁越少；硫酸亚铁浓度越高，生成的硫酸和氢氧化铁越多。硫酸亚铁浓度的高低，决定了硫酸亚铁侵蚀红土的蚀变作用程度。

6.4.1.2　侵蚀作用

侵蚀作用是指$FeSO_4$水解生成的H_2SO_4与红土的主要化学成分Fe_2O_3、FeO、Al_2O_3发生反应生成新物质的过程，这些新物质包括硫酸铁、硫酸铝、硫酸亚铁和水。其主要化学成分中，二氧化硅不与硫酸发生反应。由于Fe_2O_3、FeO、Al_2O_3对红土颗粒起着胶结作用，所以侵蚀作用这一过程破坏了红土颗粒间的连接能力。其化学反应式如下：

$$Fe_2O_3 + 3H_2SO_4 \longrightarrow Fe_2(SO_4)_3 + 3H_2O \tag{6-3}$$

$$Al_2O_3 + 3H_2SO_4 \longrightarrow Al_2(SO_4)_3 + 3H_2O \tag{6-4}$$

$$FeO + H_2SO_4 \longrightarrow FeSO_4 + H_2O \tag{6-5}$$

氧化铁是碱性氧化物，硫酸是酸性溶液，两者反应为中和反应，生成硫酸铁盐［$Fe_2(SO_4)_3$］和水（H_2O）。$Fe_2(SO_4)_3$易吸湿，生成的水加剧了环境的潮湿，在水溶液中溶解缓慢，因水中有微量的硫酸亚铁，所以溶解较快。氧化铝和硫酸反应，生成硫酸铝盐［$Al_2(SO_4)_3$］和水（H_2O），$Al_2(SO_4)_3$易溶于水。而氧化亚铁和硫酸反应，生成硫酸亚铁和水，硫酸亚铁易溶于水，水解后又生成硫酸和氢氧化铁，新生成的硫酸继续侵蚀氧化铁、氧化铝、氧化亚铁，生成新的硫酸铁盐、硫酸铝盐、硫酸亚铁和水。

6.4.1.3　胶结作用

胶结作用是指水解作用过程中生成的$Fe(OH)_3$、侵蚀作用过程中生成的硫酸铁盐和硫酸铝盐附着于红土颗粒，并进一步水解生成$Fe(OH)_3$、$Al(OH)_3$胶体，这些胶体能够

将红土颗粒包裹起来并胶结成粗大团粒的作用。其化学反应式如下：

$$Fe_2(SO_4)_3 + 6H_2O \longrightarrow 2Fe(OH)_3 + 3H_2SO_4 \quad (6-6)$$

$$Al_2(SO_4)_3 + 6H_2O \longrightarrow 2Al(OH)_3 + 3H_2SO_4 \quad (6-7)$$

硫酸铁盐和硫酸铝盐是强酸弱碱盐，在水中完全水解，生成氢氧化铁、氢氧化铝和硫酸，氢氧化铁、氢氧化铝具有胶体性质，对红土颗粒具有胶结作用；硫酸又具有侵蚀作用，继续与氧化铁、氧化铝、氧化亚铁反应，生成硫酸铁盐、硫酸铝盐，再水解生成氢氧化铁、氢氧化铝胶体和硫酸。一方面，硫酸铁盐、硫酸铝盐附着在红土颗粒上，增大了土体的密实程度；氢氧化铁、氢氧化铝胶体将红土颗粒连接起来，增强了红土颗粒之间的连接力。另一方面，新生成的硫酸又继续产生侵蚀作用。胶结作用与侵蚀作用不断循环，最终引起硫酸亚铁侵蚀红土的强度、压缩、渗透特性发生蚀变。

6.4.1.4 溶解作用

溶解作用是指起胶结作用的氢氧化铁、氢氧化铝与硫酸反应生成新的硫酸铁盐、硫酸铝盐和水的作用，这一溶解作用实际上就是侵蚀作用的深入。一方面，Fe_2O_3、FeO、Al_2O_3不断被硫酸侵蚀，反应如式（6-3）、式（6-4）、式（6-5）所示，产生硫酸铁盐、硫酸铝盐和水；另一方面，硫酸铁盐、硫酸铝盐不断水解，反应如式（6-6）、式（6-7）所示，生成氢氧化铁、氢氧化铝胶体和硫酸；同时，硫酸又对氢氧化铁、氢氧化铝胶体进行溶解，生成硫酸铁盐、硫酸铝盐和水，反应如式（6-8）、式（6-9）所示。

$$2Fe(OH)_3 + 3H_2SO_4 \longrightarrow Fe_2(SO_4)_3 + 6H_2O \quad (6-8)$$

$$2Al(OH)_3 + 3H_2SO_4 \longrightarrow Al_2(SO_4)_3 + 6H_2O \quad (6-9)$$

这一过程不断循环，侵蚀作用、溶解作用越来越强，胶结作用越来越弱。

新生成的硫酸铁盐和硫酸铝盐又继续水解，生成氢氧化铁、氢氧化铝和硫酸，加上氧化亚铁的影响，不断消耗红土中的Fe_2O_3、FeO、Al_2O_3，进入新的作用过程，这一作用过程的不断循环，加剧了对红土的侵蚀，导致红土颗粒间的连接不断被破坏，使红土的密实性降低，微结构变得越发松散。

6.4.1.5 循环作用

循环作用是指盐类溶解新生成的硫酸继续侵蚀红土颗粒的过程。侵蚀作用生成的硫酸铁盐和铝盐［式（6-3）、式（6-4）、式（6-5）］在水环境中溶解生成硫酸［式（6-6）、式（6-7）］，一方面溶解氢氧化铁、氢氧化铝胶结物质生成新的盐类［式（6-8）、式（6-9）］；另一方面，继续侵蚀红土颗粒生成新的盐类［式（6-3）、式（6-4）、式（6-5）］。这一过程不断循环，侵蚀作用、溶解作用越来越强，胶结作用越来越弱，最终加剧了硫酸亚铁对红土的侵蚀过程。

6.4.2 作用过程

硫酸亚铁对红土的蚀变作用过程，可以分为前期、初期、中期、后期、终期5个阶段。其作用实质在于，硫酸亚铁经水解氧化作用先生成硫酸和氢氧化铁，后硫酸与红土颗粒之间发生侵蚀作用、胶结作用、溶解作用，并以此循环进行。因此，前期为水解氧化作用过程，初期为侵蚀作用过程，中期为胶结作用过程，后期为溶解作用过程，终期为侵蚀循环作用过程。

6.4.2.1 前期——水解氧化作用过程

根据制样控制含水率，将不同浓度的硫酸亚铁粉末溶解在水中，制备成不同浓度的硫酸亚铁溶液。硫酸亚铁溶于水，经水解氧化作用生成硫酸和氢氧化铁。

6.4.2.2 初期——侵蚀作用过程

制样过程中，先将不同浓度的硫酸亚铁溶液均匀喷洒在松散的红土上进行浸润，然后用分层击样法制备成一定干密度的红土样。硫酸亚铁溶液与红土颗粒接触充分，利于水解氧化作用生成的硫酸与红土中起胶结作用的的氧化铁、氧化亚铁、氧化铝反应，从而破坏红土颗粒及颗粒间的连接，造成红土的侵蚀。

6.4.2.3 中期——胶结作用过程

首先，前期水解产生的氢氧化铁对红土颗粒起着胶结作用；其次，侵蚀作用生成的硫酸铁盐、硫酸铝盐附着于红土颗粒表面，增强了红土的密实性；最后，侵蚀作用生成的水加剧了潮湿环境，促使硫酸铁盐、硫酸铝盐进一步水解，产生的氢氧化铁、氢氧化铝也对红土颗粒起着胶结作用。但中期的胶结作用属于暂态过程，会很快随着后期溶解作用的进行而消散。

6.4.2.4 后期——溶解作用过程

硫酸铁盐、硫酸铝盐水解产生的硫酸又对胶结红土颗粒的氢氧化铁、氢氧化铝产生溶解，进一步破坏了红土颗粒及其颗粒间的连接。至此，完成一个蚀变过程。

6.4.2.5 终期——侵蚀循环作用过程

溶解作用产生的硫酸铁盐、硫酸铝盐又发生水解，新生成的硫酸和原有硫酸又继续进入初期、中期、终期的循环过程，这一过程中，侵蚀作用、胶结作用、溶解作用不断循环，最终导致侵蚀作用、溶解作用强于胶结作用，彻底破坏了红土颗粒及其颗粒间的连接，导致红土的结构松散、密实性减弱。

6.4.3 作用模式

根据硫酸亚铁对红土的蚀变作用机理和蚀变作用过程，可以绘出硫酸亚铁对红土的蚀变作用模式，如图 6－20 所示。它充分反映了硫酸亚铁侵蚀红土过程中的水解氧化作用、侵蚀作用、胶结作用、溶解作用、循环作用这几个阶段的综合、交叉、循环深入，最终导致硫酸亚铁侵蚀红土的强度、压缩、渗透特性发生蚀变。

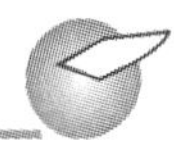

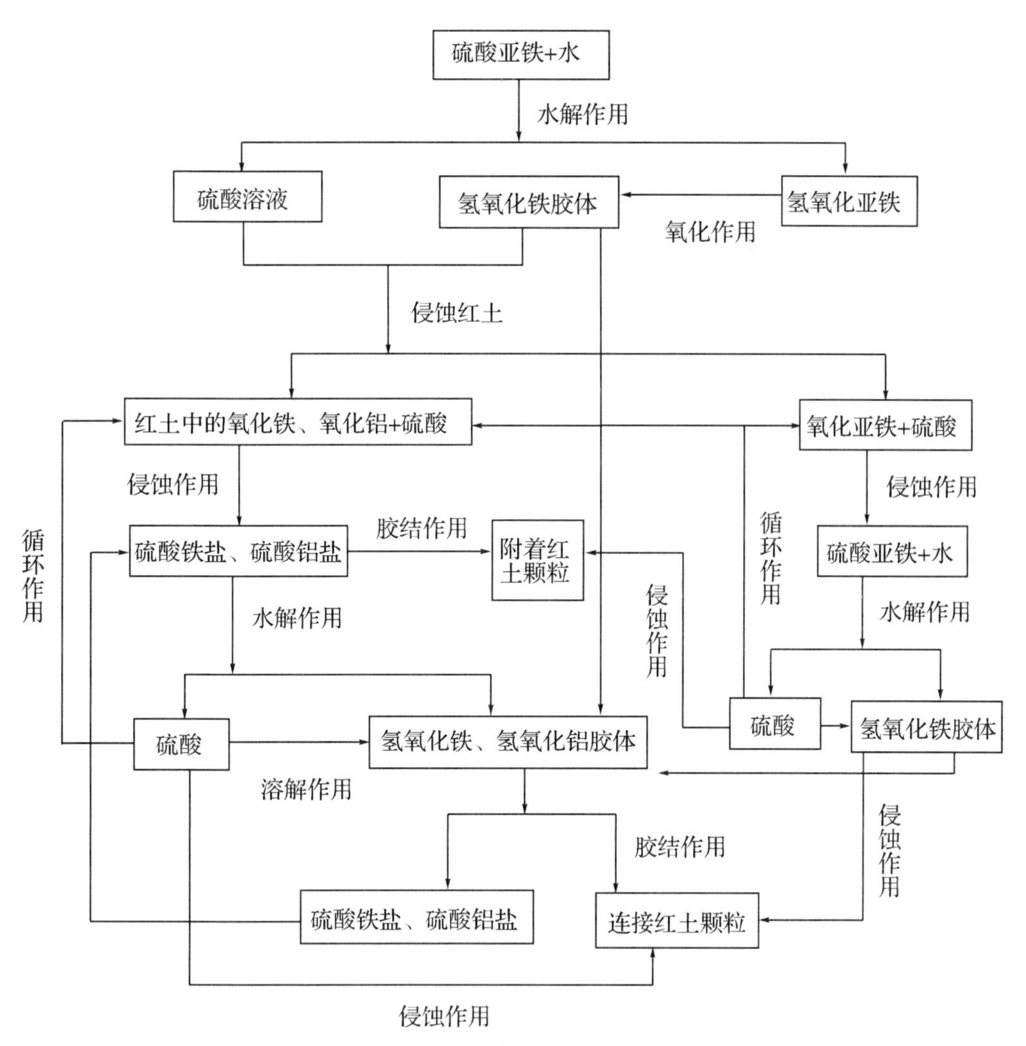

图6－20　硫酸亚铁侵蚀红土的作用模式

6.5　硫酸亚铁侵蚀红土的宏微观响应关系

试验结果表明，硫酸亚铁的侵蚀引起红土的强度、压缩、渗透特性发生了蚀变，浓度不同、养护时间不同，硫酸亚铁侵蚀红土的强度、压缩、渗透蚀变特性也不同，其实质在于硫酸亚铁侵蚀对红土产生的蚀变作用，硫酸亚铁侵蚀红土的蚀变趋势与硫酸亚铁侵蚀红土的蚀变作用一致，可以用前期、初期、中期、后期、终期以及水解氧化作用、侵蚀作用、胶结作用、溶解作用以及循环作用来解释。

试验条件下硫酸亚铁侵蚀红土的过程：首先，将不同浓度的硫酸亚铁粉末溶解在水中，配制成硫酸亚铁溶液；其次，将硫酸亚铁溶液按照控制的含水率分层均匀喷洒在松散的红土中，并按照最佳浸润时间浸润；再次，用击样器制成一定干密度的试样，放入恒温保湿箱中，按照不同时间进行养护，从而获得不同养护时间下的硫酸亚铁侵蚀红土试样；最后，用制好的试样开展相应试验，获得硫酸亚铁侵蚀红土的强度、压缩、渗透特性。在这一系列试验过程中，硫酸亚铁与红土颗粒之间发生了复杂的物理化学作用，改变了红土的物质组成及其宏微观结构，引起硫酸亚铁侵蚀红土的强度、压缩、渗透特性发生蚀变，尤其是向劣化的方向发展，最终导致硫酸亚铁侵蚀红土的工程性能降低。硫酸亚铁侵蚀红土的蚀变作用，包括硫酸亚铁溶于水的水解氧化作用，以及水解产物对红土颗粒具有的侵蚀、胶结、溶解等作用；而且，在蚀变过程的前期、初期、中期、后期和终期，这几个方面的蚀变作用程度不同，其综合、交替、循环进行的过程，最终改变了硫酸亚铁侵蚀红土的强度、压缩、渗透特性。

6.5.1 随硫酸亚铁浓度的变化

6.5.1.1 对击实特性的影响

试验结果表明：相比素红土，硫酸亚铁侵蚀红土的最大干密度增大，最优含水率减小；随硫酸亚铁浓度的增大，硫酸亚铁侵蚀红土的最大干密度呈增大趋势，最优含水率呈减小趋势。

击实制样过程中，素红土中加入硫酸亚铁溶液浸润一定时间，浸润初期，硫酸的侵蚀作用强烈，破坏了红土颗粒及其颗粒间的连接，相比素红土，颗粒变得更为粗糙，吸附水分的能力减弱；随浸润时间的延长，胶结作用逐渐发挥，相比素红土，颗粒间的连接能力增强。而对土样进行击实时，已经浸润了一定时间，这时胶结作用强于侵蚀作用，胶膜的包裹导致红土颗粒的含水减少，击实效果变好，微结构较紧密，引起硫酸亚铁侵蚀红土的最大干密度大于素红土的最大干密度，而最优含水率小于素红土的最优含水率。

随硫酸亚铁浓度的增大，浸润过程中，硫酸对红土颗粒的侵蚀作用逐渐增强，颗粒越来越粗糙，吸水能力减弱，浸润一定时间产生的胶结物质逐渐增多，击实过程中，胶结作用增强，击实红土的微结构紧密，因而最大干密度增大，最优含水率减小。

6.5.1.2 对强度 - 压缩 - 渗透特性的影响

试验结果表明：总体上，随硫酸亚铁（$FeSO_4$）浓度的增大，硫酸亚铁侵蚀红土的抗剪强度减小，压缩系数和渗透系数增大；但在低浓度、短时间条件下，抗剪强度存在极大值，压缩系数和渗透系数存在极小值。

硫酸亚铁（$FeSO_4$）浓度越大，水解作用生成的 H_2SO_4 和 $Fe(OH)_3$ 越多。首先，H_2SO_4 对红土中 Fe_2O_3、Al_2O_3、FeO 的侵蚀作用增强；其次，侵蚀作用生成的硫酸铁盐 $Fe_2(SO_4)_3$、硫酸铝盐 $Al_2(SO_4)_3$ 在潮湿环境中极易水解；再次，水解氧化作用和胶结作用生成的 $Fe(OH)_3$、$Al(OH)_3$ 对红土颗粒起着胶结作用；最后，$Fe(OH)_3$、$Al(OH)_3$ 同时也受到 H_2SO_4 的溶解作用。这几个方面综合作用的结果，最终侵蚀作用和溶解作用强于胶结作用，导致红土颗粒及颗粒间的连接受到破坏，引起红土的结构松散，稳定性降低，承载能力、抵抗压缩能力、抵抗渗透能力减弱。所以，在不同养护时间（2 d、6 d、10 d、23 d）下，当硫酸亚铁浓度由 0% 增大到 4.0% 时，硫酸亚铁侵蚀红土的抗剪强度降低，压缩系数和渗透系数增大。图 6 - 21 对应给出了放大倍数为 1000 ×、养护时间为 10 d 条件下，硫酸亚铁侵蚀前后红土的微结构图像，由图可见，侵蚀前素红土微结构［见图 6 - 21（a）］的密实性好于被浓度为 4.0% 的硫酸亚铁溶液侵蚀后的红土微结构［见图 6 - 21（d）］的密实性。

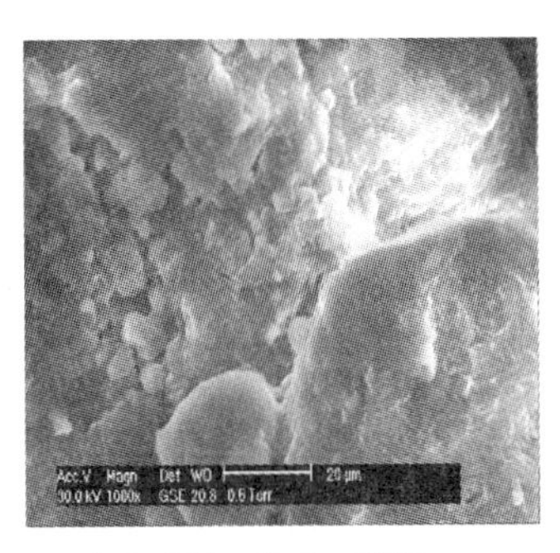

(a) 0%, 0 d, 1000×

(b) 1.0%, 10 d, 1000×

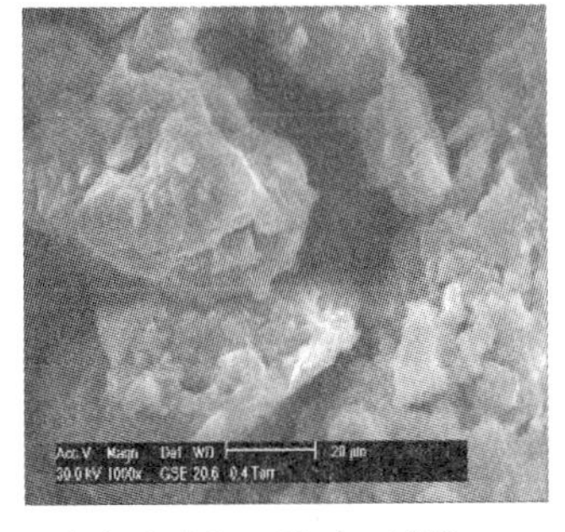

(c) 1.0%, 23 d, 1000×

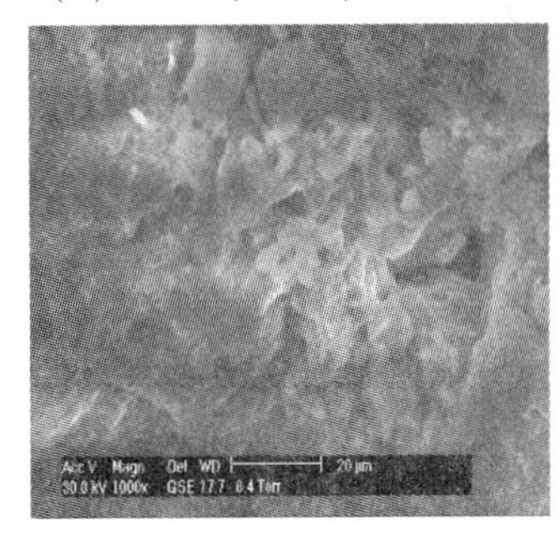

(d) 4.0%, 10 d, 1000×

图 6－21　素红土和硫酸亚铁侵蚀红土的微结构图像

但低硫酸亚铁浓度（约 0.5%～1.0%）条件下，由于硫酸亚铁（$FeSO_4$）经水解氧化作用生成的 H_2SO_4 和 $Fe(OH)_3$ 较少，硫酸亚铁溶液喷洒在松散的红土颗粒上，浸润 18 h，H_2SO_4 对红土颗粒的侵蚀缓慢，程度较弱，但侵蚀作用产生的 $Fe(OH)_3$、$Al(OH)_3$ 等胶结物质和水解氧化作用产生的 $Fe(OH)_3$ 胶体有利于增强击实样的密实性。所以，击样后短时间（2 d、6 d、10 d）养护，更有利于胶结作用的发挥，增强红土颗粒及其颗粒间的连接力，提高其结构稳定性，使其承载能力、抵抗压缩能力、抵抗渗透能力增强，从而引起硫酸亚铁侵蚀红土的抗剪强度提高（存在极大值），压缩系数和渗透系数相应减小（存在极小值）。由图 6－21 可知，硫酸亚铁浓度为 1.0% [图 6－21 (b)] 时红土的密实性好于硫酸亚铁浓度为 0%、4.0% [图 6－21 (a)、(d)] 时红土的密实性。

6.5.2　随养护时间的变化

6.5.2.1　对击实特性的影响

试验结果表明：随浸润时间的延长，硫酸亚铁侵蚀红土的最大干密度存在波谷和波峰，最优含水率存在波谷。

硫酸亚铁经水解作用生成硫酸，在浸润时间较短时，硫酸对红土的侵蚀作用明显，生成硫酸铁盐、铝盐等新物质，破坏了红土颗粒及其颗粒间的连接，使红土的击实性变差，微结构变松散，从而引起硫酸亚铁侵蚀红土的最大干密度减小；随浸润时间的延长，红土对侵蚀作用存在适应性，这时新生成物质的包裹促使胶结作用发挥越来越充分，盐类的结晶附着以及氢氧化铁、铝包裹胶结红土颗粒，增强了红土的击实性，使得微结构紧密，引起硫酸亚铁侵蚀红土的最大干密度增大；浸润时间更长时，硫酸铁盐、铝盐等盐类的溶解作用，以及新生成的硫酸对胶结物质的溶解作用显现出来，再加上原有硫酸和新生成的硫酸又继续侵蚀红土颗粒，循环作用不断加强，最终导致红土颗粒之间的连接能力减弱，击实性降低，微结构松散，从而引起硫酸亚铁侵蚀红土的最大干密度减小。本击实试验中，浸润 8 h 左右硫酸的侵蚀作用发挥最强烈，这时最大干密度出现谷值；浸润 18 h 左右胶结作用完全发挥，这时最大干密度出现峰值；浸润 18 h 后，溶解作用和循环作用导致最大干密度逐渐下降。

浸润前期，硫酸侵蚀红土颗粒生成盐类的结晶不断消耗水分，由于氢氧化铁、铝等胶结物质的包裹，加上击实过程中击实功的作用，胶结作用形成的胶膜最完整，更多的水被封堵在土体外，导致硫酸亚铁侵蚀红土中的含水减少，引起最优含水率减小，浸润时间 18 h 左右出现谷值。浸润后期，盐类的不断水解和胶结物质的不断溶解，导致包裹红土颗粒的水膜增厚，难于击实，因而引起硫酸亚铁侵蚀红土的最优含水率增大。

6.5.2.2　对强度 - 压缩 - 渗透特性的影响

试验结果表明：总体上，随试样养护时间的延长，硫酸亚铁侵蚀红土的抗剪强度减小，压缩系数和渗透系数增大；但在短时间、高浓度条件下，抗剪强度存在极大值，压缩系数和渗透系数存在极小值。

试样养护时间越长，硫酸亚铁侵蚀红土的蚀变作用过程越完整，各种蚀变作用发挥越充分，从初期的侵蚀作用、中期的胶结作用、后期的溶解作用到终期的循环侵蚀过程不断深入。根据试验结果，可以划分出硫酸亚铁侵蚀红土的各个阶段，养护时间小于 2 d 为初期阶段，养护时间为 6 ~ 10 d 为中期阶段，养护时间超过 10 d 为后期阶段。

初期阶段，前期硫酸亚铁水解生成的硫酸侵蚀红土颗粒，水解生成的氢氧化铁胶结红土颗粒（这时侵蚀作用强于胶结作用），破坏了红土的微结构，相比素红土，硫酸亚铁侵蚀红土的抗剪强度减小，压缩性及渗透性增大；中期阶段，前期水解生成的氢氧化铁，以及初期侵蚀生成的硫酸铁盐及铝盐附着、包裹、胶结红土颗粒（胶结作用占优势），增强了红土微结构的密实性，相比初期，硫酸亚铁侵蚀红土的抗剪强度增大、压缩性及渗透性减小；后期阶段，中期附着、包裹、胶结红土颗粒的氢氧化铁及硫酸铁盐、铝盐的溶解（溶解作用占优势），进一步破坏了红土的微结构，相比中期，硫酸亚铁侵蚀红土的抗剪强度减小，压缩性及渗透性增大，对应于图 6 - 21 中，硫酸亚铁浓度为 1.0%、养护时间为 10 d 时，红土微结构的密实性［图 6 - 21（b）］明显好于硫酸亚铁浓度为 1.0%、养护时间为 23 d 时微结构的密实性［图 6 - 21（c）］。终期阶段，后期氢氧化铁及硫酸铁盐、铝盐溶解生成的硫酸又继续侵蚀红土颗粒，不断循环初期的侵蚀作用、中期的胶结作用和后期的溶解作用过程，导致硫酸亚铁侵蚀对红土的蚀变作用不断加深，最终劣化了硫酸亚铁侵蚀红土的强度、压缩、渗透特性。

符号说明

a——污染物浓度，%

t——浸润时间、浸泡时间、养护时间，h，d

V——颗粒沉积体积，cm^3

V_t——颗粒沉积体积的时间加权平均值，cm^3

V_a——颗粒沉积体积的浓度加权平均值，cm^3

P_s——砂粒含量，%

P_f——粉粒含量，%

P_n——黏粒含量，%

P_{ft}——粉粒含量的时间加权平均值，%

P_{nt}——黏粒含量的时间加权平均值，%

P——小于某粒经的颗粒累计含量，%

d——土颗粒粒径，mm

G_s——比重

G_{st}——比重的时间加权平均值

G_{sa}——比重的浓度加权平均值

R_{G_s-a}——比重的浓度影响系数，%

ω_L——液限，%

ω_P——塑限，%

I_P——塑性指数

ω_{Lt}——液限的时间加权平均值，%

ω_{pt}——塑限的时间加权平均值，%

I_{Pt}——塑性指数的时间加权平均值

ω_{La}——液限的浓度加权平均值，%

ω_{pa}——塑限的浓度加权平均值，%

I_{Pa}——塑性指数的浓度加权平均值

ρ_d——干密度，$g \cdot cm^{-3}$

ω——含水率，%

ω_0——风干含水率，%

ρ_{dmax}——最大干密度，$g \cdot cm^{-3}$

ω_{op}——最优含水率，%

$R_{\rho_{dmax}-a}$——最大干密度浓度影响系数，%

$R_{\omega_{op}-a}$——最优含水率浓度影响系数，%

$R_{\rho_{\mathrm{dmax}}-\mathrm{pH}}$——最大干密度 pH 影响系数，g · cm^{-3} · pH^{-1}

$R_{\omega_{\mathrm{op}}-\mathrm{pH}}$——最优含水率 pH 影响系数，% · pH^{-1}

$R_{\rho_{\mathrm{dmax}}-t}$——最大干密度时间影响系数，g · cm^{-3} · h^{-1}

$R_{\omega_{\mathrm{op}}-t}$——最优含水率时间影响系数，% · h^{-1}

$\rho_{\mathrm{dmax}-t}$——最大干密度的时间加权平均值，g · cm^{-3}

$\omega_{\mathrm{op}-t}$——最优含水率的时间加权平均值，%

$\rho_{\mathrm{dmax}-a}$——最大干密度的浓度加权平均值，g · cm^{-3}

$\omega_{\mathrm{op}-a}$——最优含水率的浓度加权平均值，%

p——垂直压力，kPa

τ_{f}——抗剪强度，kPa

τ_{fj}——垂直压力加权平均抗剪强度，kPa

τ_{ft}——抗剪强度的时间加权平均值，kPa

τ_{fa}——抗剪强度的浓度加权平均值，kPa

$R_{\tau_{\mathrm{f}}-a}$——抗剪强度的浓度影响系数，%

$R_{\tau_{\mathrm{f}}-t}$——抗剪强度的时间影响系数，%

$R_{\tau_{\mathrm{f}}-\rho}$——抗剪强度的密度影响系数，%

$R_{\tau_{\mathrm{f}}-\omega}$——抗剪强度的含水率影响系数，%

c——黏聚力，kPa

φ——内摩擦角，°

c_t——黏聚力的时间加权平均值，kPa

φ_t——内摩擦角的时间加权平均值，°

c_a——黏聚力的浓度加权平均值，kPa

φ_a——内摩擦角的浓度加权平均值，°

c_ρ——黏聚力的密度加权平均值，kPa

φ_ρ——内摩擦角的密度加权平均值，°

R_{c-t}——黏聚力的时间影响系数，kPa · d^{-1}

$R_{\varphi-t}$——内摩擦角的时间影响系数，° · d^{-1}

$R_{c_\rho-a}$——黏聚力的浓度影响系数，%

$R_{\varphi_\rho-a}$——内摩擦角的浓度影响系数，%

$R_{\tau_{\mathrm{f}}-\mathrm{pH}}$——抗剪强度的 pH 值影响系数,%；加权平均抗剪强度的 pH 值影响系数，kPa · pH^{-1}

$R_{c-\mathrm{pH}}$——黏聚力的 pH 值影响系数，kPa · pH^{-1}

$R_{\varphi-\mathrm{pH}}$——内摩擦角的 pH 值影响系数,° · pH^{-1}

e——孔隙比

e_0——初始孔隙比

e_{0t}——初始孔隙比的时间加权平均值

e_{0a}——初始孔隙比的浓度加权平均值

a_{v}——压缩系数，MPa^{-1}

E_s——压缩模量，MPa

a_{vt}——压缩系数的时间加权平均值，MPa^{-1}

a_{va}——压缩系数的浓度加权平均值，MPa^{-1}

E_{st}——压缩模量的时间加权平均值，MPa

E_{sa}——压缩模量的浓度加权平均值，MPa

R_{av-t}——压缩系数的时间影响系数，$MPa^{-1} \cdot d^{-1}$

k——渗透系数，$cm \cdot s^{-1}$

R_{k-a}——渗透系数的浓度影响系数，%

$R_{k-\rho}$——渗透系数的密度影响系数，%

k_a——渗透系数的浓度加权平均值，$cm \cdot s^{-1}$

k_t——渗透系数的时间加权平均值，$cm \cdot s^{-1}$

W——化学组成含量，%

J——阳离子交换量，$meq \cdot 100\ g^{-1}$

×——放大倍数

n——孔隙率，%

s——颗粒数

D——分维数

H——定向度

Y——圆形度

F——复杂度

L——颗粒周长

参考文献

[1]黄世铭.酸碱介质对粘性土工程地质性质的影响[J].水文地质工程地质,1981(4):45-49.

[2]顾季威.废碱液污染侵蚀对土的强度的影响[J].上海国土资源,1981(3):12-16.

[3]顾季威.酸碱废液污染侵蚀对粘性土工程性质的影响[J].上海国土资源,1984(3):12-17.

[4]顾季威.酸碱废液侵蚀地基土对工程质量的影响[J].岩土工程学报,1988,10(4):72-78.

[5]邓承宗.硫酸对地基的腐蚀[J].勘察科学技术,1985(6):40-43.

[6]胡中雄,席永慧.硫酸根离子污染地基的检测和处理[J].岩土工程学报,1994,16(1):55-60.

[7]范青娟,马光锁.浸碱膨胀对地基土的影响与处理[J].轻金属,1999(9):58-62.

[8]饶为国.污染土的机理、检测及整治[J].建筑技术开发,1999(1):20-21.

[9]郑喜珅,鲁安怀,高翔,等.土壤中重金属污染现状与防治方法[J].生态环境学报,2002,11(1):79-84.

[10]张明义,韩凤芹,孙德庆,等.碱渣土的击实试验[J].青岛理工大学学报,2003,24(4):5-7.

[11]可欣,李培军,巩宗强,等.重金属污染土壤修复技术中有关淋洗剂的研究进展[J].生态学杂志,2004,23(5):145-149.

[12]崔德杰,张玉龙.土壤重金属污染现状与修复技术研究进展[J].土壤通报,2004,35(3):366-370.

[13]许丽萍,李韬,陈晖.国内外污染土的修复治理现状[C].全国岩土与工程学术大会.2006.

[14]矫旭东,滕彦国.土壤中钒污染的修复与治理技术研究[J].土壤通报,2008,39(2):448-452.

[15]张帆,范日东,苏志鹏.污染土的工程特性与修复方法[C].江苏省地基基础年会,2009.

[16]廖华丰.重金属污染土壤修复淋洗剂遴选研究[D].武汉:华中科技大学,2009.

[17]陈蕾.水泥固化稳定重金属污染土机理与工程特性研究[D].南京:东南大学,2010.

[18]查甫生,刘晶晶,许龙,等.水泥固化重金属污染土干湿循环特性试验研究[J].岩土工程学报,2013,5(7):1246-1252.

[19]易进翔,杨康迪.固化污泥填埋处置中的压实特性研究[J].水利与建筑工程学报,2013,11(1):70-73.

[20]郝爱玲. 固化重金属污染土的工程性质与作用机理研究[D]. 合肥:合肥工业大学,2015.

[21]何小红. 长春地区柴油污染土性质及水泥固化效果研究[D]. 长春:吉林大学,2015.

[22]郭晓方,卫泽斌,吴启堂. 乙二胺四乙酸在重金属污染土壤修复过程的降解及残留[J]. 农业工程学报,2015,31(7):272-278.

[23]王欢. 硫酸亚铁修复铬污染土壤的研究进展[J]. 山东工业技术,2016(15):31-31

[24]Kooper W F, G A Mangnu. Contaminated Soil[M]. Martinus Nijhoff Publishers, 1986: 25-27.

[25]李明清. 关于污染土[J]. 工程勘察,1986(5):15-19.

[26]傅世法,林颂恩. 污染土的岩土工程问题[J]. 工程勘察,1989(3):6-10.

[27]王超. 土壤及地下水污染研究综述[J]. 水利水电科技进展,1996(6):1-4.

[28]张红梅,速宝玉. 土壤及地下水污染研究进展[J]. 灌溉排水学报,2004,23(3):70-74.

[29]方晓阳. 21 世纪环境岩土工程展望[J]. 岩土工程学报,2000,22(1):1-11.

[30]陈先华,唐辉明. 污染土的研究现状及展望[J]. 地质与勘探,2003,39(1):77-80.

[31]苏燕,周健. 环境岩土工程研究现状与展望[J]. 岩土力学,2004,25(9):1510-1514.

[32]薛翊国,王清,李伟涛,等. 污染土的研究现状及其评价与处理方法[J]. 煤田地质与勘探,2005,33(1):49-51.

[33]朱春鹏,刘汉龙. 污染土的工程性质研究进展[J]. 岩土力学,2007,28(3):625-630.

[34]刘志斌,刘红艳. 有机物污染土工程性质研究进展[J]. 苏州大学学报(工科版),2010,30(5):66-69.

[35]颜荣涛,吴二林,徐文强,等. 水化学环境变异下黏土物理力学特性研究进展[J]. 长江科学院院报,2014,31(6):41-47.

[36]张芹,张启航,张煜东,等. 污染土的研究现状及其治理[J]. 土工基础,2015,29(6):83-85.

[37]白龙飞,张璐. 我国近年来污染土工程性质的研究进展[J]. 科技视界,2015(14):125.

[38]吴恒,张信贵. 水化学场变异对土体性质的影响[J]. 广西大学学报(自然科学版),1999,24(2):85-88.

[39]吴恒,张信贵,易念平,等. 城市环境下的水土作用对土强度的影响[J]. 岩土力学,1999,20(4):25-30.

[40]侍倩,李翠华. 酸、碱对黏土物理性质的影响的研究[J]. 武汉大学学报(工学版),2001,34(5):84-87.

[41]李相然,姚志祥,曹振斌. 济南典型地区地基土污染腐蚀性质变异研究[J]. 岩土力学,2004,25(8):1229-1233.

[42]欧孝夺,吴恒,周东. 不同酸碱条件下黏性土的热力学稳定性试验研究[J]. 土木工程学报,2005,38(10):113-118.

[43]张贵信,易念平,吴恒. 不同 pH 水环境下土变形特性的试验研究[J]. 高校地质学报,2006,12(2):242-248.

[44]张晓璐. 酸、碱污染土的试验研究[D]. 南京:河海大学,2007.

[45]朱春鹏,刘汉龙,沈扬. 酸碱污染土工程性质研究[J]. 湖南大学学报(自然科学版),2008,35(11):39-44.

[46]朱春鹏,刘汉龙,张晓璐. 酸碱污染土压缩特性的室内试验研究[J]. 岩土工程学报,2008,30(10):1477-1483.

[47]刘汉龙,朱春鹏,张晓璐. 酸碱污染土基本物理性质的室内测试研究[J]. 岩土工程学报,2008,30(8):1213-1217.

[48]纪晶晶,张弛,郝仕玲. 土壤酸、碱度含量对土抗剪强度影响[J]. 环境科学,2008(16):141-142.

[49]赵永强,白晓红,韩鹏举,等. 硫酸溶液对水泥土强度影响的试验研究[J]. 太原理工大学学报,2008,39(1):79-82.

[50]朱春鹏,刘汉龙,沈扬. 酸碱污染软黏土变形性质的三轴试验研究[J]. 岩土工程学报,2009,31(10):1559-1563.

[51]孟庆芳. 污染粉质粘土液塑限试验研究[D]. 太原:太原理工大学,2009.

[52]Oscar Vazquez. Effect of acid mine drainage on aluminum release from clay minerals[C]. World Environmental and Water Resources Congress 2009: Great Rivers,2009 ASCE:5253-5260.

[53]张永霞. 污染土的电阻率特征研究[D]. 兰州:兰州大学,2010.

[54]朱春鹏,刘汉龙,沈扬. 酸碱污染土强度特性的室内试验研究[J]. 岩土工程学报,2011,33(7):1146-1152.

[55]师林,朱大勇,陈龙飞. 酸碱度值对土体液、塑限的影响[J]. 工业建筑,2011,41(7):70-73.

[56]刘丽波. 污染环境对粉质粘土物理性质影响的试验研究[J]. 山西建筑,2012,38(9):228-230.

[57]曹海荣. 酸性污染土物理力学性质的室内试验研究[J]. 湖南科技大学学报(自然科学版),2012,27(2):60-65.

[58]陈宇龙,张宇宁,戴张俊,等. 酸性环境对污染土力学性质的影响[J]. 东北大学学报(自然科学版),2016,37(9):1343-1348.

[59]边际,邵益生,蔡铨才. 碱厂废液入渗现场模拟试验及其在环境评价中的应用[J]. 工程勘察,1991(5):29-34.

[60]李琦,施斌,王友诚. 造纸厂废碱液污染土的环境岩土工程研究[J]. 环境污染和防治,1997,19(5):16-18.

[61]闫澍旺,侯晋芳,刘润. 碱渣与粉煤灰拌合物的岩土工程及环境特性研究[J]. 岩土力学,2006,27(12):2305-2308.

[62]李显忠,李德义. 天津碱厂碱渣土的工程利用研究[C]. 中国建筑学会地基基础分会2008 年学术年会,2009.

[63]王栋. 碱性环境污染土的试验研究[D]. 太原:太原理工大学,2009.

[64]Deneele D, Cuisinier O, Hallaire V, et al. Micostructural evolution and physic - chemical

behavior of compacted clayey soil submitted to an alkaline plume[J]. Journal of Rock Mechanics and Geotechnical Engineering,2010,2(2):169-177.

[65]杨爱武,闫澍旺,杜东菊,等.碱性环境对固化天津海积软土强度影响的试验研究[J].岩土力学,2010,31(9):2930-2934.

[66]P. Hari Prasad Reddy,P. V. Sivapullaiah. Effect of Alkali Solution on Swell Behavior of Soils with Different Mineralogy[J]. Geo Florida 2010: Advances in Analysis,Modeling & Design (GSP 199),2010 ASCE:2692-2701.

[67]相兴华,韩鹏举,王栋,等. NaOH 和 $NH_3 \cdot H_2O$ 环境污染土的试验研究[J].太原理工大学学报,2010,41(2):134-138.

[68]韩鹏举,白晓红,杜湧,等.盐碱污染土的工程性质研究[J].建筑科学,2012,28:99-103.

[69]张晓晓.碱渣土路用性能研究与微观结构分析[D].天津:河北工业大学,2015.

[70]宋宇,陈学军,敖杰.碱污染黏土变形特性及微观结构演化规律的试验研究[J].中国科技论文,2015(13):1578-1582.

[71]喻以钒,陈晓明.硫酸盐含量对盐渍土特性的影响[J].交通科技与经济,2010,12(4):72-74.

[72]何斌,刘飞姣,王海杰,等. Na_2SO_4 和 $MgCl_2$ 污染土压缩性能的室内试验[J].中国科技论文,2012(5):358-363.

[73]王勇,曹丽文,温文富,等.生活钠铵盐污染对黏性土水理力学性质的影响[J].工业建筑,2013,43(9):83-87.

[74]张志红,李红艳,师玉敏.重金属 Cu^{2+} 污染土渗透特性试验及微观结构分析[C].全国防震减灾工程学术研讨会,2014.

[75]夏磊.重金属污染土的工程性质试验研究[D].合肥:合肥工业大学,2014.

[76]王平,李江山,薛强.淋洗剂乙二胺四乙酸对重金属污染土工程特性的影响[J].岩土力学,2014(4):1033-1040.

[77]储亚,刘松玉,蔡国军,等.锌污染土物理与电学特性试验研究[J].岩土力学,2015,36(10):2862-2868.

[78]宋泽卓.重金属污染土的工程性质及微观结构研究[J].山西建筑,2016,42(22):91-92.

[79] Mashalah Khamehchiyan, Amir Hossein Charkhabi, Majid Tajik. Effects of crude oil contamination on geotechnical properties of clayey and sandy soils[J]. Engineering Geology,2007(89): 220-229.

[80]郑天元,杨俊杰,李永霞,等.柴油污染土的工程性质试验研究[J].工程勘察,2013,41(1):1-4.

[81] Ashraf K. Nazir. Effect of motor oil contamination on geotechnical properties of over consolidated clay[J]. Alexandria Engineering Journal,2011(50): 331-335.

[82]郑天元.石油污染土的击实特性[J].水文地质工程地质,2010,37(3):102-106.

[83]周杏,蔡奕,孙明楠.柴油污染对上海地区粉质粘土工程性质影响的试验研究[J].工

程勘察,2015(3):1 -5,11.
[84]边汉亮,蔡国军,刘松玉,等.有机氯农药污染土强度特性及微观机理分析研究[J].地下空间与工程学报,2014,10(6):1317 -1323.
[85]王勇,曹丽文,温文富,等.生活垃圾污染粘土的微观结构与渗透特性[J].水文地质工程地质,2014,41(2):138 -142.
[86]何斌,韩鹏举,齐园园,等.洗衣粉污染土压缩特性及电阻率的试验研究[J].太原理工大学学报,2015(2):211 -217.
[87]边汉亮,蔡国军,刘松玉,等.农药氯氰菊酯对土体基本性质影响的室内试验研究[J].东南大学学报(自然科学版),2015,45(1):115 -120.
[88]杨倩.垃圾渗滤液对压实黏土工程特性的影响规律及微观机理[J].环境工程,2016,34(5):108 -112.
[89]吴恒,张信贵,易念平,等.水土作用与土体细观结构研究[J].岩石力学与工程学报,2000,19(2):199 -204.
[90]张信贵,吴恒,易念平.城市区域水土作用与土细观结构变异的试验研究[J].广西大学学报(自然科学版),2004,29(1):39 -43.
[91]姚彩霞.城市区域水化学环境下土体细观结构变异分析[D].南宁:广西大学,2005.
[92]陈宝,张会新,陈萍.高碱溶液对高庙子膨润土侵蚀作用的研究[J].岩土工程学报,2013,35(1):181 -186.
[93]廖朱玮.镉溶液污染黏土微观结构演化规律[J].环境工程学报,2014,8(3):1203 -1207.
[94]王勇,曹丽文,张学哲,等.碳酸钠污染重塑黏土微观结构的试验研究[J].工业建筑,2014,44(3):91 -96.
[95]吴恒,张信贵.水化学场变异对土体性质的影响[J].广西大学学报(自然科学版),1999,24(2):85 -88.
[96]蒋引珊,金为群,权新君,等.粘土矿物酸溶解反应特征[J].长春科技大学学报,1999,29(1):97 -99.
[97]路世豹,张建新,雷扬,等.某硫酸库地基污染机理的探讨[J].岩土工程界,2002,6(5):37 -39.
[98]刘志彬,刘松玉,王洋.影响工业污染土工程行为的物理化学作用概述[C].全国地基处理学术讨论会,2008.
[99]杨华舒,杨宇璐,魏海,等.碱性材料对红土结构的侵蚀及危害[J].水文地质工程地质,2012,39(5):64 -68.
[100]杨华舒,魏海,杨宇璐,等.碱性材料与红土坝料的互损劣化试验[J].岩土工程学报,2012,34(1):189 -192.
[101]伯桐震.酸污染红土的宏微观特性研究[D].昆明:昆明理工大学,2012.
[102]任礼强,黄英,樊宇航,等.碱污染红土的抗剪强度特性及碱土作用特征研究[J].水文地质工程地质,2014,41(5):75 -81.
[103]杨小宝,黄英.迁移条件下磷污染红土的宏微观特性研究[J].工程地质学报,2016,

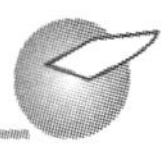

24(3):352－362.

[104]赵以忠.某厂强酸性废水对红粘土地基侵蚀性的模拟实验[J].勘察科学技术,1988(2):37－40.

[105]孙重初.酸液对红粘土物理力学性质的影响[J].岩土工程学报,1989,11(4):89－93.

[106]王洋,汤连生,高全臣,等.水土作用模式对残积红粘土力学性质的影响分析[J].中山大学学报(自然科学版),2007,46(1):128－132.

[107]马琳,王清,原国红.红土中游离氧化铁作用的试验研究[J].哈尔滨商业大学学报,2007,23(1):53－57.

[108]顾展飞.水化学作用对桂林红粘土性质影响试验研究分析[D].桂林:桂林理工大学,2012.

[109]顾展飞,刘琦,卢耀如,等.酸碱及可溶盐溶液对桂林红黏土压缩性影响实验研究[J].中国岩溶,2014,33(1):37－43.

[110]刘之葵,李永豪.不同 pH 值条件下干湿循环作用对桂林红粘土力学性质的影响[J].自然灾害学报,2014,23(5):107－112.

[111]赵雄.化学溶蚀作用下红粘土微细结构的变化规律[J].交通科学与工程,2015(1):33－38.

[112]王志驹.碱性环境下桂林红粘土三轴剪切试验研究[D].桂林:桂林理工大学,2015.

[113]邱晓娟.酸碱环境下改良桂林红粘土的工程性质与微观结构研究[D].桂林:桂林理工大学,2015.

[114]刘之葵,陈逸方,邱晓娟.不同酸碱度对改良红黏土力学性质及结构的影响[J].人民长江,2016,47(16):77－82.

[115]Y Huang,P Liu,K S Jin,et al. Study of the migration charscteristics of iron ion in laterite in water[J]. Applied mechanics and materials,CEABM,2012,5(179－181):411－418.

[116]伯桐震,黄英,石崇喜,等.酸污染红土物理性质的变化特征[J].水文地质工程地质,2012,39(2):111－115.

[117]刘鹏,黄英,金克盛,等.云南红土铁离子迁移的试验研究[J].中国地质灾害与防治学报,2012(3):114－119.

[118]李晋豫.碱性物质对红土大坝破坏机理的试验研究[D].昆明:昆明理工大学,2012.

[119]Y Huang,T Z Bo,Z L Zhang,et al. The Microstructure Characteristic of Compacted Laterite with Acid Pollution[J]. Applied mechanics and materials,CEABM,2013,5(353－356):1146－1152.

[120]王盼,黄英,刘鹏,等.硫酸亚铁侵蚀红土的受力特性[J].水文地质工程地质,2013,40(4):112－116,138.

[121]王盼.硫酸亚铁侵蚀红土的受力特性研究[D].昆明:昆明理工大学,2013.

[122]任礼强.碱污染红土的宏微观特性研究[D].昆明:昆明理工大学,2014.

[123]杨华舒,王毅,符必昌,等.碱侵蚀红土的工程指标与受损物质的关系探析[J].岩石力学与工程学报,2014,33(8):1556－1562.

[124]王毅.酸碱侵蚀下红土的工程特性与受损化学成分的关系研究[D].昆明:昆明理工大学,2014.

[125]樊宇航,黄英,任礼强.浸泡对酸污染红土抗剪强度的影响[J].勘察科学技术,2014,190(4):1-6,31.

[126]樊宇航,王琳,何金龙.浸泡对酸污染红土压缩特性的影响[J].价值工程,2016,35(21):161-164.

[127]樊宇航.酸污染红土的浸泡特性研究[D].昆明:昆明理工大学,2014.

[128]杨小宝.磷污染红土的宏微观特性研究[D].昆明:昆明理工大学,2015.

[129]杨小宝,黄英,潘泰.磷污染红土的受力特性研究[J].水文地质工程地质,2016,43(1):143-148,170.

[130]杨小宝,黄英,任礼强,等.迁移条件下磷污染红土的物理特性研究[J].四川建筑科学研究,2016,42(4):50-54.

[131]潘泰.不同pH值下红土的宏微观特性研究[D].昆明:昆明理工大学,2015.

[132]潘泰,黄英,杨小宝,等.pH值变化对昆明红土击实特性的影响[J].四川建筑科学研究,2016,42(2):88-93.

[133]范华.碱侵蚀过程中红土化学成分与工程性质的关系研究[D].昆明:昆明理工大学,2015.

[134]李高.碱污染红土的浸泡特性研究[D].昆明:昆明理工大学,2016.

[135]李高,黄英,李瑶,等.迁入条件下碱污染红土的工程特性研究[J].工业建筑,2016,46(2):4,78-83.

[136]李瑶,黄英,李高,等.不同迁移条件下铜污染红土的强度特性研究[J].工程勘察,2016,44(5):6-11,37.

[137]李瑶.硫酸铜污染红土的迁移特性研究[D].昆明:昆明理工大学,2016.